はじめに

Microsoftが提供する「**Microsoft 365**」は、業務上に必
スです。次のページのように、1日のうちかなりの時間、Microsoft
いうユーザーも多いでしょう。Microsoft 365は、文書作成の「**Word**」、表計算の「**Excel**」、プレゼンテーション資料作成の「**PowerPoint**」などOfficeアプリが利用できることで知られていますが、実はそのほかにもたくさんのサービスを利用することができます。

それらのサービスは、新型コロナウイルスの感染対策として導入されて以降、急速に広がりを見せる新しい働き方の1つ「**テレワーク**」による業務にも適しています。たとえばチームでチャットやビデオ会議によるコミュニケーションができるコラボレーションツール「**Teams**」、チーム内で共有する情報やファイルを管理できる「**SharePoint**」、個人でファイルをクラウド上に管理・保存・共有ができる「**OneDrive**」、メモをクラウド上に保存して管理ができる「**OneNote**」などのサービスを利用できます。

本書では、Microsoft 365をOfficeアプリだけをメインで利用しているユーザーが、ほかのサービスも幅広く使いこなせるよう、使い方を具体的にわかりやすく解説しています。また、会社ですでに利用しているものの、実はいまいち使い方を把握できていない……といったユーザーにもおすすめです。

本書を通じて、多くの読者がMicrosoft 365を使いこなし、スキルを活かした業務ができるようになれば幸いです。

2022年12月
FOM出版

11:00～　お客様と会議

Teamsのビデオ会議で社外のお客様と会議。共有データのダウンロードを禁止することもできるのでセキュリティ面も安心。

5章 →

10:00～　チームミーティング

会議のメモをOneNoteで記録。自分用だけでなく、メンバーと共有も簡単にできる。

START

Microsoft 365を活用した1日

Microsoft 365は、業務のあらゆる場面で利用できるサービスが揃えられています。ある会社員がどのような使い方をしているか、覗いてみましょう。

12:30～　資料の作成

メンバーと共同での資料作成。SharePointやOneDriveを使えば共同作業もラクラク。

6、7章➡

14:00～　外出中

出先でもインターネット環境があればOneDriveでファイルの確認や編集ができる！

7章➡

15:00～　社内連携

Teamsのチャットで、業務の連絡を。確認したらリアクションも忘れずに！

3、4章➡

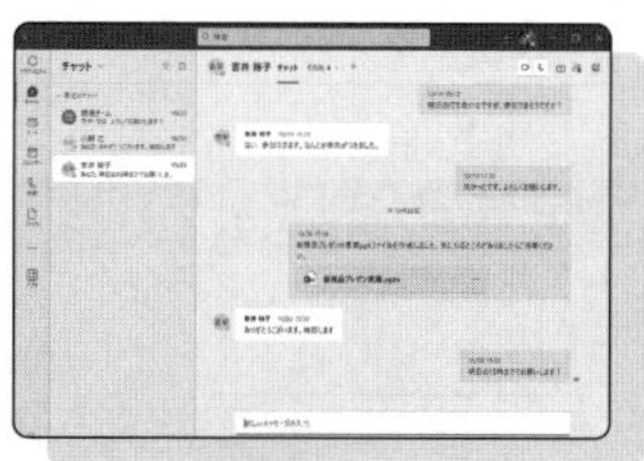

16:30～　チームミーティング

Teamsのビデオ会議を使い、社内チームミーティングで情報共有。メンバーがどこにいても開催できる。

5章➡

Contents

5章 Teamsのビデオ会議

8章 OneNote

本書をご利用いただく前に

本書で学習を進める前に、ご一読ください。

1 • 本書の記述について

本書で説明のために使用している記号には、次のような意味があります。

記述	意味	例
「　」	重要な語句や用語、画面の表示を示します。	「ファイル」タブ

Column　手順の操作に加えて補足情報として、知っておくと便利なテクニックについて紹介しています。

2 • 製品名の記載について

本書では、次の名称を使用しています。

正式名称	本書で使用している名称
Microsoft 365 Business Basic	Microsoft 365
Microsoft 365 Business Standard	Microsoft 365
Microsoft 365 Business Premium	Microsoft 365
Microsoft Teams	Teams
Microsoft OneDrive	OneDrive
Windows 11	Windows

3 • 学習環境について

本書は、インターネットに接続できる環境で学習することを前提にしています。
また、本書の記述は、Microsoft 365の製品に対応していますが、使用する製品やバージョンによって画面構成・アイコンの名称などが異なる場合があります。
本書を開発した環境は、次のとおりです。

OS	Windows 11 Home（バージョン 21H2 ビルド 22000.1098）
Teams	Microsoft Teams（work or school）（バージョン 1.5.00.28567）64ビット
OneDrive	Microsoft OneDrive（ビルド 22.207.1002.0003（64ビット））
OneNote	Microsoft OneNote for Microsoft 365 MSO（バージョン 2209 ビルド 16.0.15629.20200）64ビット

※本書は、2022年11月時点の情報に基づいて解説しています。
今後のアップデートによって機能が更新された場合には、本書の記載のとおりに操作できなくなる可能性があります。
※ Teamsのバージョンは、…（設定など）→「情報」→「バージョン」OneDriveのバージョンはタスクトレイの☁→⚙→「設定」→「バージョン情報」、OneNoteのバージョンは「ファイル」タブ→「アカウント」→「OneNoteのバージョン情報」で確認できます。また、Windows 11のバージョンは、⊞（→「すべてのアプリ」）→「設定」→「システム」→「バージョン情報」で確認できます。

なお、ご使用されている環境によっては、管理権限を持つユーザーの設定などにより、本書で紹介している手順どおりに操作できない可能性があります。

4 • 本書の最新情報について

本書に関する最新のQ&A情報や訂正情報、重要なお知らせなどについては、FOM出版のホームページでご確認ください（アドレスを直接入力するか、「**FOM出版**」でホームページを検索します）。

ホームページアドレス »　https://www.fom.fujitsu.com/goods/

※アドレスを入力するとき間違いがないか確認してください。

1章

Microsoft 365の基本知識

Microsoft 365とは？

Microsoft 365とは、Windows 11などのOSを開発しているMicrosoftが提供しているサービスです。業務上に必要ないくつものソフトを利用することができ、ユーザー同士でファイルを管理・共有したり、サービス内でコミュニケーションを図ったりすることもできます。

Microsoftが提供するサブスクサービス

「**Microsoft 365**」は、Microsoftが提供する最新のアプリやサービスが利用できるサブスクリプション版サービスです。従来はパッケージ版サービスと呼ばれる買い切り型の商品（「**Office Home & Business 2021**」「**Office Professional 2021**」など）が主流で、WordやExcel、PowerPointなどのデスクトップ版Officeアプリをパソコンにダウンロードして利用しました。これに対し、現在主流となったMicrosoft 365では、年単位で月額料金を支払うことで、契約期間内であればそれらのアプリを従来のようにパソコンにダウンロードして利用したり、ブラウザを使ってオンライン上で利用したりすることができます。さらにクラウド上にファイルを保存したり、共有したりすることができるサービスや、業務を進める際に重要なコミュニケーションに役立つコラボレーションツールなどの利用ができるライセンスも付与されます。

「Microsoft 365」https://www.microsoft.com/ja-jp/microsoft-365

Microsoft 365のメリット

Microsoft 365を利用すると、業務を進めるうえで便利なポイントがたくさんあります。効率的に業務を進め、生産性を上げることができます。

◆ 最新のアプリ

Officeアプリは常にアップデートが行われます。パッケージ版の場合はデスクトップ版アプリを永続的に利用できますが、最新版がリリースされた場合、最新版を利用するには再度購入する必要がありました。一方、Microsoft 365ではデスクトップ版アプリ、ブラウザ版ともに常に最新版を利用することができます。また、パッケージ版の場合、デスクトップ版アプリをダウンロードできるパソコンは最大2台までですが、Microsoft 365のダウンロードができるライセンスのプランでは、最大5台までダウンロードが可能です。

◆ 業務の共同作業

複数人で業務を進めるといった場合、Teamsで進行状況を管理・共有したり、SharePointやOneDriveでファイルを管理・共有したりできるので、プロジェクトやタスクフォースなどの業務を円滑に進めることができます。

◆ アプリ間の連携

業務で必要なツールがサービス内でひと通り揃うので、スケジュール管理やファイルの編集などでシームレスな連携が可能です。

◆ テレワーク

インターネットにつながっていればどこでも作業をすることができるので、テレワークに最適です。デスクトップ版アプリをインストールしていないパソコンでも、ブラウザからの利用が可能です。

◆ 強固なセキュリティ

Teamsでのやり取り、OneDriveやSharePointにアップロードされたファイルなど、Microsoft 365で扱うデータは、すべて「**暗号化**」によるセキュリティ対策がされています。パソコンからクラウドサービス、クラウドサービス間といった、クラウドサービスへデータを保存する際に、徹底的に暗号化が施されています。また、「**ISO 27001**」や「**ISO 27017**」といった情報セキュリティ基準にも準拠し、安全性、信頼性を客観的に証明する「**クラウドセキュリティゴールドマーク**」も取得しています。

Microsoft 365で利用できるアプリ

Microsoft 365 では、ビジネスで必須となる文書作成や表計算、プレゼン資料作成などができる Office アプリを利用できます。また、チャットやビデオ会議などのコラボレーションツール、ファイルの管理や共有、メモの管理ができるサービスも利用可能です。

Officeアプリだけではない

Microsoft 365では、業務上に必要な多数のアプリやサービスを利用することができます。Officeアプリと呼ばれる文書作成の「**Word**」、表計算の「**Excel**」、プレゼンテーション資料作成の「**PowerPoint**」などがメインとなりますが、そのほかにも業務に役立つアプリやサービスをたくさん利用することができます。

Word
（文書作成）

Excel
（表計算）

PowerPoint
（プレゼンテーション作成）

たとえば「**Teams**」は同じ業務を進めるメンバーでグループを作成し、コミュニケーションを取りながら業務を進めることのできるコラボレーションツールです。また、「**SharePoint**」は情報やファイルを管理、共有できるサービスであり、「**OneDrive**」はパソコンのファイルをクラウド上に自動同期したり、ほかのユーザーと共有したり、共同編集したりすることができるサービスです。メモをクラウドで管理できる「**OneNote**」もあります。これらのサービスを上手に組み合わせて使いこなすことで、よりビジネスの効率化を加速することができます。

Teams
（コラボレーション）

SharePoint
（情報・ファイル管理）

OneDrive
（ファイル共有）

OneNote
（メモ管理）

テレワークに最適なアプリ&ツール

2020年、政府は新型コロナウイルス感染防止対策として緊急事態宣言を発令し、多くの企業はBCP(事業継続計画)対策の1つとしてテレワークを採用しました。これをきっかけとして以降、BCP対策だけでなく、ライフ・ワーク・バランスの実現を目指すことなどを理由に、新しい働き方の1つとして、テレワークの導入が加速しました。
Microsoft 365は、テレワークによるビジネスに最適なサービスです。勤務地に関係なく、インターネットを介してMicrosoft 365を利用することで、業務を滞りなく進めることができる以下のようなアプリやツールが用意されています。

◆ Teamsでコミュニケーション

オフィスに出社している社員も在宅勤務している社員も、チャットやビデオ会議を利用することで、円滑にコミュニケーションを図ることができます。また、プレゼンス機能を使うと、連絡可能か離席中かなどを知ることができます。

◆ SharePointで情報管理

部署やプロジェクトごとにチームサイトを作成し、業務内容に沿ったライブラリでのファイル管理や、リストで掲示板や予定表などを利用できます。必要な情報をSharePointにまとめることで、業務のプラットフォームとして活用できます。

◆ OneDriveでファイル共有

パソコン内のファイルをクラウドへ自動同期できるので、テレワークで別の環境からでもブラウザから閲覧、編集することができます。同期したファイルはほかのユーザーに共有もでき、そのファイルを共同編集することも可能です。

◆ OnoNoteでメモ管理

業務上のさまざまなことをOneNoteに記録し、情報を蓄積できます。テキストのほか、画像や動画の挿入も可能です。OneNoteもブラウザからアクセスできるので、テレワークでも閲覧、編集、作成ができます。

また、社外から社内のデータにアクセスするとなるとセキュリティ面での不安も出ますが、Microsoft 365は強固なセキュリティ対策が備えられているので安心です。

Microsoft 365のプランについて知る

ビジネス向け Microsoft 365 には、一般法人向けの「Microsoft 365 Business」と、大企業向けの「Microsoft 365 Enterprise」があります。「Microsoft 365 Business」には Basic、Standard、Premium があり、Standard が人気です。

多様なプランから自社業務で使う範囲を検討

ビジネス向けMicrosoft 365には、1～300名まで利用できる一般法人向けの「**Microsoft 365 Business**」と、人数は無制限に利用できる大企業向けの「**Microsoft 365 Enterprise**」があります。1ユーザーを追加するごとに、料金が課金される仕組みです。

Microsoft 365 BusinessにはBasic、Standard、Premiumの3プランがあり、BasicとStandardは利用できる機能はほとんど同じですが、BasicはWordやExcelなどのデスクトップ版アプリのインストールができません（オンラインでブラウザ版の利用はできます）。最上位プランのPremiumはStandardでできることに加え、セキュリティ機能やデバイス管理機能が付加されています。これらのプランについては、右のページも参照してください。

なお、この3つのプランのほか、Apps for Business（900円）というプランもあり、こちらはデスクトップ版アプリのインストールが可能ですが、TeamsやSharePointといったサービスは利用できません（料金の表示は月額税別・1ユーザー・年間払い）。

このように、プランによって使える機能が異なり、それに伴い利用料金も異なります。自社の規模や業務で必要な機能は何か確認したうえで、契約するプランを検討するようにしましょう。

Column 大企業向けの「Microsoft 365 Enterprise」とは

大企業向けの「**Microsoft 365 Enterprise**」には、F3（870円）、E3（3,910円）、E5（6,200円）、Apps for Enterprise（1,300円）などのプランがあります（料金の表示は月額税別・1ユーザー・年間払い）。人数は無制限で利用でき、組織向けのデバイスとアプリの管理、進行管理、セキュリティ管理、高度な分析などの機能をプランごとにより利用できます。

おすすめはMicrosoft 365 Business Standard

Microsoft 365 Businessでおすすめのプランは、Standardです。Premiumほどの高度な機能は必要なく、WordやExcelなどデスクトップ版Officeアプリをパソコンにインストールして利用したいといった会社に最適です。デスクトップ版アプリは1ユーザーにつき最大5台のパソコンまでインストールができます。
ただし、デスクトップ版アプリが必要ない場合は、Basicのプランでも十分です。テレワークもしっかり対応できます。

◆ Microsoft 365 Business Basic

・650円
・Word、Excel、PowerPoint、Teams、Outlook、Exchange、OneDrive、SharePointが利用可能（Officeアプリはブラウザ版・モバイル版）
・1TBのクラウドストレージ
・参加者最大300人でチャット、通話、会議
・法人メール、標準セキュリティ、電話・Webによるサポート対応

◆ Microsoft 365 Business Standard

・1,360円
・Word、Excel、PowerPoint、Teams、Outlook、Exchange、OneDrive、SharePoint、Access（Windowsのみ）、Publisher（Windowsのみ）が利用可能（Officeアプリはデスクトップ版・ブラウザ版・モバイル版）
・Microsoft 365 Business Basicのすべての内容
・ビデオ会議でウェビナーの開催、出席者とレポートのツール、顧客の予約を管理

◆ Microsoft 365 Business Premium

・2,390円
・Word、Excel、PowerPoint、Teams、Outlook、Exchange、OneDrive、SharePoint、Access（Windowsのみ）、Publisher（Windowsのみ）、Intune、Azure Information Protectionが利用可能（Officeアプリはデスクトップ版・ブラウザ版・モバイル版）
・Microsoft 365 Business Standardのすべての内容
・高度なセキュリティ
・アクセスとデータの制御
・サーバー脅威の防止

※料金の表示は月額税別・1ユーザー・年間払い。

利用できる機能は管理者が設定している

Microsoft 365の管理者は、セキュリティの観点からTeamsやSharePoint、OneDriveなど各サービスの使用権限などを制御していることがあります。本書の手順通りに操作できないときや、項目が表示されないときには、会社の情報システム担当者に確認してみましょう。

多くの会社では機能を制限・カスタマイズしている

Microsoft 365は、セキュリティの観点から管理者によってサービスの全体が管理されています。とくにTeamsやSharePoint、OneDriveなどは、できることなどが制限されていることがあります。

◆ 管理者による制限の例

・Teams：組織へのメンバー追加・削除、組織外の人のゲスト参加の許可、外部アクセスの管理、通知やタグ・「ファイル」タブなどの設定、チームの管理、会議の設定、拡張アプリの許可・ブロック　など
・SharePoint：サイトのストレージ容量の上限、サイトの作成、コメント投稿、サイトのアクティビティに関する通知の許可　など
・OneDrive：ストレージ容量の上限、削除されたユーザーのデータの保存日数、ファイルアクティビティに関する通知の許可　など

本書の解説通りに設定できなかったり、項目が表示されなかったりした場合、管理者による制御がされている可能性があります。自社の情報システム担当者などに確認してみましょう。

2章

Teamsの
チーム管理

Teamsについて知る

Teamsのチャットやビデオ会議は1対1だけでなく、複数人によるグループでもすることができ、情報伝達やタスク進行上のコミュニケーションを図るのに役立ちます。テレワークでも円滑に業務を進めることができます。

Teamsでできること

Teamsは、仕事を進めるうえで必要なコミュニケーションツールやグループ管理ツールが1つに集約されているコラボレーションツールです。
1対1やグループでメッセージのやり取りができるチャット、パソコンのカメラに映された画面を見ながら話すことができるビデオ会議などのコミュニケーションツール、チームやチャネルといった部署やプロジェクト単位でのグループ管理ツールなどを利用することができます。
新型コロナウイルスの感染防止対策を契機にテレワークを導入した企業の多くが業務においてチャットやビデオ会議ツールを利用していますが、Teamsではこれらのサービスをまとめて利用することができます。
また、社外の人をゲストとしてチームに参加してもらったり、ビデオ会議に参加してもらったりすることも可能です。

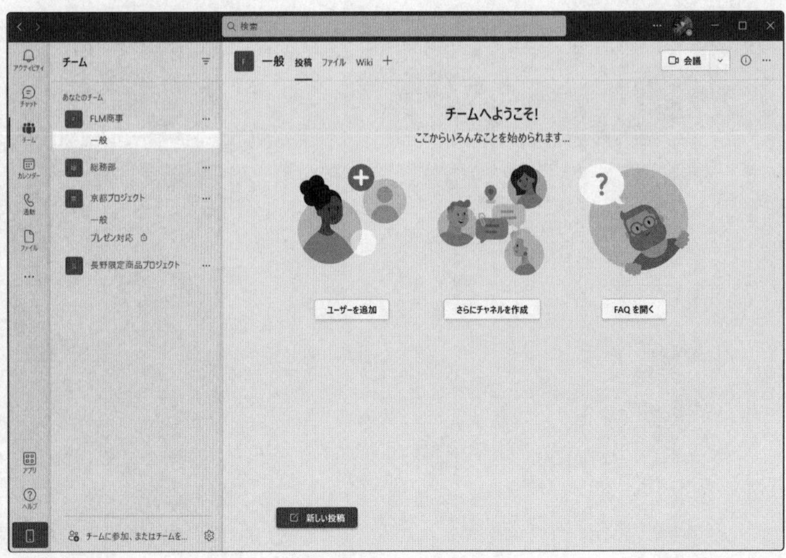

Teamsの構成を知る

Teamsは、「**組織**」「**チーム**」「**チャネル**」の3つのグループで構成されています。初めはわかりにくいかもしれませんが、スムーズに利用できるよう、構成を覚えるようにしましょう。

◆ 組織

Teamsで一番大きなグループ「**組織**」は、おもに会社などにあたります。Microsoft 365の管理者が、Teamsの組織の管理者となり、全体の管理を行います。複数の組織に参加することは可能ですが、1つの画面でまとめて利用することはできず、画面右上から切り替える必要があります。

◆ チーム

組織の中でグループ化されているのが、「**チーム**」です。営業部や広報部といった部署や、その部署内のグループ、また、各部署からメンバーが組織されるプロジェクトやタスクフォースなどがチームになります。チームは自由に作成でき、業務のスピーディーさを止めることなく情報伝達やコミュニケーションの場づくりができます。参加メンバーはあとから追加することもでき、参加前のやり取りも閲覧、検索が可能です。なお、チームには「**パブリック**」と「**プライベート**」、「**組織全体**」の3種類があり、パブリックなチームは組織のメンバーであれば誰でも参加ができますが、プライベートなチームは、参加するにはチーム所有者の許諾が求められるほか、外部からのゲスト参加はできません（36ページ参照）。組織全体は組織の全メンバーが自動的に参加となるチームです（40ページ参照）。

◆ チャネル

チーム内でさらに細かいグループが「**チャネル**」です。タスク別に作られたチャネルには、チームのメンバーのみが参加ができ、メッセージやファイルの投稿・閲覧、ビデオ会議への参加などを通して共同作業を進めていきます。チャネルは「**標準チャネル**」と、「**プライベートチャネル**」、「**共有済みチャネル**」の3種類があります（48ページ参照）。

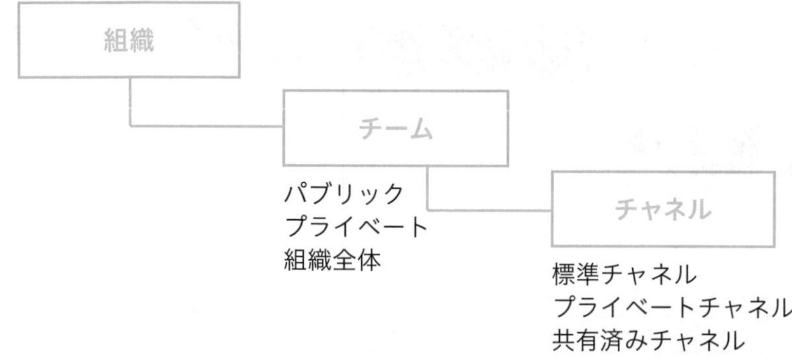

アカウントアイコンに画像を設定する

自分のアカウントアイコンにプロフィール画像を設定しましょう。設定することで、ほかの参加メンバーがアカウントアイコンをひと目見て誰なのかがわかるようになります。アイコンは丸い形になりますので、丸くくり抜かれても問題のない画像がおすすめです。

プロフィール画像を設定する

1 アカウントアイコンをクリックし、

2 表示されたメニューのアカウントアイコンをクリックします。

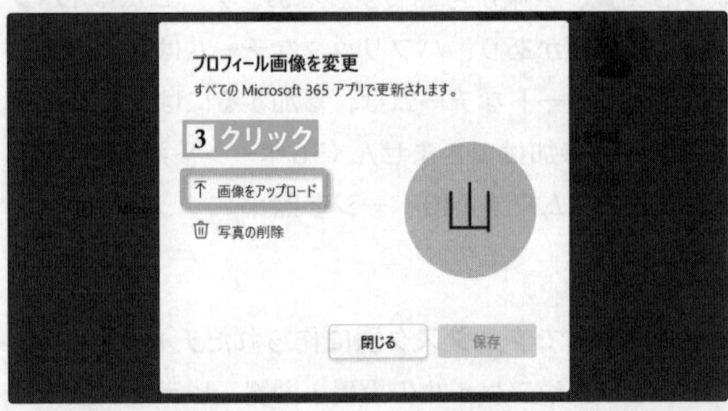

3 **「画像をアップロード」**をクリックします。

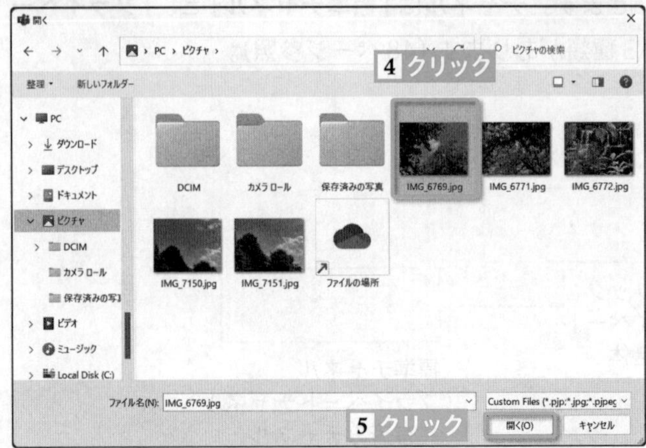

4 プロフィールアイコンに使いたい画像をクリックし、

5 **「開く」**をクリックします。

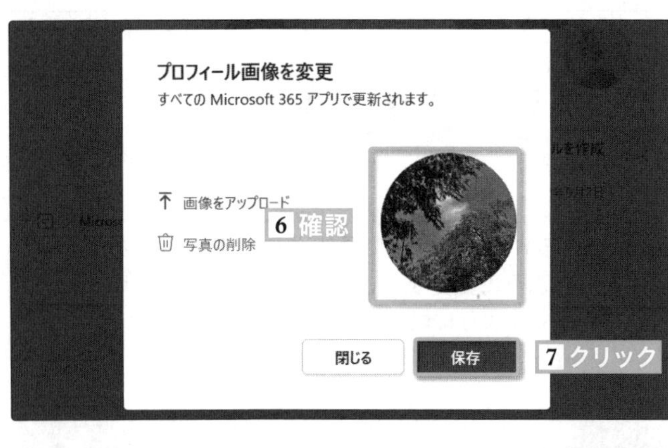

6 設定された画像に問題ないか確認し、

7 「**保存**」をクリックします。

8 「**閉じる**」をクリックします。

9 アカウントアイコンのプロフィール画像が設定されました。

Column アップロードできる画像のサイズとファイル形式

プロフィール画像として利用できる画像は、4MB未満のPNG・JPG・GIF形式の画像になります。

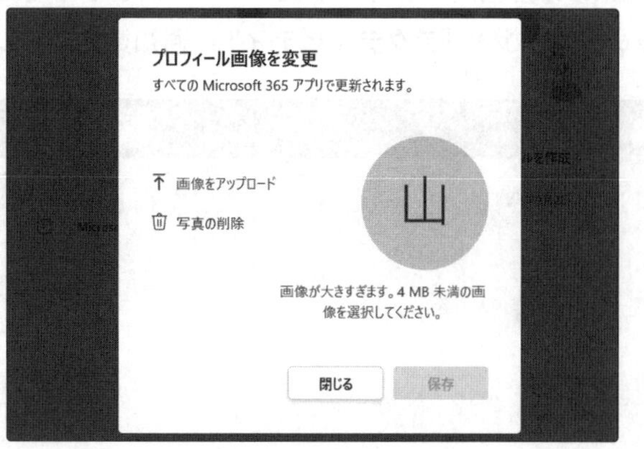

Teamsの通知について知る

Teams は、チャットやチャネルでメッセージが送られたときなどに通知されます。通知方法は「バナー」と「フィード」の 2 種類あり、自分に合ったように変更することができます。あまりにも頻繁に通知されるようであれば、大事な通知だけを受信するように設定を見直しましょう。

通知の種類

チャットでメッセージが送られたときや、チャネルにメンションを付けて投稿されたときなどに**「バナー」**や**「フィード」**といった方法で通知されます。通知内容ごとにどちらかにしたり、2つを組み合わせたり、オフにしたりといった設定ができます。

◆ バナー

パソコンのデスクトップ画面右下にポップアップ表示される方法で、通知音も再生されるためもっとも気付きやすいですが、頻繁に通知されると煩わしさを感じます。

◆ フィード

Teamsの画面内にあるメニューバーの**「アクティビティ」**に表示されます。**「Teams」**アプリのアイコンや**「アクティビティ」**に通知数のバッジが表示され、通知内容も記録されます。

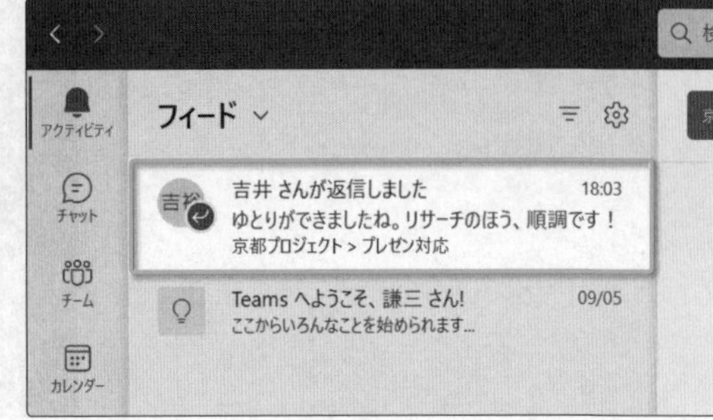

通知をカスタマイズする

1 ■をクリックし、

2 「**設定**」をクリックします。

3 左メニューの「**通知**」をクリックすると、通知の各種設定が行えます。

4 ここではカスタマイズの例として「**チャット**」の「**編集**」をクリックします。

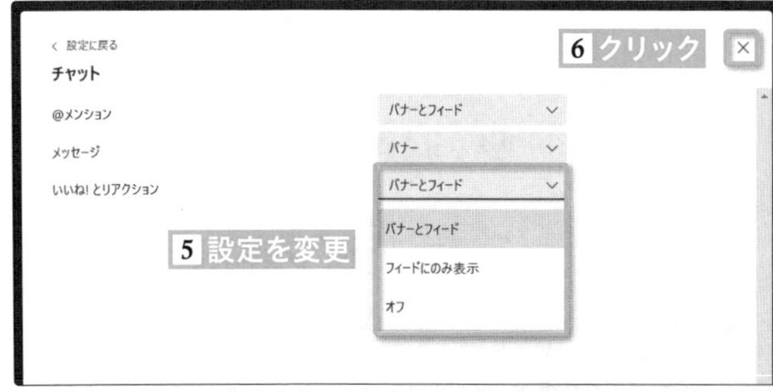

5 「**いいね!とリアクション**」のプルダウンをクリックして設定を変更したら、

6 ×をクリックします。

Column チャネルごとに通知を変更する

「あまり関わりが深くないチャネルからの通知を変更したい」など、参加しているチャネルごとに通知を変更することもできます。54～55ページを参照してください。

プレゼンスについて知る

Teamsには、チームのメンバーが現在、どのような状況なのかを確認できる「プレゼンス」機能があり、「連絡可能」「応答不可」など状況を確認してから連絡を取ることができます。プレゼンスは、「チームを管理」のメンバー一覧から確認できます。

プレゼンスの種類

チームのメンバーに連絡したいときに、その相手が現在パソコン操作をしているのか、席を離れているのかなど、どのような状態なのかがわかるのが**「プレゼンス」**機能です。**「連絡可能」「取り込み中」「応答不可」「一時退席中」「退席中表示」「オフライン表示」**などを示すプレゼンスがアカウントアイコンの右下に表示されるため、ひと目で状況を把握することができます。

プレゼンスは**「Teams」**アプリやパソコン使用状況によって自動的に表示されますが、手動で変更することもできます（26ページ参照）。

- 連絡可能
- 取り込み中
- 応答不可
- 一時退席中
- 退席中表示
- オフライン表示

Column　Outlook予定表と連携される

同じMicrosoft 365のアカウントでOutlook予定表を利用していると、その予定の登録内容についても反映され、**「外出中」**や**「連絡可能－不在」**といったプレゼンスが表示されることもあります。

プレゼンスを確認する

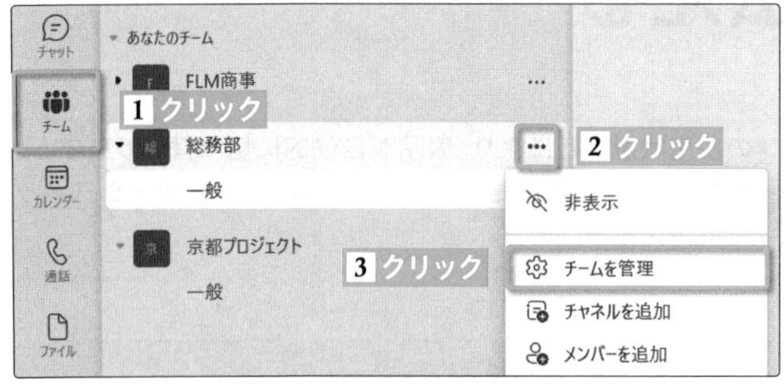

1 「**チーム**」をクリックし、

2 チームの•••をクリックして、

3 「**チームを管理**」をクリックします。

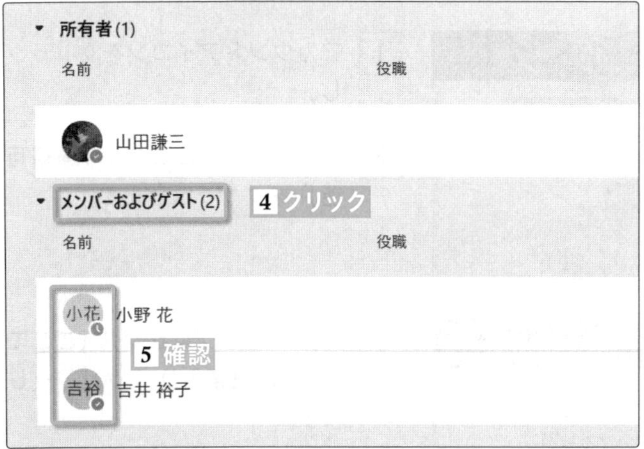

4 「**メンバーおよびゲスト**」をクリックすると、

5 チームのメンバーが一覧表示され、メンバーのプレゼンスが確認できます。

6 アカウントアイコンにマウスポインターを合わせると、

7 大きく表示しての確認ができます。

現在の状況を伝える

プレゼンスは「Teams」アプリやパソコンの使用状況などにより、表示が自動的に切り替わりますが、これを手動で切り替えることもできます。また、より状況を詳しく伝えたいときには、ステータスメッセージを設定することも可能です。

プレゼンスを変更する

1 アカウントアイコンを**クリック**し、

2 プレゼンス（ここでは**「連絡可能」**）を**クリック**します。

3 変更したいプレゼンス（ここでは**「一時退席中」**）を**クリック**します。

4 プレゼンスが変更されました。

ステータスメッセージを設定する

1 アカウントアイコンをクリックし、

2 **「ステータスメッセージを設定」**をクリックします。

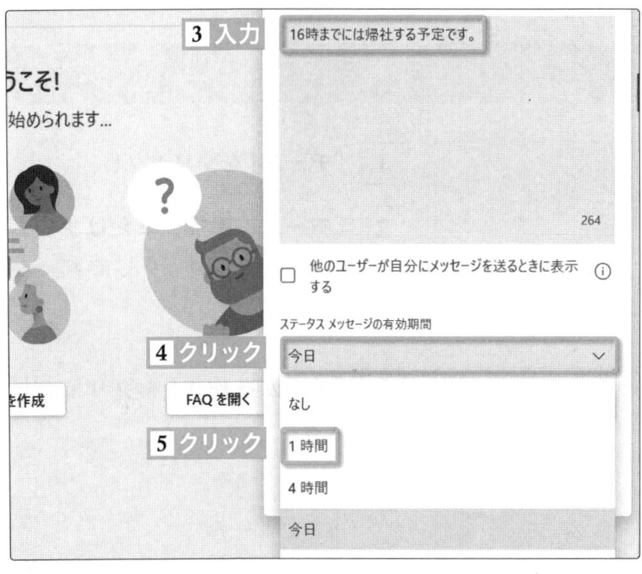

3 ステータスメッセージを入力し、

4 メッセージの表示時間を設定する場合は**「ステータスメッセージの有効期間」**のプルダウンをクリックして、

5 表示を有効にしたい期間（ここでは**「1時間」**）をクリックします。

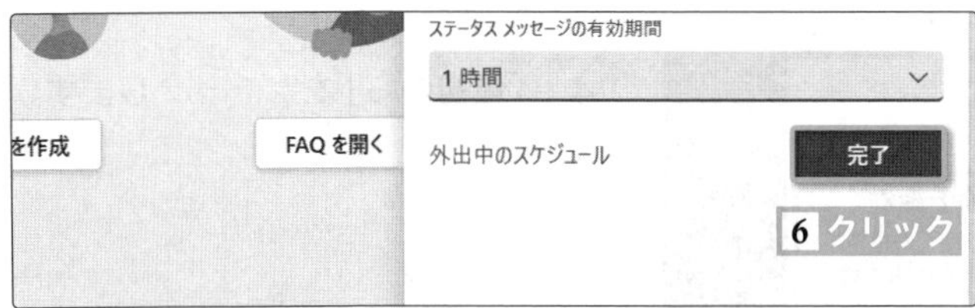

6 **「完了」**をクリックします。

Column ステータスメッセージを編集・削除する

手順1の画面でアカウントアイコンをクリックし、ステータスメッセージにマウスポインターを合わせ、表示される✎をクリックすると編集ができ、🗑をクリックすると削除ができます。

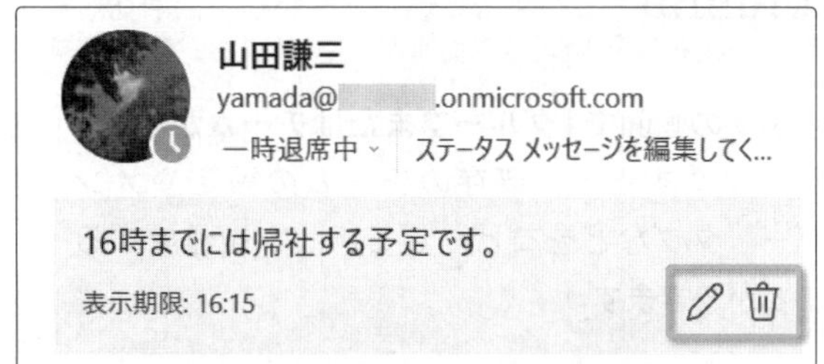

チームを作成する

チームは誰でも簡単に作成することができます。チームを作成したユーザーは所有者となり、チームの管理を行うこととなります。作成したチームは、あとから種類や名前などを変更したり、メンバーを追加したりすることができます。

チームを新規作成する

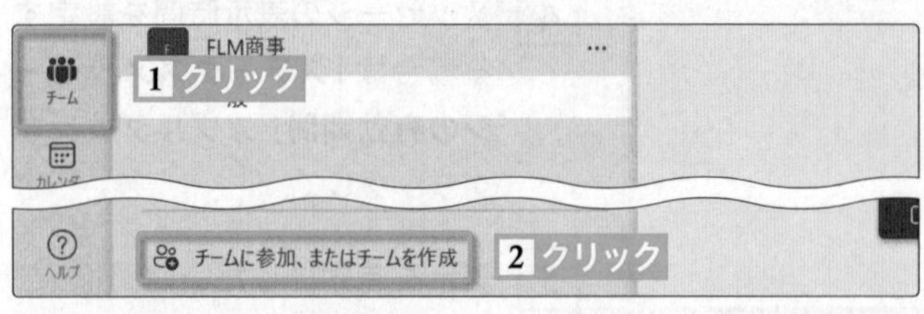

1 **「チーム」**をクリックし、

2 **「チームに参加、またはチームを作成」**をクリックします。

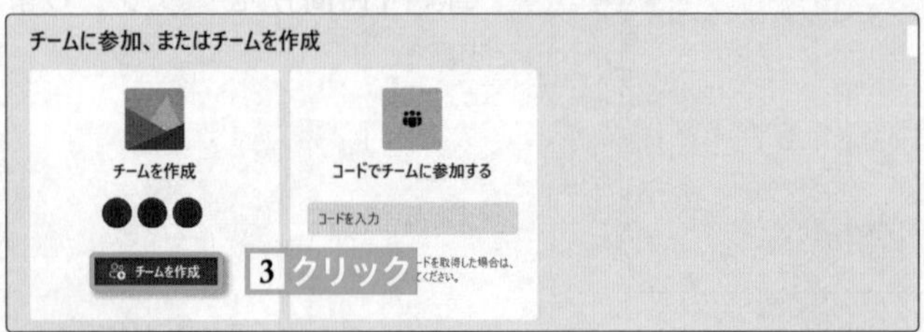

3 **「チームを作成」**をクリックします。

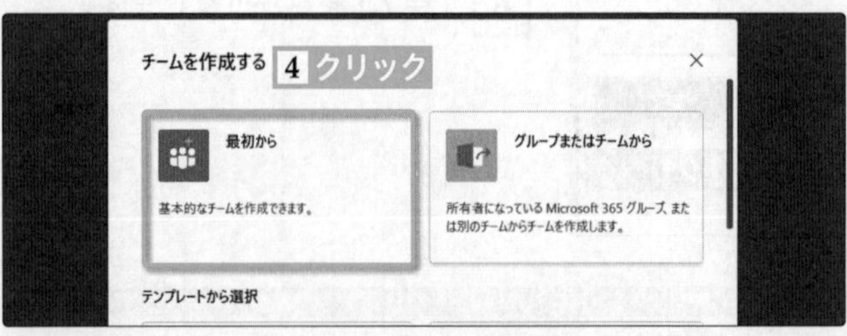

4 **「最初から」**をクリックします。

Column チームをコピーして作成する

手順4の画面で**「グループまたはチームから」**をクリックすると、既存のチームの設定やメンバー、タブなどをコピーしてチームを作成することができます。

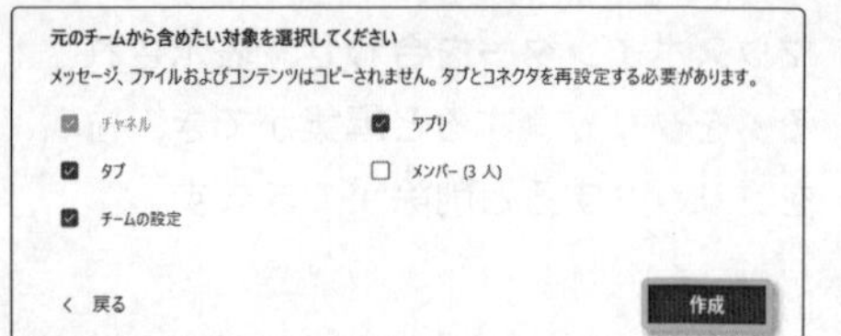

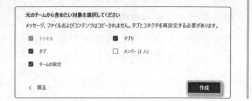

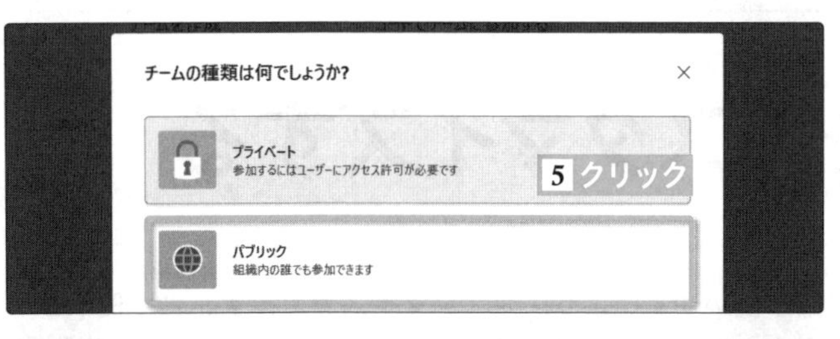

5 チームの種類(ここでは「**パブリック**」)を**クリック**します。種類はあとからでも変更できます(41ページ参照)。

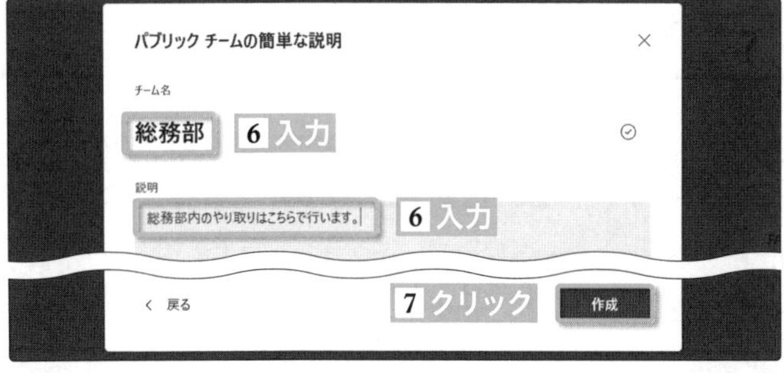

6 チーム名とチームの説明を入力し、

7 「**作成**」を**クリック**します。

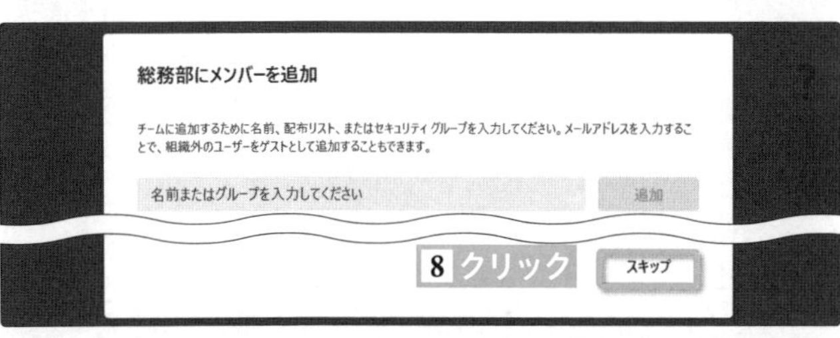

8 メンバーの追加はあとから行いますので(36ページ参照)、ここでは「**スキップ**」を**クリック**します。

9 チームが作成されました。

Column チーム名を変更する

作成したチーム名や説明をあとから変更するには、手順9の画面でチームの…を**クリック**し、「**チームを編集**」を**クリック**します。チーム名や説明を変更したら、「**完了**」を**クリック**します。

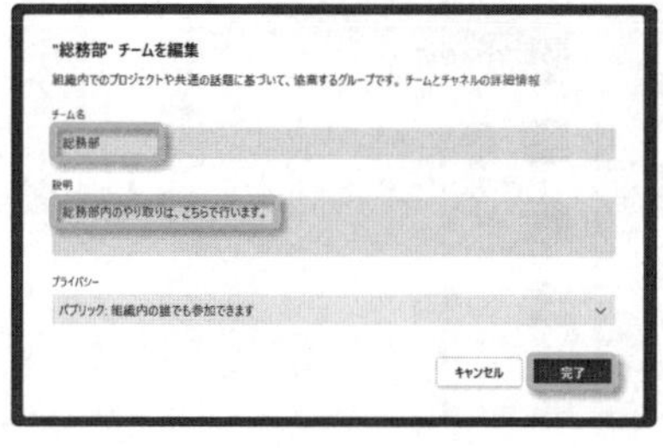

チームリストをカスタマイズする

チームが一覧表示されている画面は、自分が使いやすいようにカスタマイズできます。よく使うチームを上部に表示させたり、反対にほとんど参加しないチームを非表示にしたりすることができます。非表示にしたチームは、簡単に再表示にできます。

チームの表示を並び替える

1 「**チーム**」を**クリック**し、

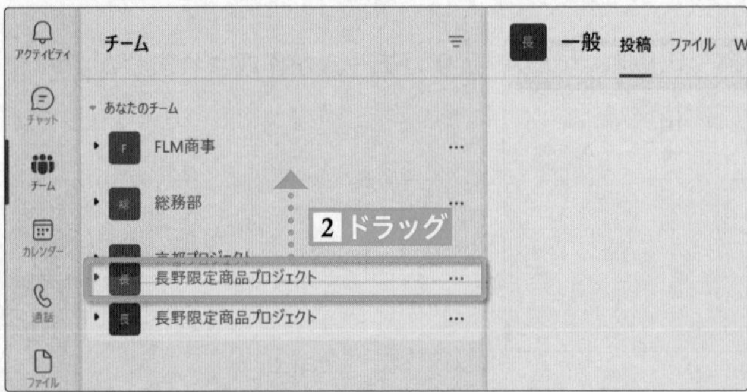

2 並び替えたいチームを**ドラッグ**します。

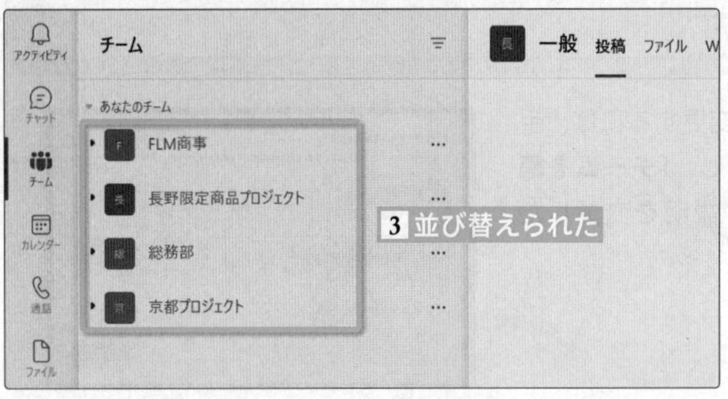

3 チームの表示が並び替えられました。

特定のチームを非表示・再表示する

1 「**チーム**」をクリックし、

2 非表示にしたいチームの…をクリックして、

3 「**非表示**」をクリックします。

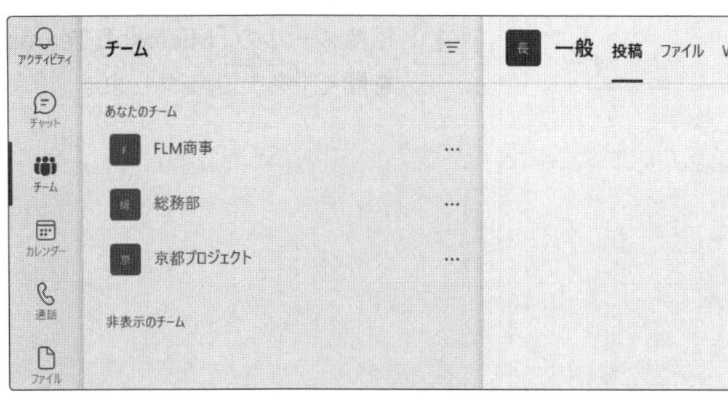

4 チームが非表示になりました。

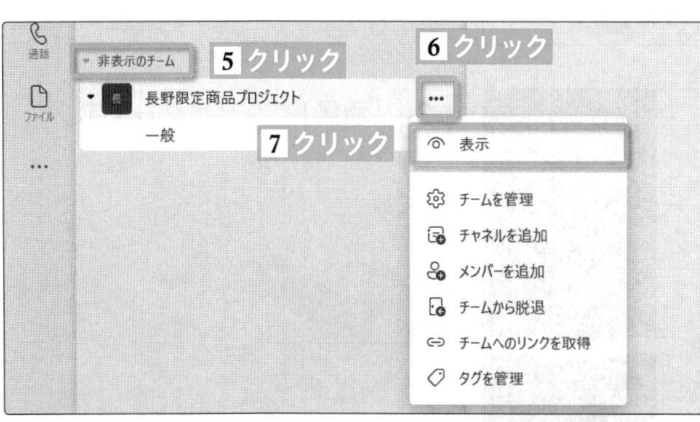

5 再表示するには「**非表示のチーム**」をクリックし、

6 再表示させたいチームの…をクリックして、

7 「**表示**」をクリックします。

8 チームが再表示されました。

組織外のチームに参加する

複数の企業によって構成されるプロジェクトやタスクフォースなど、組織外のチームから参加メールが届いたら、ゲストとしてチームに参加しましょう。なお自分が所有者のチームに組織外の人をゲスト招待する方法は、42ページを参照してください。

招待メールからゲスト参加する

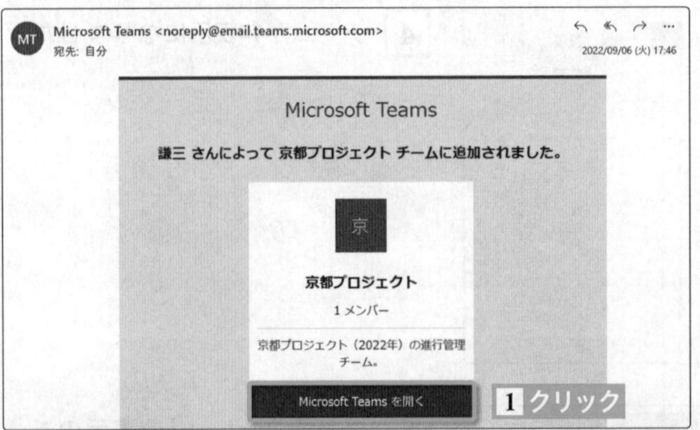

1 招待メールの「**Microsoft Teamsを開く**」をクリックします。

2 「**承諾**」をクリックします。

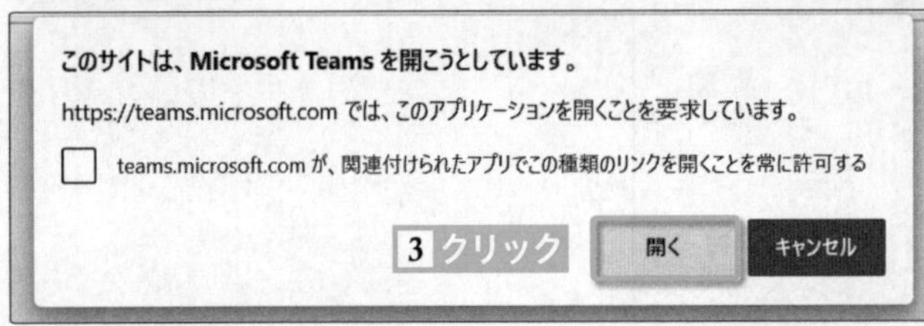

3 ブラウザに表示されるダイアログの「**開く**」をクリックします。

4 「**Teams**」アプリが開きます。

5 参加するチームを確認し、

6 「**続行**」をクリックします。

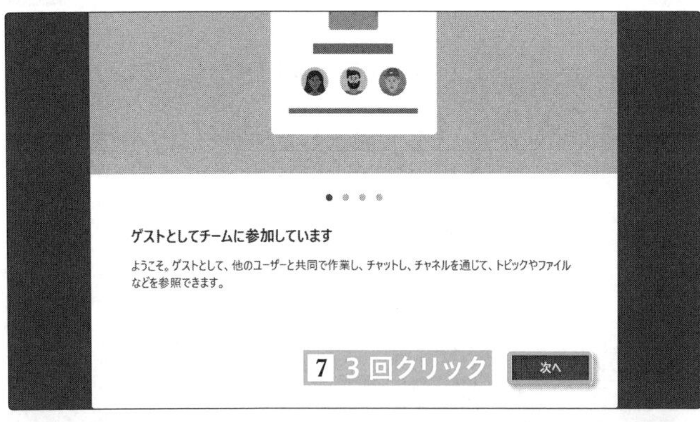

7 「**次へ**」を3回クリックします。

8 「**参加する**」をクリックします。

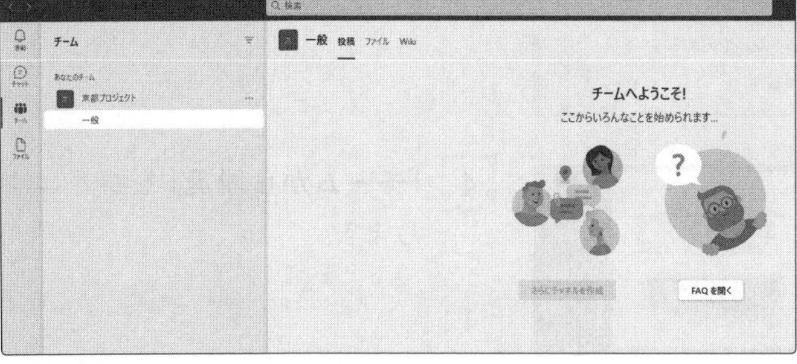

9 ゲストとして招待されたチームに参加できるようになりました。

チームから脱退する

組織全体以外のチームの場合、チームを自ら脱退することができます。ただし、チームの最後の１人の所有者は脱退することができません。ほかのメンバーを所有者に変更したり（45 ページ参照）、チームをアーカイブにしたり（46 ページ参照）するなどして対処しましょう。

参加チームから脱退する

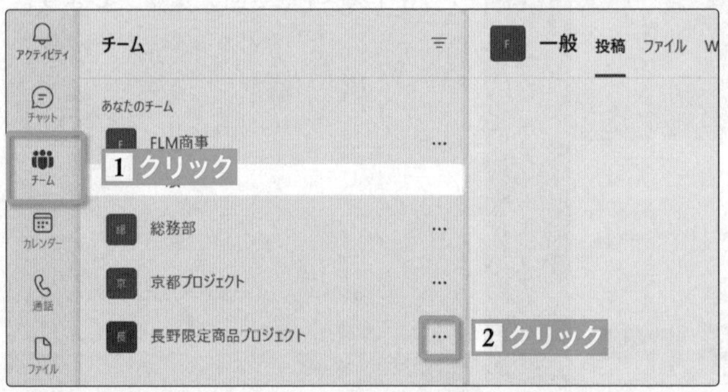

1 「チーム」をクリックし、

2 脱退したいチームの…をクリックします。

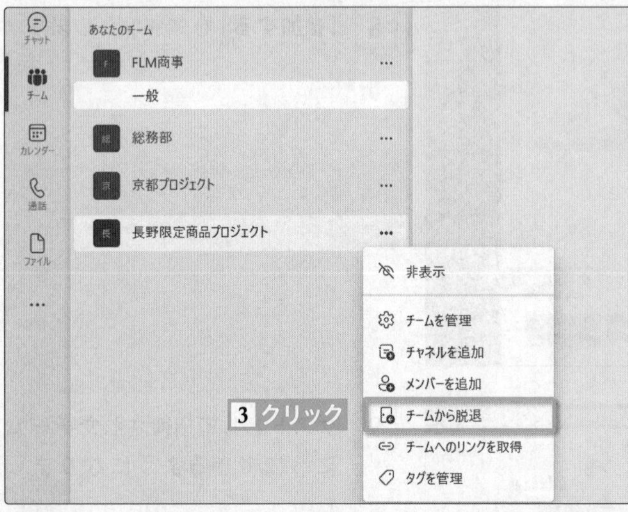

3 「チームから脱退」をクリックします。

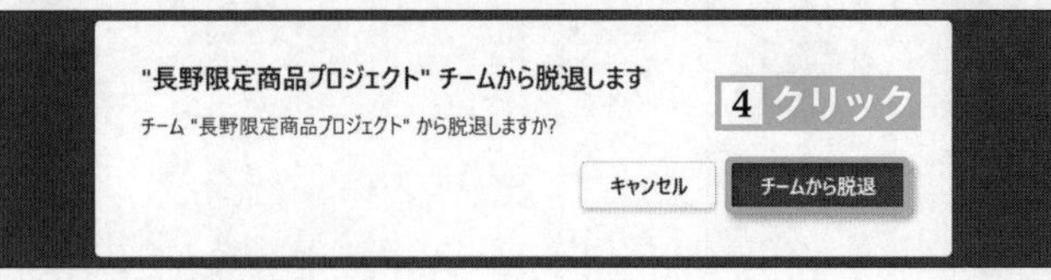

4 「チームから脱退」をクリックします。

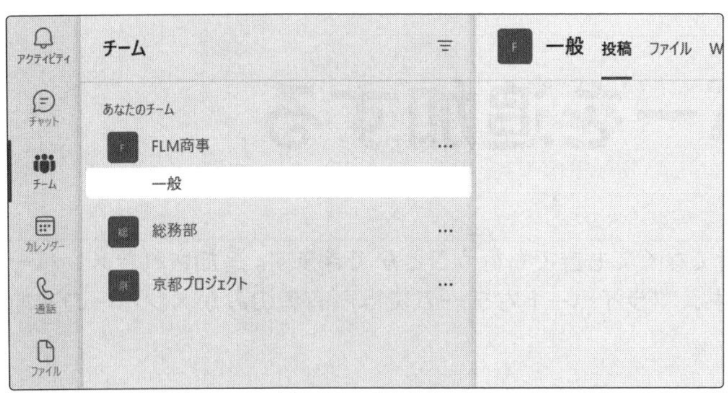

5 チームから脱退されました。

Column チームに再度参加する

パブリックなチームであれば、一度脱退したチームに所有者の許諾の必要なく、再度参加することができます。**「チーム」**をクリックして**「チームに参加、またはチームを作成」**をクリックし、参加したいチームにマウスポインターを合わせ、表示される**「チームに参加」**をクリックすると、再度チームに参加することができます。

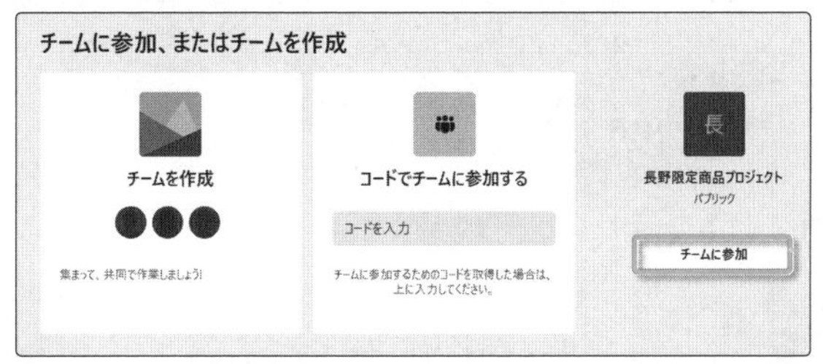

Column 脱退したことは所有者に通知されない

脱退したことはチームの所有者に通知されることはありません。ただし、チームの●にある**「更新」**に**「〇〇さんがチームから退出しました。」**との表示がされます。

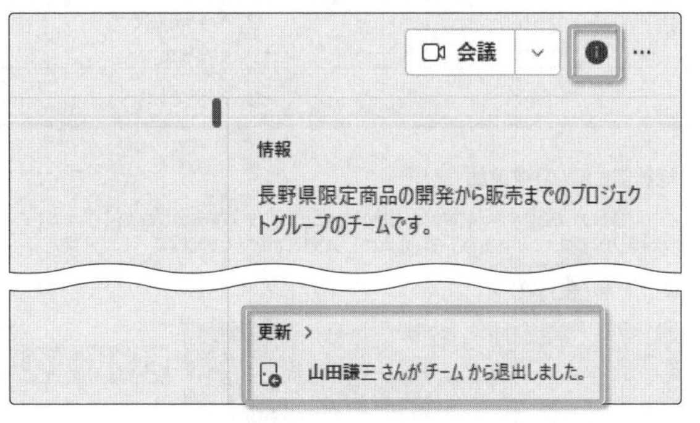

チームにメンバーを追加する

チームにメンバーを追加するのは、所有者でなくても誰でも行うことができます。追加されたメンバーはとくに操作することはありません。なお、プライベートなチームでは所有者のみがメンバーの追加ができます。

メンバーを追加する

1 「チーム」をクリックし、

2 チームの…をクリックします。

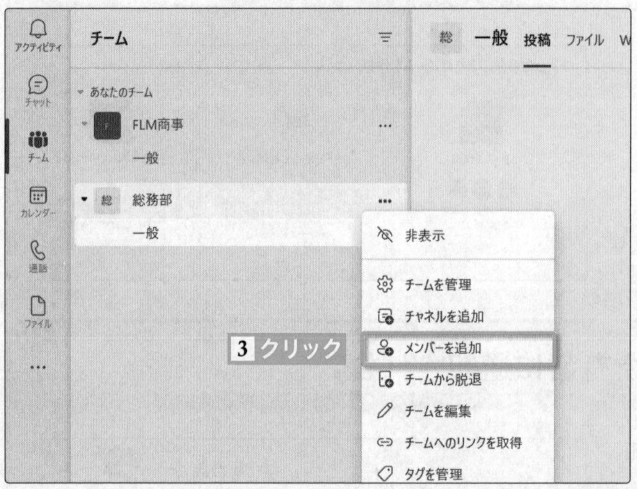

3 「メンバーを追加」をクリックします。

総務部にメンバーを追加

チームに追加するために名前、配布リスト、またはセキュリティ グループを入力してください。メールアドレスを入力することで、組織外のユーザーをゲストとして追加することもできます。

4 入力

吉井

追加

吉裕 吉井 裕子 YOSHII

5 クリック

4 追加したいメンバーの名前を入力し、

5 表示される候補をクリックします。

6 **「追加」**をクリックします。

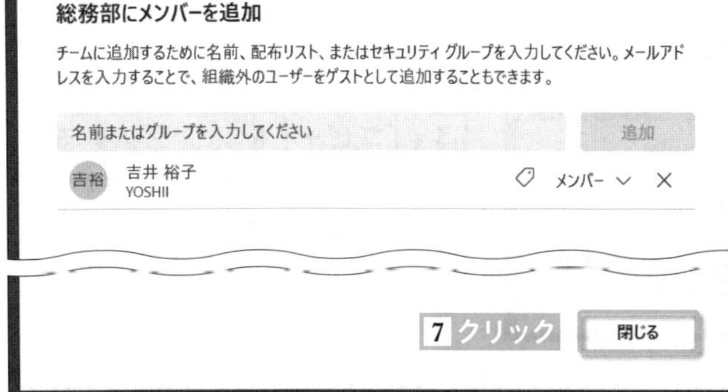

7 **「閉じる」**をクリックします。

Column 複数のメンバーを追加する

手順4～5の操作を繰り返すと、手順6の画面に複数のメンバーが表示されるので、**「追加」**をクリックすると、まとめてメンバーの追加ができます。

Column チームのメンバーを確認・削除する

手順3の画面で、**「チームを管理」**をクリックし、**「メンバーおよびゲスト」**をクリックすると、参加メンバーが確認できます。また、チームの所有者はその画面で×をクリックすると、メンバーをチームから削除することができます。

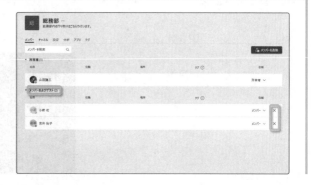

メンバーを招待リンクから追加する

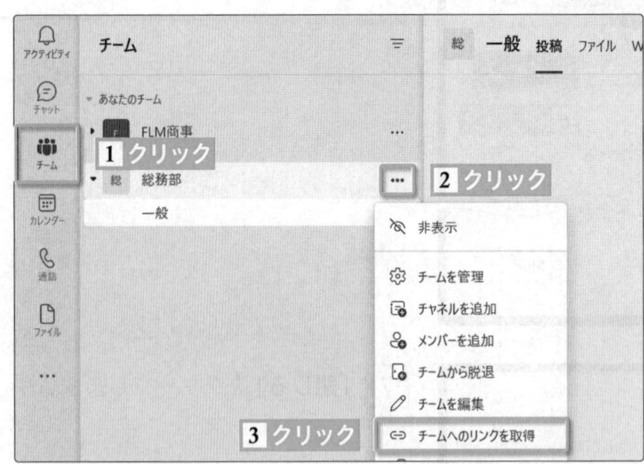

1 **「チーム」**をクリックし、

2 チームの…をクリックして、

3 **「チームへのリンクを取得」**をクリックします。

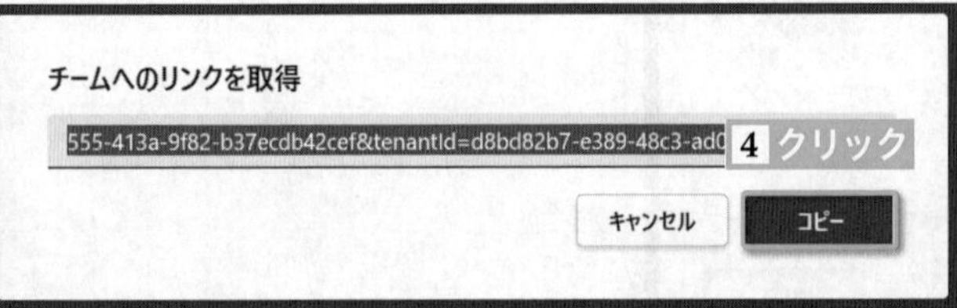

4 **「コピー」**をクリックすると、招待リンクがコピーされるので、共有しましょう。

Column 招待リンクからチームに参加する

チームの所有者から共有された招待リンクをクリックし、ブラウザに表示されるダイアログの**「開く」**をクリックします。**「Teams」**アプリが起動し、チームへの参加確認画面が表示されるので**「参加」**をクリックすると、チームに参加できます。

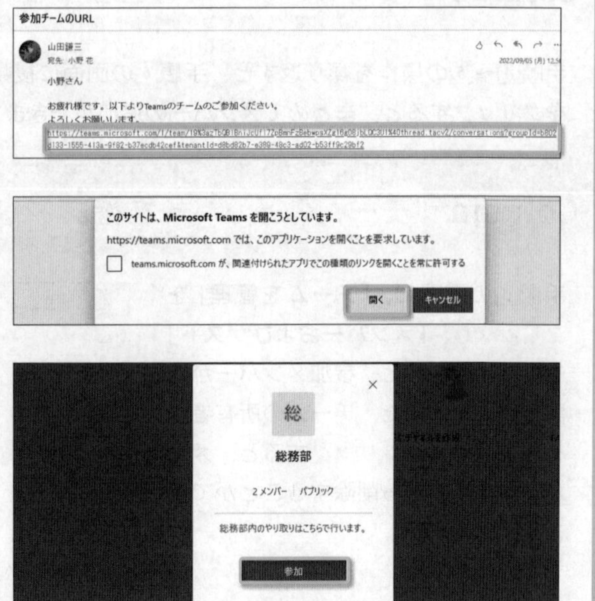

Column　チームコードでメンバーを追加する

37ページのColumnの画面で「**設定**」をクリックし、「**チームコード**」→「**生成**」をクリックすると、チームのコードが生成されるので、チームに追加したいメンバーにそのコードをメールやチャットなどで送ります。コードを受け取ったメンバーは、28ページ手順3の画面で「**コードを入力**」にチームコードを入力し、「**チームに参加**」をクリックすると、チームに参加できます。

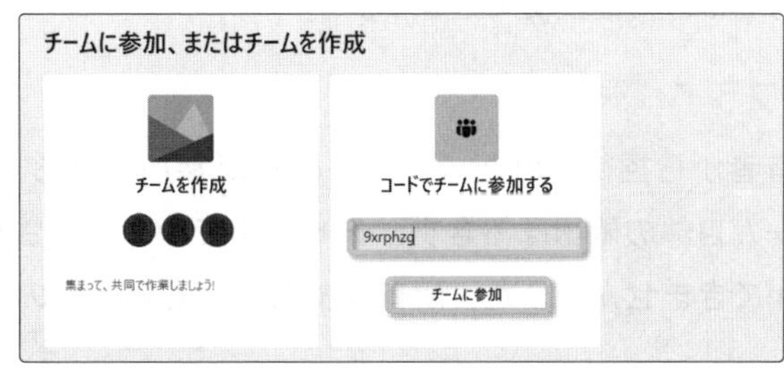

Column　メンバーが使える機能を制限する

37ページのColumnの画面で「**設定**」をクリックし、「**メンバーアクセス許可**」をクリックすると、メンバーがチームでできることの設定ができます。項目をオフにすることで、使える機能が制限されます。

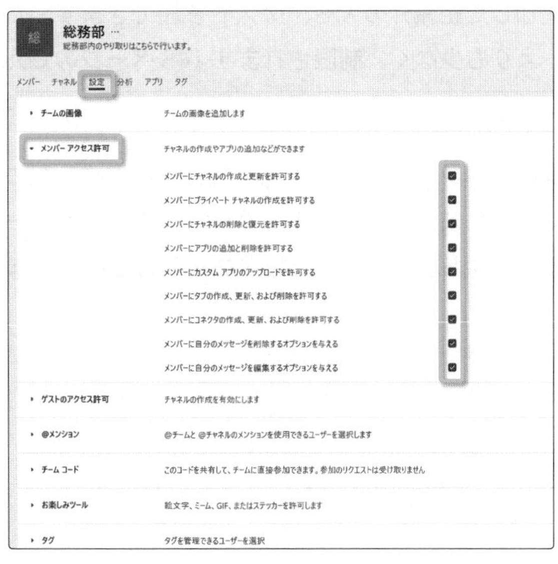

プライバシー設定を変更する

チームのプライバシー設定は、所有者が追加したメンバーが参加できる「プライベート」、組織内の誰でも参加できる「パブリック」、組織内の全メンバーが自動的に追加される「組織全体」の3種類があります。

プライバシー設定の種類

チームの公開範囲には、**「プライベート」**と**「パブリック」**、**「組織全体」**の3種類があり、それぞれできることと、できないことがあります。チームを作成したあとからでも、チームの所有者は設定を変更できます。

◆ プライベート

所有者から招待されたメンバーのみが参加できるチームです。組織のメンバーであってもチーム自体の確認はできず、チャネルでやり取りされるメッセージやファイルは閲覧することができません。また、所有者であっても組織外の人を追加することはできません。

◆ パブリック

組織のメンバーであれば、許可なく参加ができるチームです。チャネルでやり取りされるメッセージやファイルは、組織のメンバーであれば閲覧することができます。また、所有者が追加した組織外の人も、ゲスト参加できます。ただし、ゲストができることは組織のメンバーよりも少なく、制限されます（43ページのColumn参照）。

◆ 組織全体

組織の全メンバーが追加され、あとから作成したユーザーアカウントも自動的にこのチームへ追加されます。チャネルに投稿ができるメンバーを制限するなど、取り扱いには注意が必要です。なお、組織外の人を追加することはできません。

設定を変更する

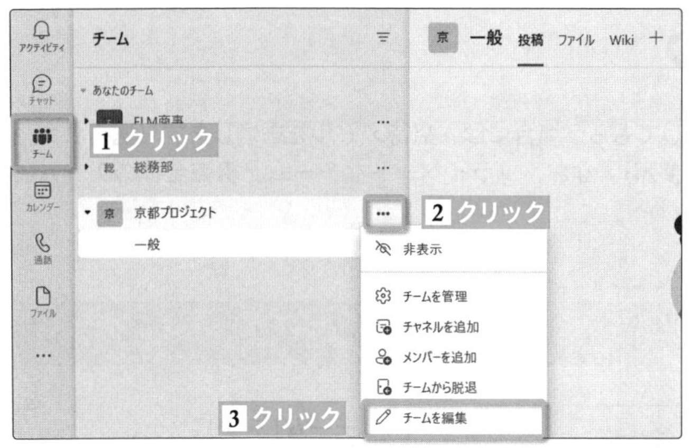

1 「**チーム**」をクリックし、

2 チームの…をクリックして、

3 「**チームを編集**」をクリックします。

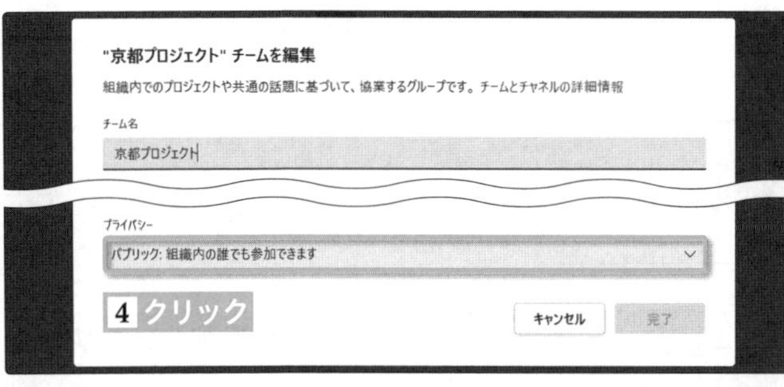

4 「**プライバシー**」のプルダウンをクリックします。

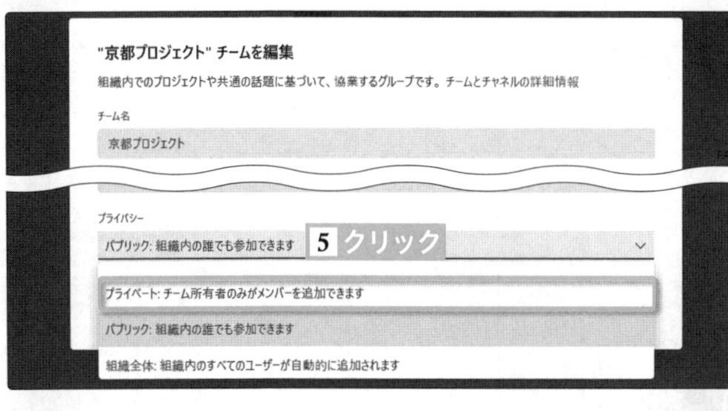

5 変更したいプライバシーの種類（ここでは「**プライベート**」）をクリックします。

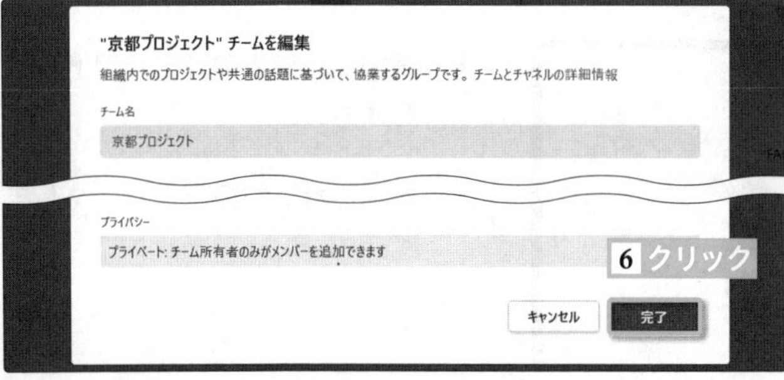

6 「**完了**」をクリックします。

チームに組織外の人をゲスト招待する

チームに組織外の人をゲストとして参加してもらう場合には、招待メールを送信します（送られた招待メールからの参加方法は32ページを参照）。なお、プライベートなチーム、組織全体のチームにはゲストは追加できません。

招待メールを送信する

1 「**チーム**」をクリックし、

2 チームの…をクリックします。

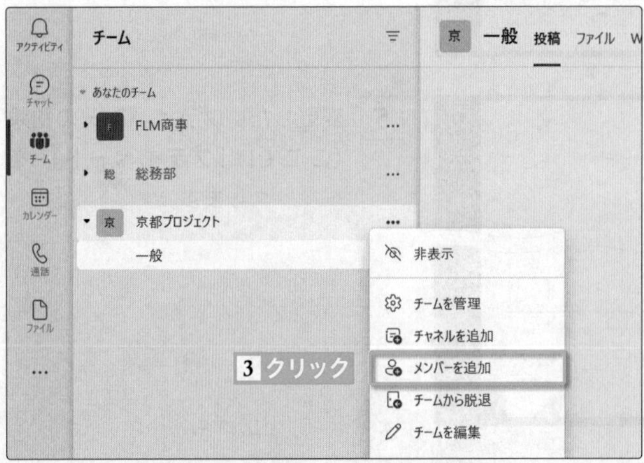

3 「**メンバーを追加**」をクリックします。

京都プロジェクトにメンバーを追加

チームに追加するために名前、配布リスト、またはセキュリティ グループを入力してください。メールアドレスを入力することで、組織外のユーザーをゲストとして追加することもできます。

suwa00@　.jp　4 入力　追加

suwa00@　.jp をゲストとして追加　5 クリック

4 追加したい人のメールアドレスを入力し、

5 表示される候補をクリックします。

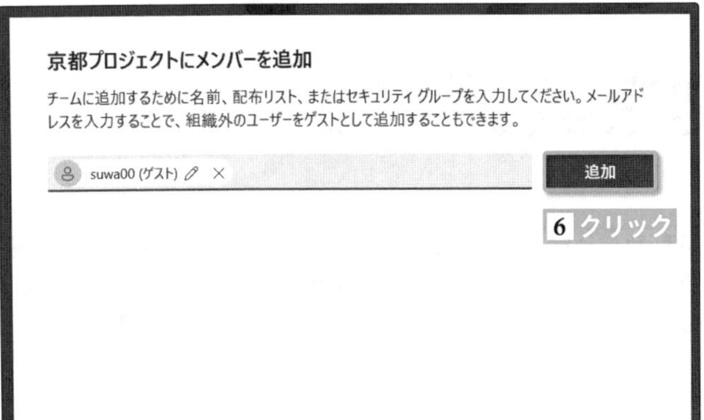

6 「**追加**」をクリックします。

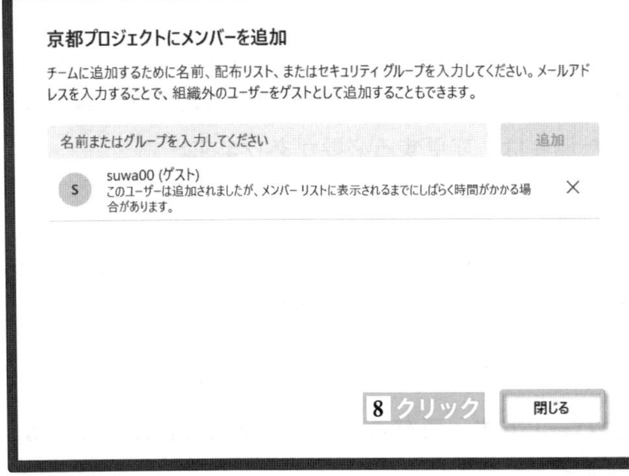

7 招待メールが送信されました。

8 「**閉じる**」をクリックします。

Column ゲストが使える機能を拡張する

37ページのColumnの画面で「**設定**」をクリックし、「**ゲストのアクセス許可**」をクリックすると、ゲストがチームでできることの設定ができます。項目をオンにすることで、使える機能が拡張されます。

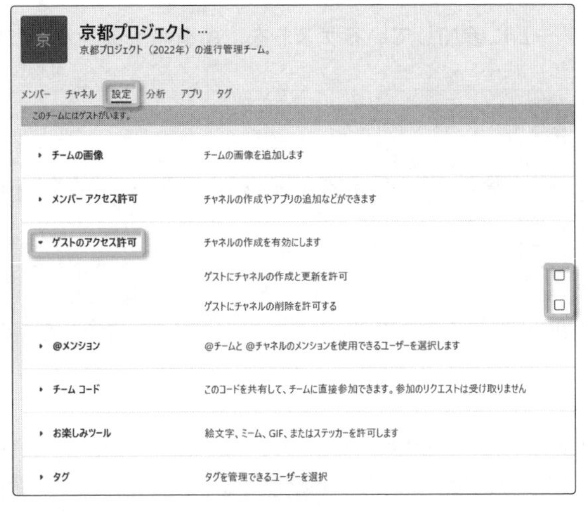

メンバーの役割を変更する

チームを作成したユーザーがチームの「所有者」となり、チームの管理を行いますが、追加した組織内のメンバーをあとから所有者に変更することができます。所有者は複数人にすることも可能です。反対に所有者をメンバーに変更することもできますが、チームには必ず1名の所有者が必要です。

役割について知る

チームに参加している組織内のユーザーは、必ず「**所有者**」または「**メンバー**」のいずれかに役割が割り振られています。これらの役割は、所有者があとから変更することができます。所有者が退職したり、人事異動したりした場合は、変更する必要があります。

◆ 所有者

チームを作成すると「**所有者**」となり、チーム名の変更やプライバシー設定の変更、メンバーの削除、ゲストの追加、チームのアーカイブなどチーム全般の管理が行えます。

◆ メンバー

所有者以外のすべてのユーザーが「**メンバー**」です。所有者のチーム運用方針によっては、利用できる機能が制限されることもあります。

Column ゲストは役割を変更できない

チームに参加しているゲストを、所有者やメンバーに役割を変更することはできません。

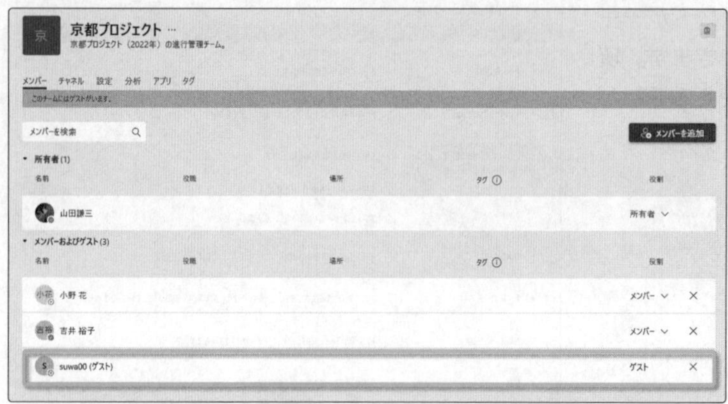

メンバーを所有者に変更する

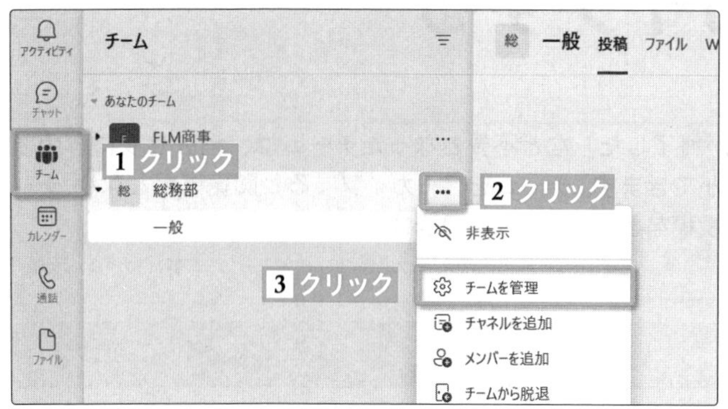

1 「**チーム**」をクリックし、

2 チームの•••をクリックして、

3 「**チームを管理**」をクリックします。

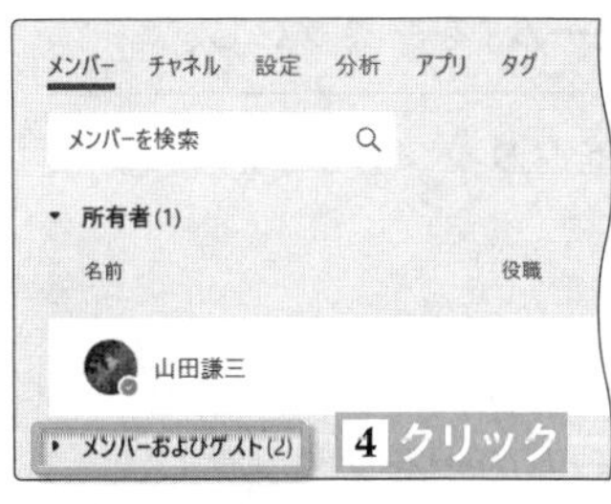

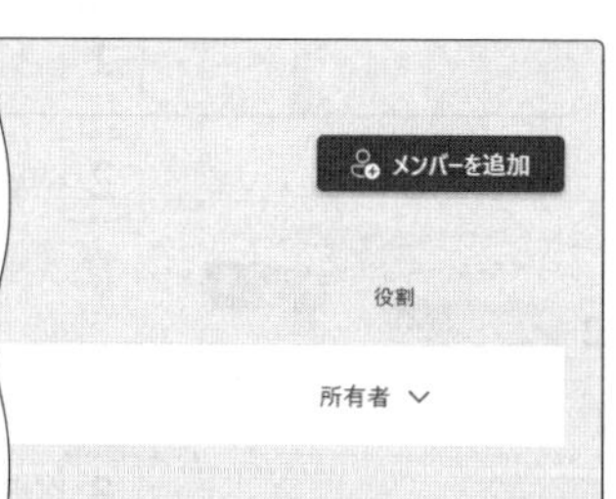

4 「**メンバーおよびゲスト**」をクリックします。

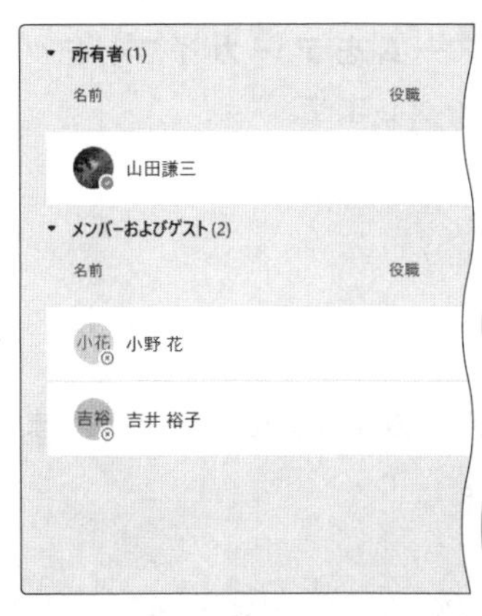

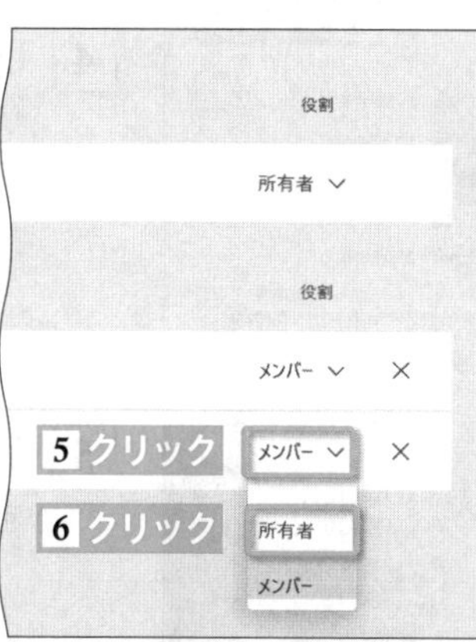

5 役割を変更したいユーザーのプルダウンをクリックし、

6 変更したい役割（ここでは「**所有者**」）をクリックします。

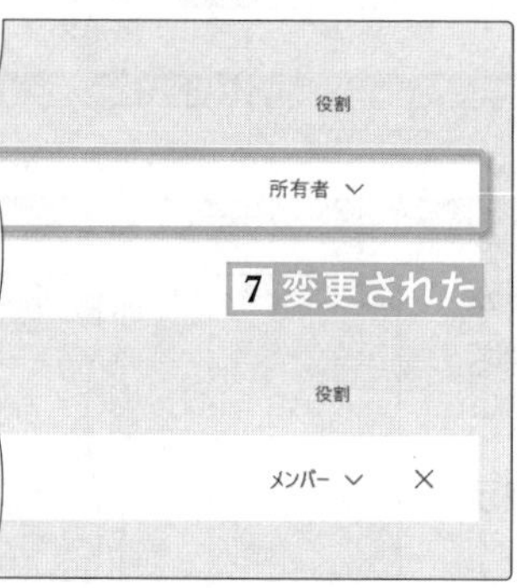

7 役割が変更されました。

チームをアーカイブする

「プロジェクトやタスクフォースの業務が終了した」など不要となったチームは、消去せずに専用領域に長期間保存するアーカイブすることができます。チームをアーカイブすると閲覧専用となり、チャネルの作成やファイル共有、メッセージ投稿などができなくなります。

チームをアーカイブする

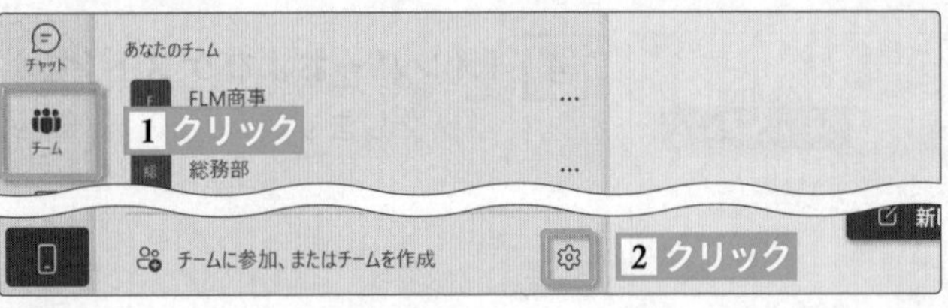

1 「**チーム**」をクリックし、

2 ⚙をクリックします。

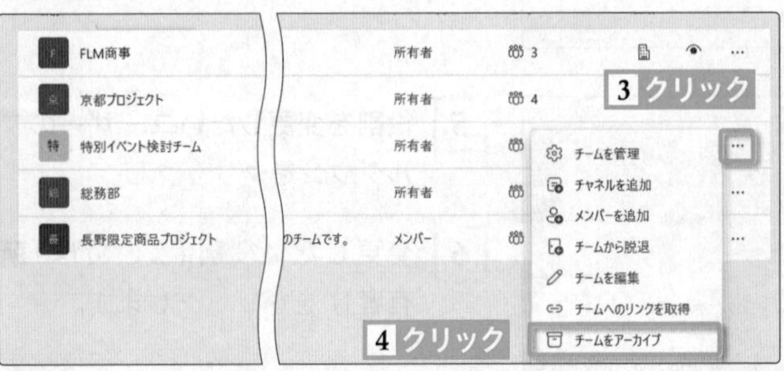

3 チームの•••をクリックし、

4 「**チームをアーカイブ**」をクリックします。

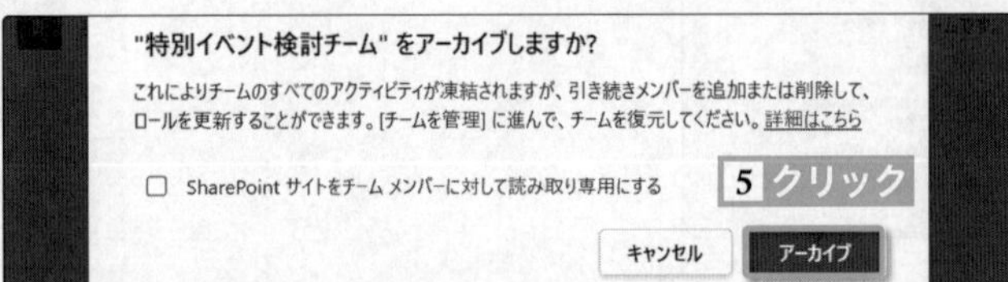

5 「**アーカイブ**」をクリックします。

Column チームを復元する

手順3の画面で「**アーカイブ**」→チームの•••→「**チームを復元**」をクリックすると、アーカイブしたチームを復元することができます。復元したチームは非表示設定されます（31ページ参照）。

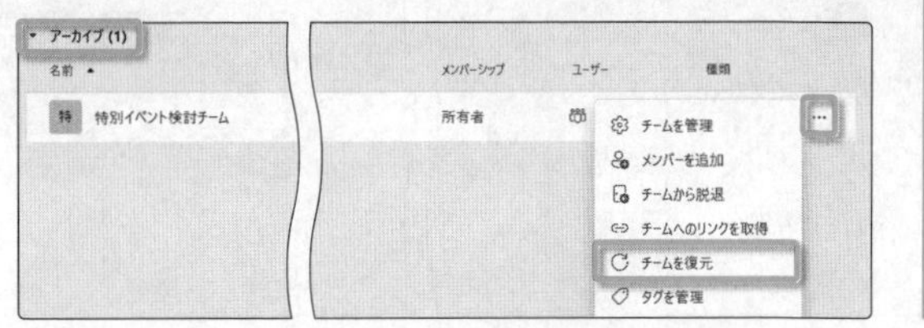

3章

Teamsの
チャネル管理

チャネルについて知る

チーム内でのコミュニケーションは、タスク別にチャネルを利用して行います。チームの全メンバーが参加できる「標準チャネル」と、チーム内の限定メンバーが参加できる「プライベートチャネル」、別の組織のチームやメンバーと共有できる「共有済みチャネル」の３種類あります。

チャネルの種類

チャネルには、**「標準チャネル」「プライベートチャネル」「共有済みチャネル」**の3種類あり、それぞれ公開範囲や組織外の人が参加できるかできないかなどが異なります。標準チャネルとプライベートチャネルは、チームのメンバーであれば誰でも作成することができますが、共有済みチャネルはチームの所有者でないと作成することはできません。なお、チャネルの作成後、「プライベートチャネルを標準チャネルにする」など種類を変更することはできません。

◆ 標準チャネル

チームに参加しているメンバー全員が参加できるオープンなチャネルです。チャネルを作成したメンバー（標準チャネルの所有者）から許諾を得る必要なく参加することができ、退出も自由にできます。再参加も簡単にできます。

◆ プライベートチャネル

チャネルを作成したメンバー（プライベートチャネルの所有者）から追加されたチームのメンバーや組織外のゲストのみが参加できる、クローズドな許可制のチャネルです。参加していないメンバーには、チャネルは表示されないので、存在が知られることはありません。

◆ 共有済みチャネル

2022年8月から利用可能となった新機能です。別の組織のメンバーやチームとチャネルを共有できます。このチャネルは、チームの所有者のみが作成できます。

Column メンバーのチャネル作成・削除を制限する

メンバーのチャネル作成や削除を制限したい所有者は、39ページの下のColumnの画像にある**「メンバーにチャネルの作成と更新を許可する」「メンバーにプライベートチャネルの作成を許可する」「メンバーにチャネルの削除と復元を許可する」**を適宜オフにします。

チャネルでできること

チャネルでは、共同作業がより円滑にできるツールが用意されています。チームのタスク別に作成することで、業務やコミュニケーションが整理させます。
チームリストに表示されるチャネル名をクリックすると、ワークスペースに「**投稿**」タブが表示され、ここでメッセージやファイルのやり取りが行えます。「**ファイル**」タブをクリックすると、これまでにやり取りしたファイルを一覧で確認することができ、閲覧・編集やダウンロードなどができます。

◆ メッセージ・ファイル投稿

テキストやファイルなどを投稿してやり取りが行えます（64～76ページ参照）。

◆ ファイル共有

WordやExcel、PowerPointのファイル、画像や動画ファイルなどを共有することができます。投稿に添付したファイルも、「**ファイル**」タブで確認できます（72ページ参照）。

◆ ビデオ会議

相手は自由に設定できますが、チャネル単位で開催することもできます（96ページ参照）。

Column 所有者はプライベートチャネルが確認できる

プライベートチャネルに参加していないメンバーは、そのチャネルの存在はわかりませんが、チームの所有者は確認することができます。45ページの手順4の画面で「**チャネル**」をクリックすると、「**アクティブ**」に利用可能なチャネルが表示されます。管理者自身が参加していないプライベートチャネルも表示され、チャネルの…をクリックすると、削除や作成したメンバーを確認することができます。なお、そのチャネルの中を見ることはできません。

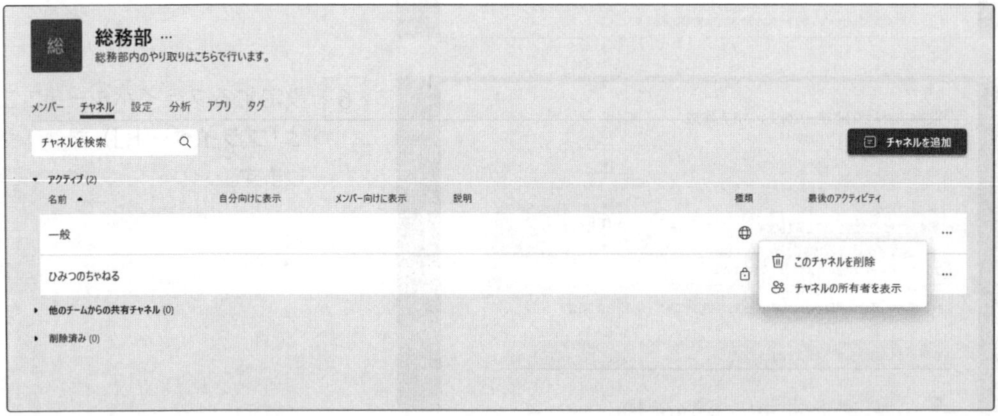

チャネルを作成する

標準チャネルとプライベートチャネルは、チームのメンバーであれば誰でも作成できます。作成したユーザーが所有者となり、チャネルの管理を行います。ここでは例として、プライベートチャネルを作成する手順を解説します。

標準チャネル・プライベートチャネルを作成する

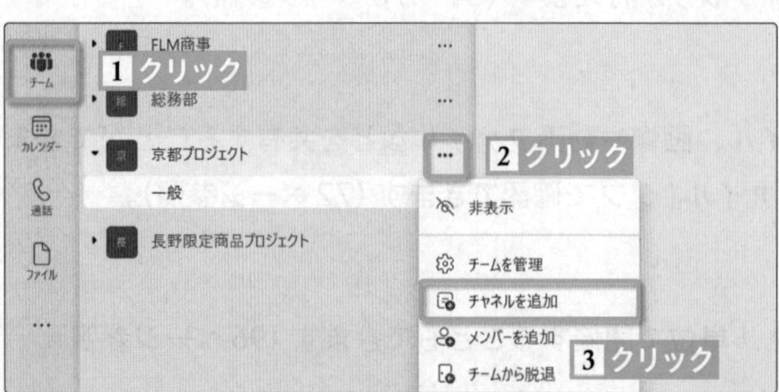

1 「**チーム**」をクリックし、

2 チームの…をクリックして、

3 「**チャネルを追加**」をクリックします。

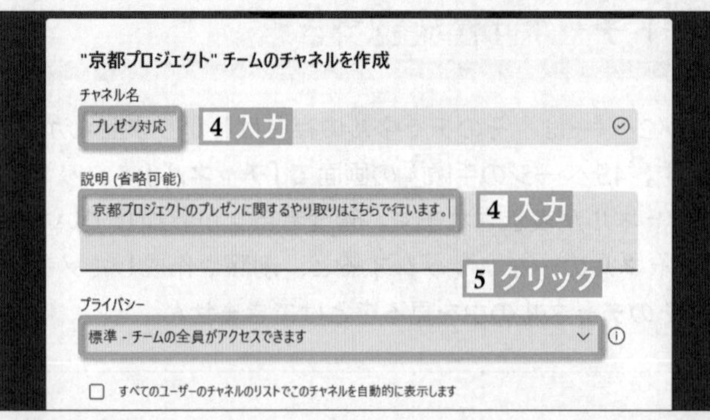

4 チャネル名と説明を入力し、

5 「**プライバシー**」のプルダウンをクリックします。

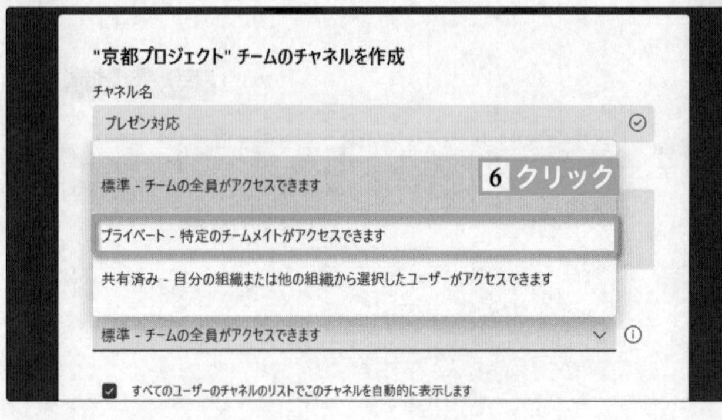

6 設定するプライバシー(ここでは「**プライベート**」)をクリックします。

7 **「作成」**をクリックします。

8 メンバーはあとから追加するので（58ページ参照）、**「スキップ」**をクリックします（標準チャネルの作成ではこの画面は表示されないので、手順9に進んでください）。

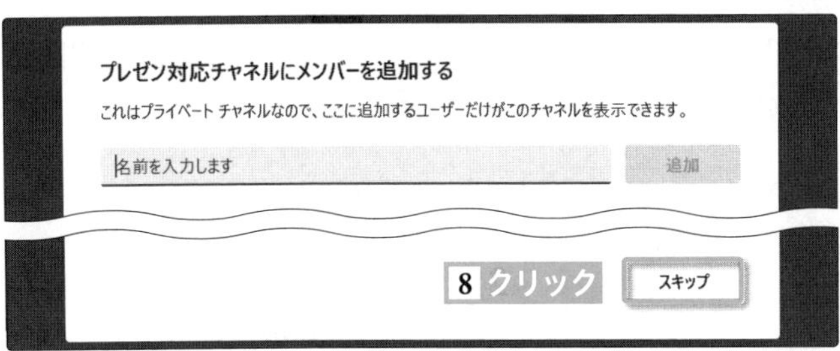

9 チャネルが作成されました。

Column チャネル名・説明を変更する

チャネル名や説明をあとから変更するには、チームリストのチャネルにマウスポインターを合わせ、表示される…をクリックし、**「このチャネルを編集」**をクリックします。チャネル名やチャネルの説明を変更したら、**「保存」**をクリックします。

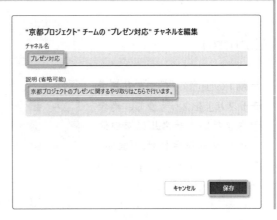

チャネルの表示をカスタマイズする

利用頻度の少ないチャネルを非表示にしたり、反対によく利用するチャネルを常に上部に表示するよう固定したりと、自分が使いやすいよう、チャネルの表示をカスタマイズしましょう。なお、チームを作成すると自動的に作成される「一般チャネル」を非表示にすることはできません。

チャネルを非表示にする

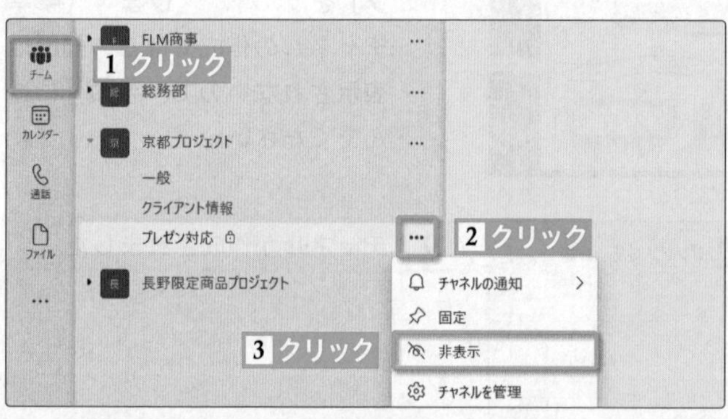

1 **「チーム」**をクリックし、

2 チャネルにマウスポインターを合わせ、表示される…をクリックして、

3 **「非表示」**をクリックします。

4 チャネルが非表示になりました。

Column チャネルを再表示する

手順2の画面で**「○つの非表示チャネル」**をクリックし、再表示させたいチャネルにマウスポインターを合わせ、**「表示」**をクリックすると、非表示のチャネルが再表示されます。

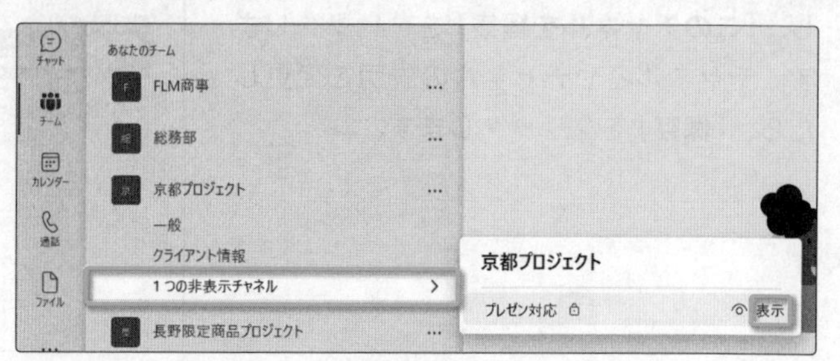

チャネルの表示を固定する

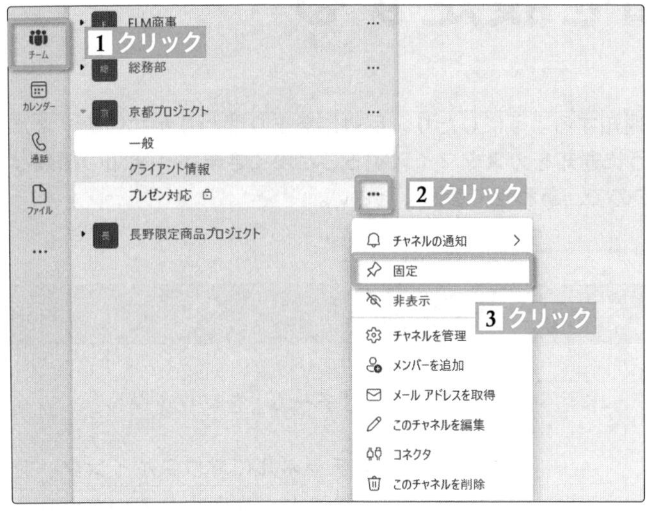

1 「**チーム**」をクリックし、

2 チャネルにマウスポインターを合わせ、表示される…をクリックして、

3 「**固定**」をクリックします。

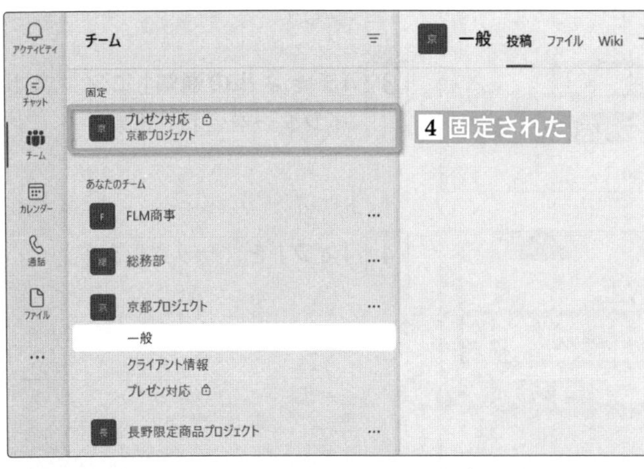

4 チャネルが上部に固定されました。

Column　チャネルの固定表示を解除する

チャネルにマウスポインターを合わせ、表示される…をクリックし、「**固定表示を解除**」をクリックすると、チャネルの固定表示が解除されます。

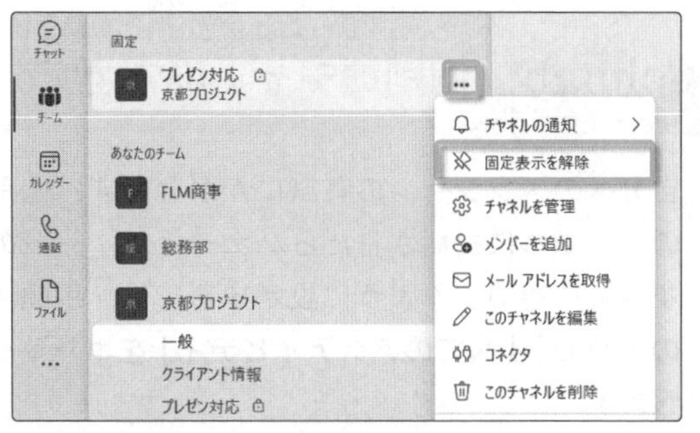

チャネルの通知を設定する

重要なチャネルはすべてのアクションを通知するようにしたり、反対にあまり関わりがないチャネルは通知をオフにしたりと、自分に合うように通知をカスタマイズすることができます。通知の種類などについては22ページで解説していますので、あわせて参照ください。

個別のチャネルの通知をオフにする

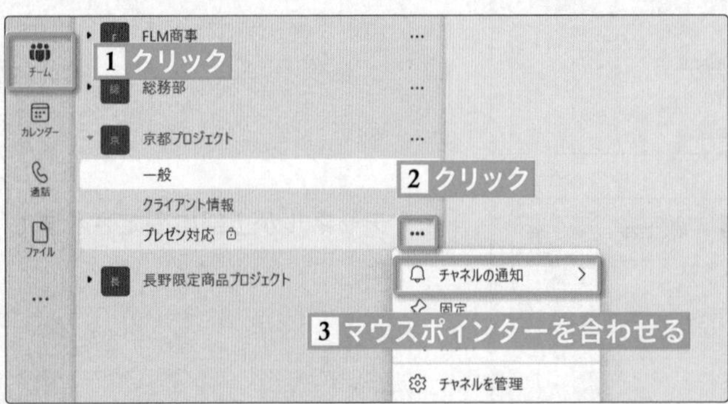

1 「**チーム**」をクリックし、

2 チャネルにマウスポインターを合わせ、表示される…をクリックして、

3 「**チャネルの通知**」にマウスポインターを合わせます。

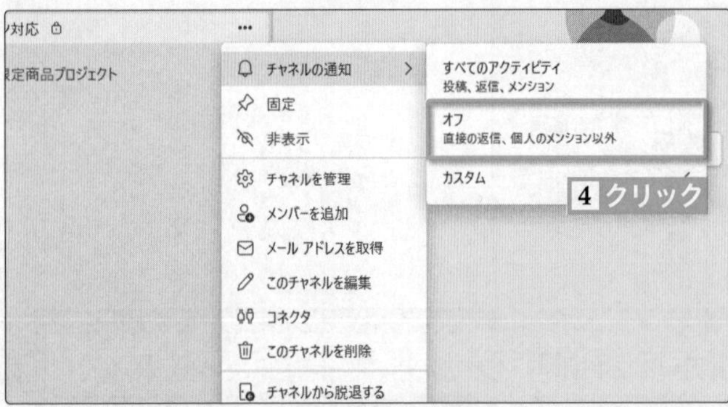

4 「**オフ**」をクリックします。

Column 個別のチャネルの全アクションを通知する

自分へのメンションの有無にかかわらず、個別のチャネルに投稿されたらバナーとフィードのすべてに通知するように設定するには、手順4の画面で「**すべてのアクティビティ**」をクリックします。

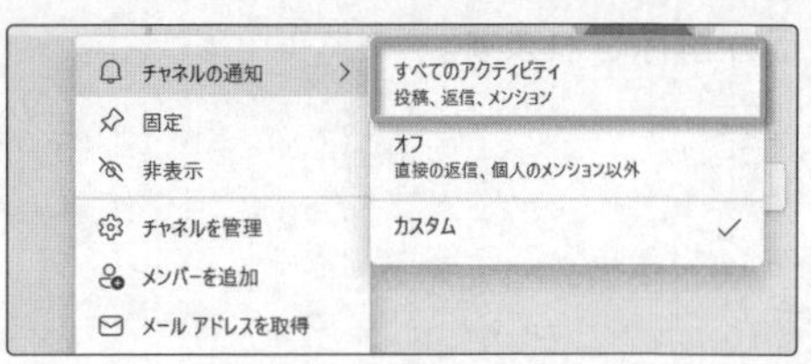

個別のチャネルの通知を変更する

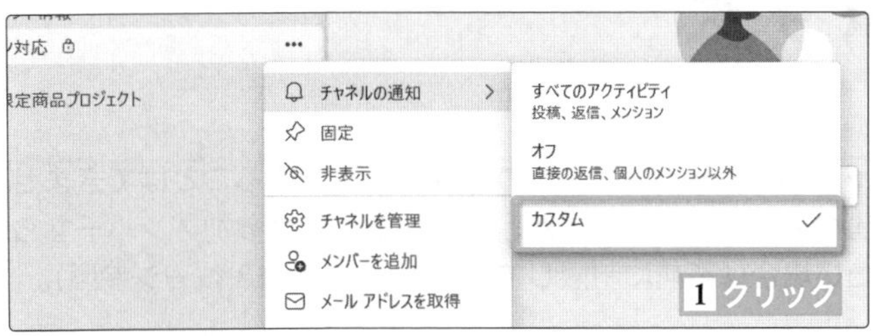

1 左ページの手順4の画面で「**カスタム**」をクリックします。

2 通知の設定を行います。ここでは、「**すべての新しい投稿**」のプルダウンをクリックします。

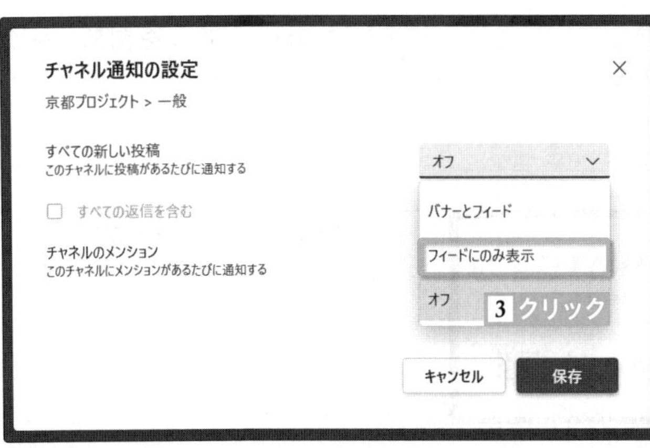

3 通知の種類（ここでは「**フィードにのみ表示**」）をクリックします。

4 必要であれば「**チャネルのメンション**」の設定も変更し、

5 「**保存**」をクリックします。

チャネルを削除する

使わないチャネルは削除しましょう。チャネルはチームとは異なり、アーカイブすることはできません。なお、プライベートチャネルは所有者のみが削除できますが、標準チャネルは参加メンバーなら削除できてしまいますので、これを避けたい場合は事前に制限しておきましょう（48ページ参照）。

チャネルを削除する

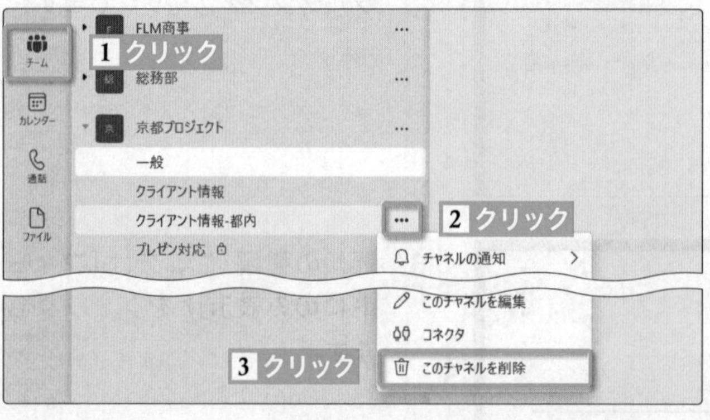

1 「**チーム**」を**クリック**し、

2 チャネルにマウスポインターを合わせ、表示される…を**クリック**して、

3 「**このチャネルを削除**」を**クリック**します。

京都プロジェクト チームから クライアント情報-都内 チャネルを削除する

チャネル **クライアント情報-都内** を本当に削除しますか? すべての会話が削除されます。チャネル内のファイルはまだこちらからアクセス可能です。

4 クリック　削除

4 「**削除**」を**クリック**します。

Column チャネルを復元する

45ページの手順4の画面で「**チャネル**」を**クリック**し、「**削除済み**」を**クリック**して、復元させたいチャネルの「**復元**」→「**復元**」を**クリック**すると、削除したチャネルを復元できます。

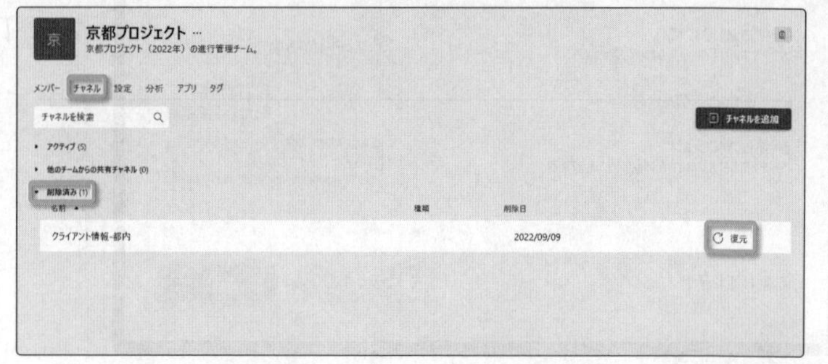

Section 24

プライベートチャネルから脱退する

プライベートチャネルを自ら脱退することができます。ただし、そのチャネルの１人だけの所有者となっている場合は、脱退することはできません。一度脱退しても再度参加することはできますが、所有者に改めて追加してもらう必要があります。

プライベートチャネルから脱退する

1 **「チーム」**をクリックし、

2 チャネルにマウスポインターを合わせ、表示される…をクリックして、

3 **「チャネルから脱退する」**をクリックします。

"イベント設営" チャネルから脱退する
チャネル "イベント設営" を終了してよろしいですか?
4 クリック
チャネルから脱退する

4 **「チャネルから脱退する」**をクリックします。

Column 1人だけの所有者は脱退できない

プライベートチャネルの唯一の所有者の場合は、脱退できません。チャネルを削除するか、手順3の画面で**「チャネルを管理」**→**「メンバーおよびゲスト」**をクリックし、メンバーの**「メンバー」**→**「所有者」**をクリックして、メンバーを所有者に変更するなどして対処しましょう。なお、役割を変更する場合は、事前にメンバーへ相談しておくことが望ましいです。

プライベートチャネルにメンバーを追加・削除する

プライベートチャネルの所有者は、チャネルにチームのメンバーや組織外のゲストを追加したり、メンバーを削除したりすることができます。追加されたメンバーは、特別な操作をすることなく、すぐに参加ができます。なお、削除されると再度所有者に追加されないとチャネルには参加できません。

メンバーを追加する

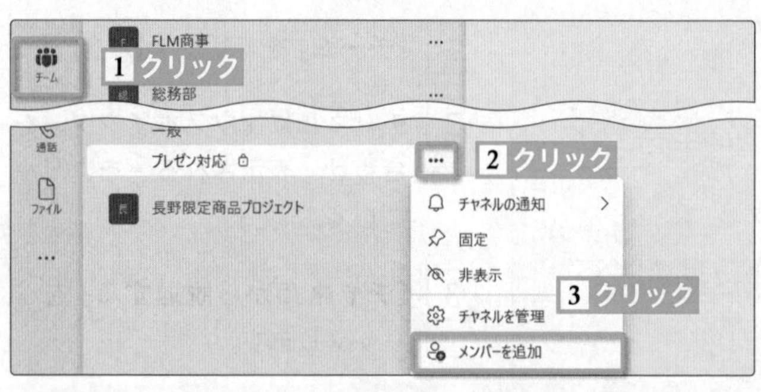

1 「**チーム**」をクリックし、

2 チャネルにマウスポインターを合わせ、表示される…をクリックして、

3 「**メンバーを追加**」をクリックします。

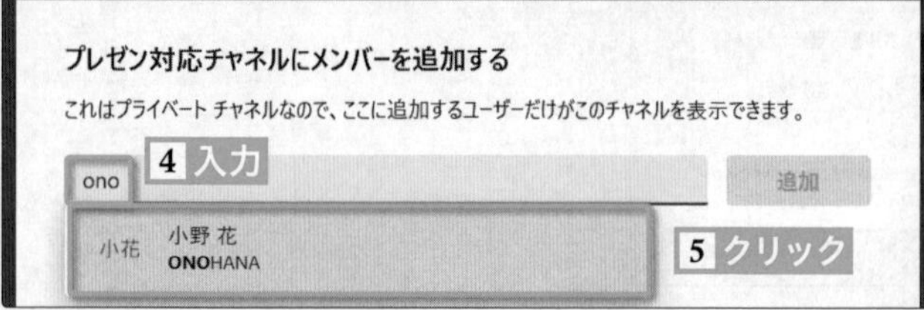

4 追加したいメンバーの名前を入力し、

5 表示される候補をクリックします。

6 「**追加**」をクリックします。

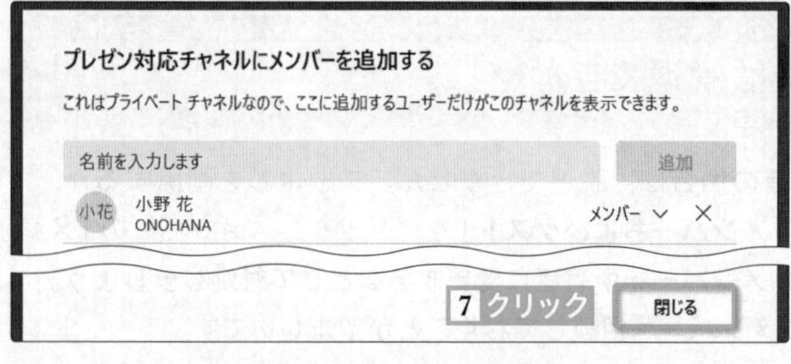

7 「**閉じる**」をクリックします。

メンバーを削除する

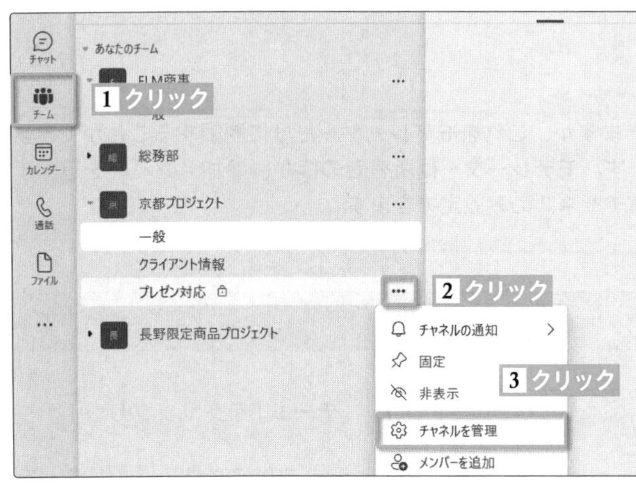

1 「**チーム**」をクリックし、

2 チャネルにマウスポインターを合わせ、表示される…をクリックして、

3 「**チャネルを管理**」をクリックします。

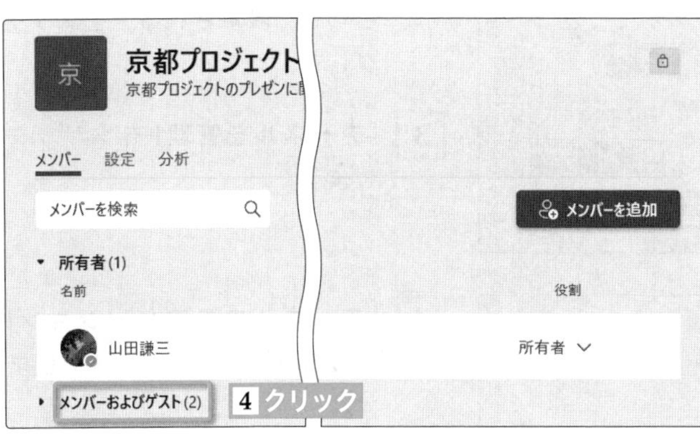

4 「**メンバーおよびゲスト**」をクリックします。

5 削除するメンバーの×をクリックします。

チャネルに投稿できるメンバーを制限する

初期設定では誰でもチャネルへ投稿ができますが、これをモデレーターだけに制限することができます。このことを、モデレーションといいます。モデレーターは所有者のほか、参加メンバーを追加することも可能です。なお、この機能は標準チャネルのみ設定できます。

モデレーションを設定する

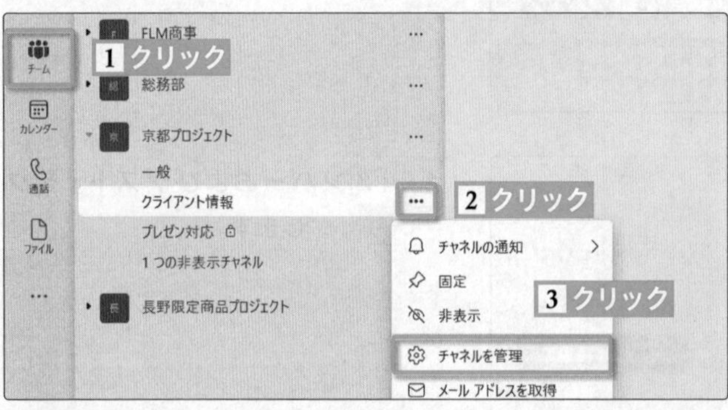

1 「**チーム**」をクリックし、

2 チャネルにマウスポインターを合わせ、表示される…をクリックして、

3 「**チャネルを管理**」をクリックします。

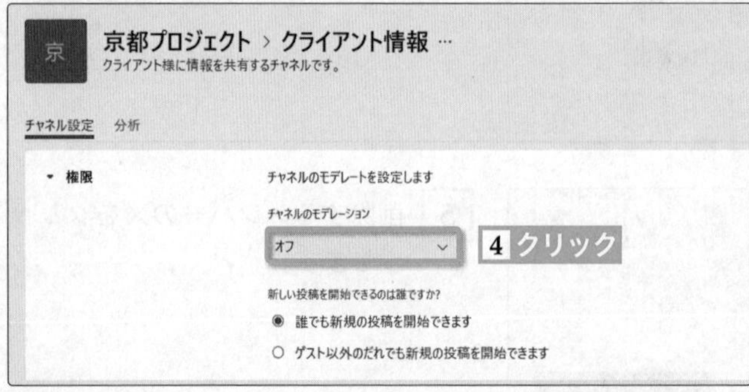

4 「**チャネルのモデレーション**」のプルダウンをクリックします。

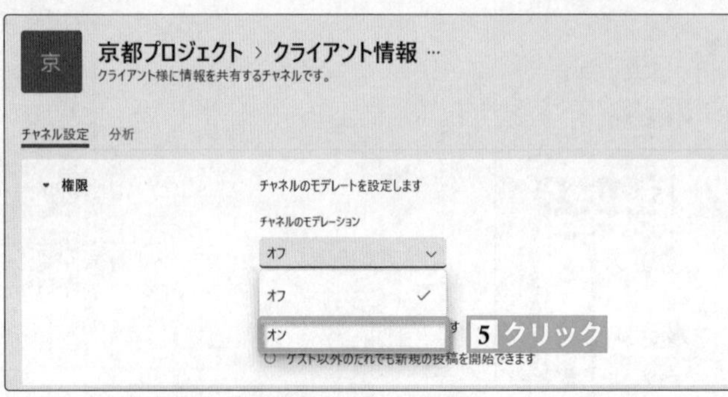

5 「**オン**」をクリックします。

モデレーターを追加する

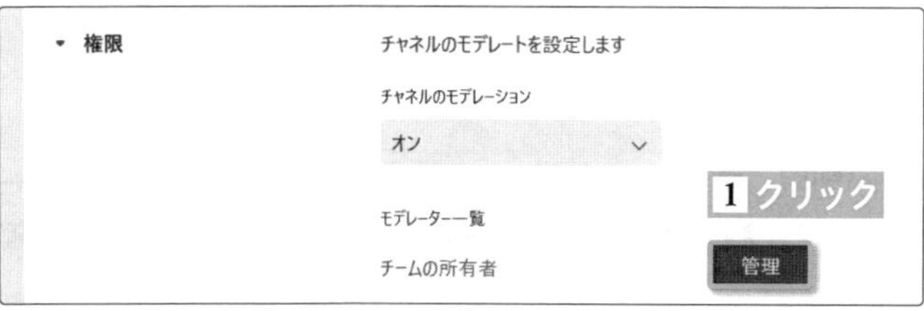

1 左ページ手順5の操作のあと、**「管理」**をクリックします。

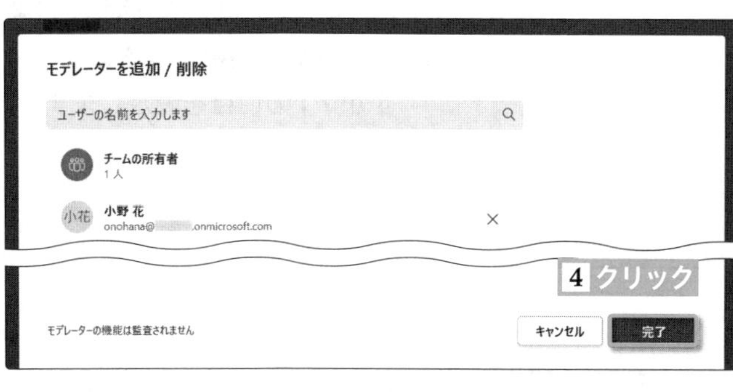

2 モデレーターに追加したいメンバーの名前を入力し、

3 表示される候補をクリックします。

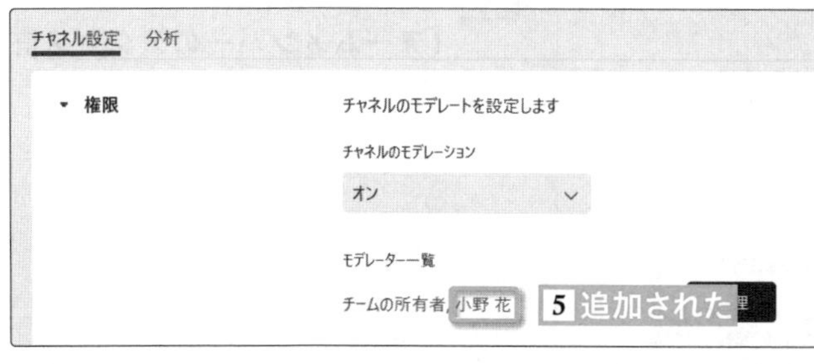

4 **「完了」**をクリックします。

5 モデレーターが追加されました。

Column 一般チャネルへの投稿を制限する

チームを作成すると自動的に作成される一般チャネルでは、モデレーターを追加することができませんが、左ページ手順4の画面でモデレートを設定できます。

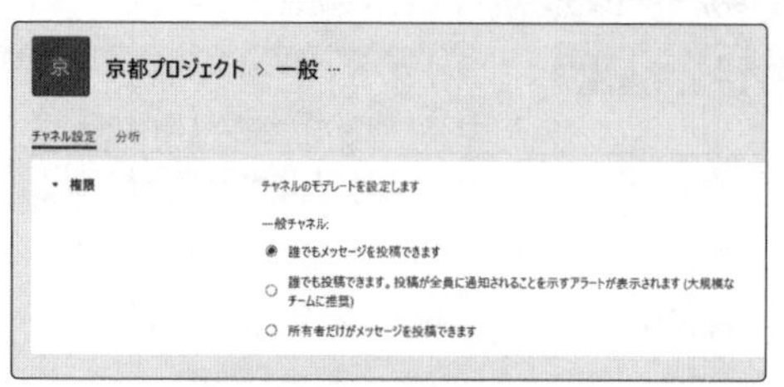

チャネルで行える操作を制限する

メンバーがチャネルで行えることは、所有者が制限しておくことができます。標準チャネルのモデレーションの設定状態や、プライベートチャネルとで、制限できる項目が異なりますので、あらかじめ確認しておきましょう。

アクセス許可を設定する

◆ モデレーションがオフの標準チャネル

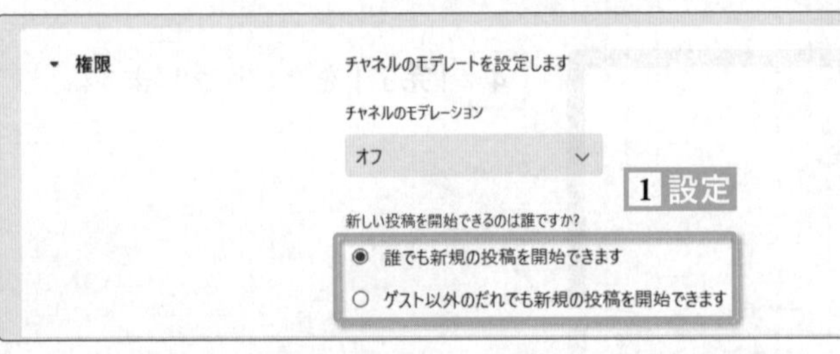

1 60ページ手順4の画面で、**「新しい投稿を開始できるのは誰ですか？」**の項目を設定します。

◆ モデレーションがオンの標準チャネル

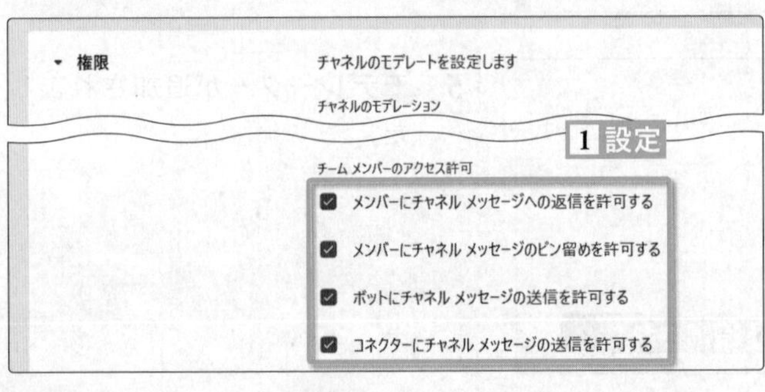

1 60ページ手順5の操作のあと、**「チームメンバーのアクセス許可」**の項目を設定します。

◆ プライベートチャネル

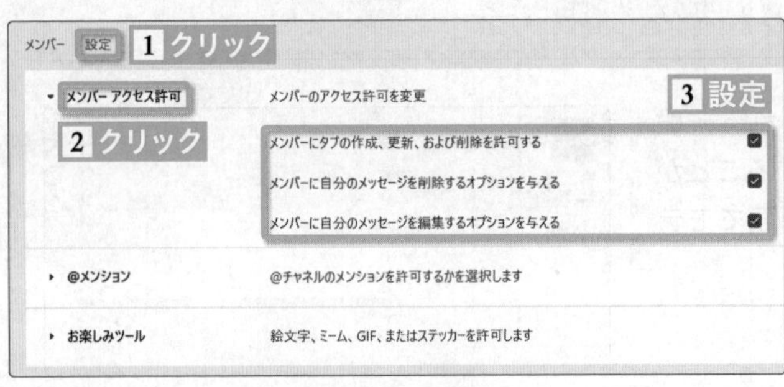

1 60ページ手順3の操作のあと、**「設定」**をクリックし、

2 **「メンバーアクセス許可」**をクリックして、

3 項目を設定します。

4 章

Teamsの投稿&チャット

メッセージを投稿する

チャネルのワークスペースにメッセージを投稿することで、ほかのメンバーとコミュニケーションをとることができます。投稿したメッセージはあとから修正したり、削除したりすることも可能です。スピーディーなやりとりで、業務を円滑に進めましょう。

メッセージを投稿する

1 「**チーム**」をクリックし、

2 投稿したいチャネルをクリックして、

3 「**新しい投稿**」をクリックします。

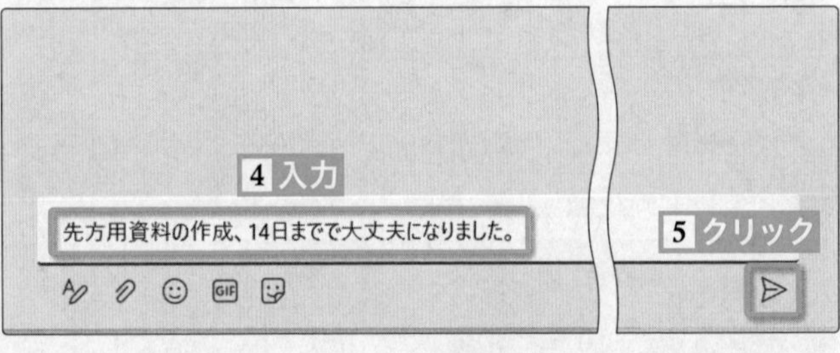

4 入力フィールドにメッセージを入力し、

5 ▷をクリックします。

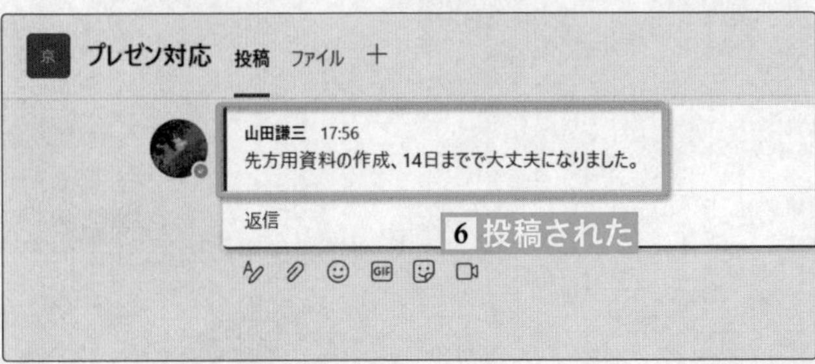

6 メッセージが投稿されました。

メッセージを修正する

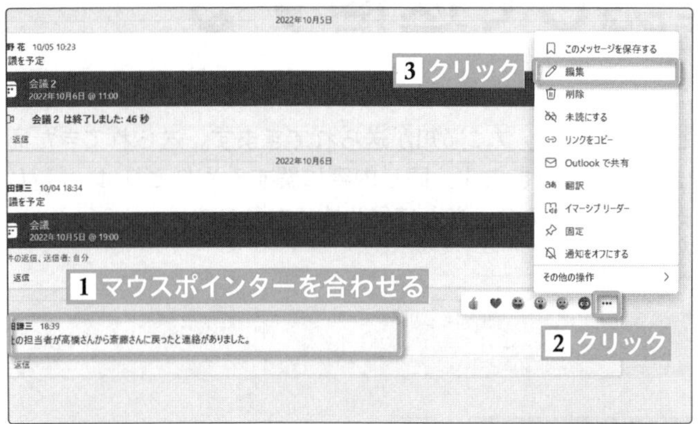

1 修正したいメッセージにマウスポインターを合わせ、

2 表示される…をクリックして、

3 「**編集**」をクリックします。

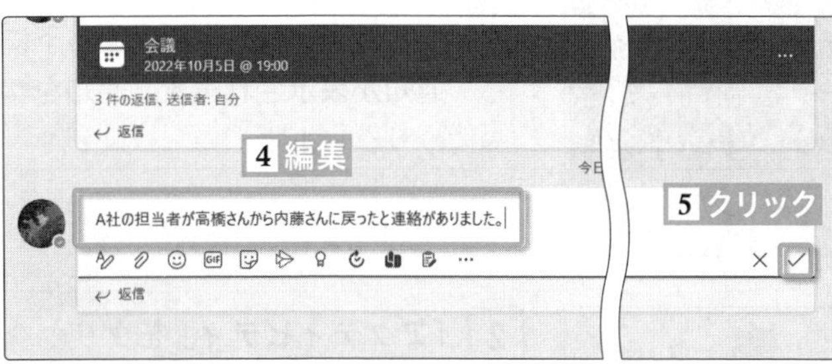

4 メッセージを編集し、

5 ✓をクリックします。

Column メッセージを削除する

手順3の画面で「**削除**」をクリックすると、メッセージを削除できます。

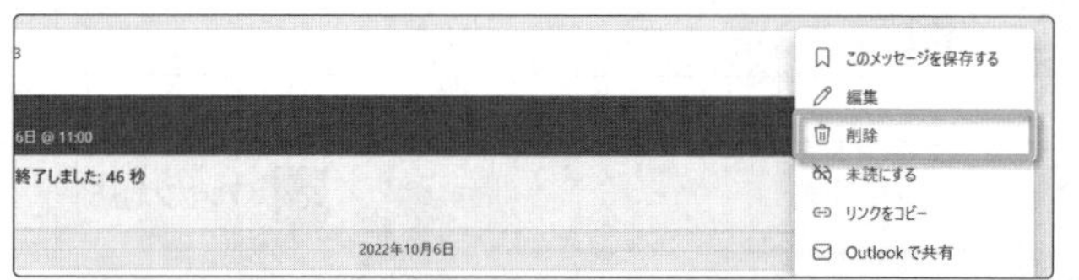

Column メッセージに書式や件名を設定する

64ページ手順4の画面で、をクリックすると、メッセージに件名や書式を設定して投稿することができます。

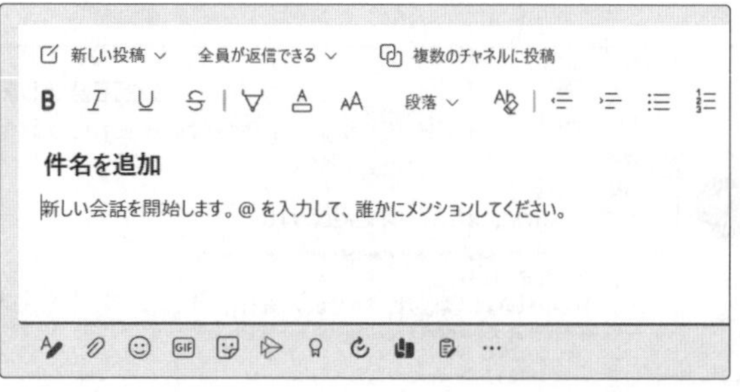

Microsoft 365の基本知識
Teamsのチーム管理
Teamsのチャネル管理
4 Teamsの投稿&チャット
Teamsのビデオ会議
SharePoint
OneDrive
OneNote

メッセージを確認して返信する

投稿したメッセージに対して返信が付くと、デスクトップに通知が送られてきます。送られてきた通知からはメッセージを確認することができ、返信もできます。同じ内容に関するやりとりは、「新しい投稿」からではなく「返信」で投稿するとまとまるので、あとで見やすくなります。

返信メッセージを確認する

1 投稿したメッセージに返信が付くと、デスクトップ画面右下に通知が表示されます。通知をクリックします。

2 「アクティビティ」をクリックします。

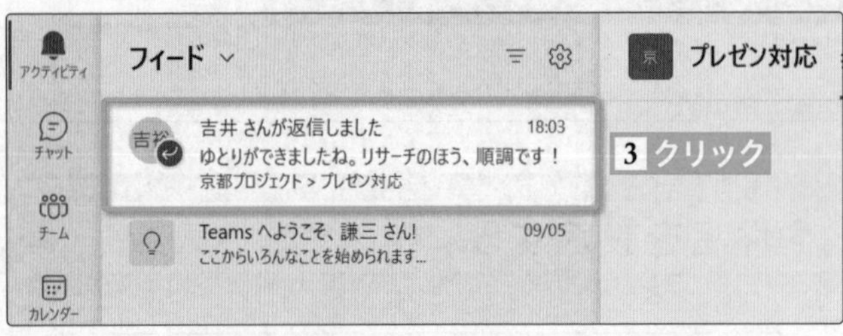

3 返信されたことが「フィード」に表示されています。これをクリックします。

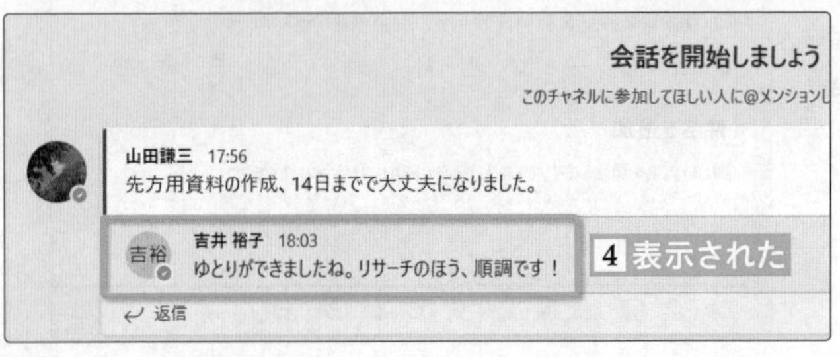

4 返信メッセージが表示されました。

メッセージに返信する

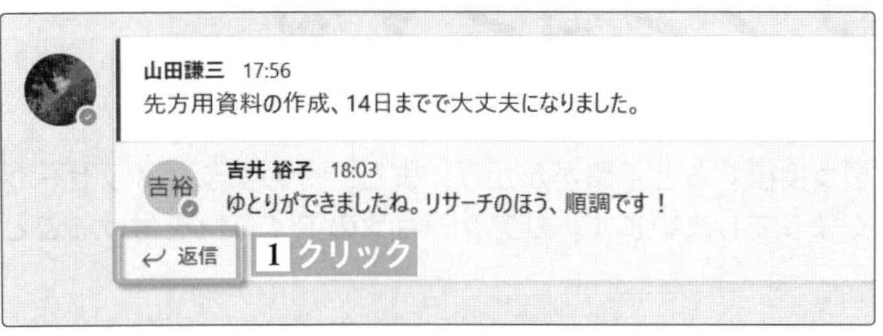

1 返信したいメッセージの**「返信」**をクリックします。

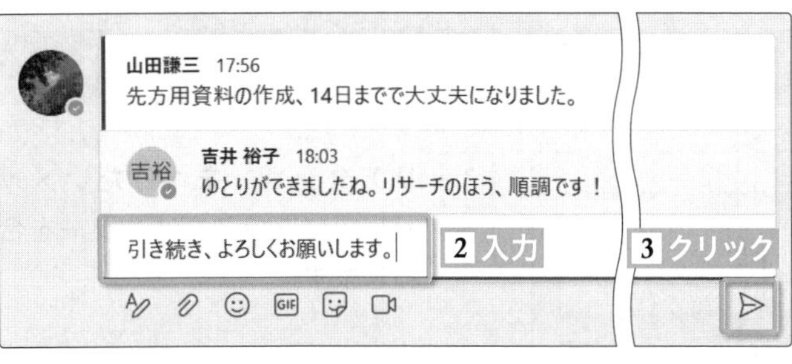

2 メッセージを入力し、

3 ▷をクリックします。

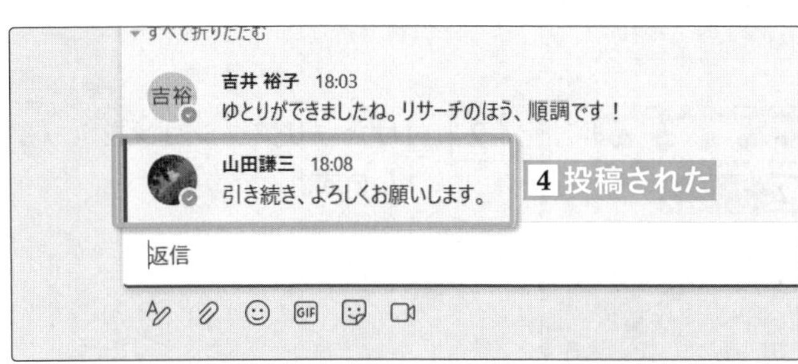

4 返信メッセージが投稿されました。

Column メッセージをブックマークに保存する

あとで見返したいメッセージは、ブックマークに保存するとすばやく確認できます。メッセージにマウスポインターを合わせ、表示される…をクリックし、**「このメッセージを保存する」**をクリックするとブックマークへ保存ができます。保存したメッセージは、画面右上のプロフィールアイコンをクリックし、**「保存済み」**をクリックすると、リスト表示されます。

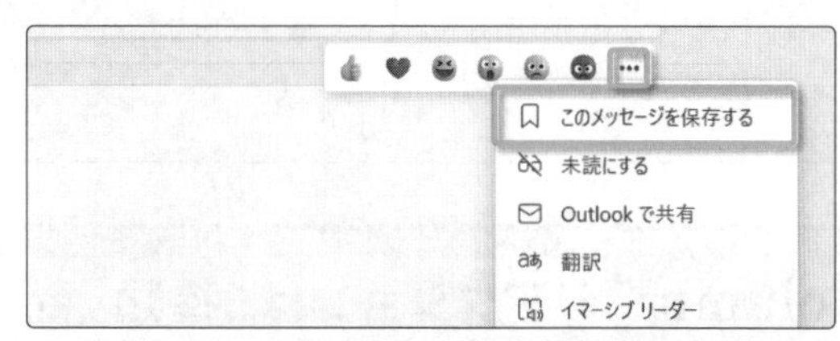

メッセージにリアクションする

メッセージに「承知しました」など1つずつ投稿すると手間がかかり、また、そのようなメッセージが溢れてしまいワークスペースが見づらくなってしまいます。リアクションのアイコンを付けることで、気持ちを手軽に表現できます。

メッセージにリアクションを付ける

1 リアクションを付けたいメッセージにマウスポインターを合わせます。

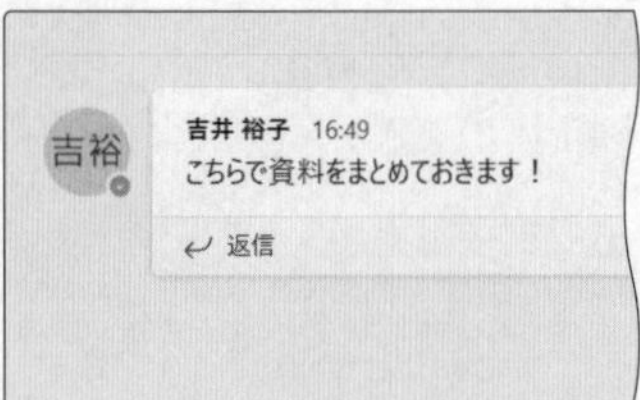

2 付けたいリアクションをクリックします。

3 メッセージにリアクションが付きました。

Column リアクションは6種類

メッセージに付けられるリアクションは全部で以下の6種類です。

いいね！	👍	ステキ	❤	笑い	😆
びっくり	😮	悲しい	☹	怒り	😠

メッセージのリアクションを取り消す

1 メッセージに付けた取り消したいリアクションをクリックします。

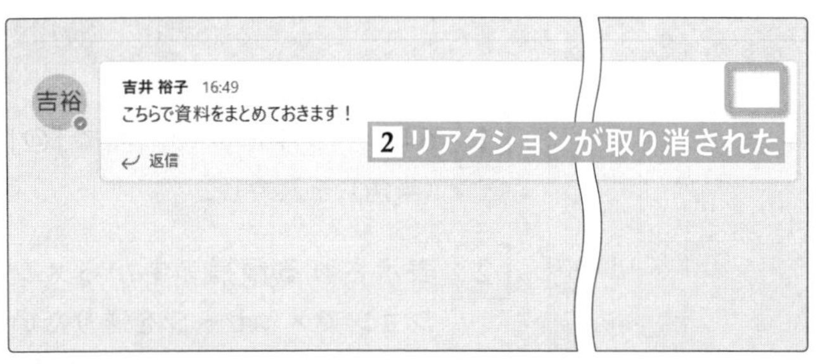

2 リアクションが取り消されました。

Column 誰のリアクションか確認する

メッセージに付いたリアクションにマウスポインターを合わせると、リアクションを付けたメンバーの名前が表示されます。

Column リアクションを変更する

リアクションを付けたメッセージにマウスポインターを合わせ、ほかのリアクションをクリックすると変更されます。

特定のメンバー宛にメッセージを投稿する

「@」（半角）を付けてメンション付きのメッセージを投稿すると、対象のメンバーに通知されるようになります。メンションを付けた投稿はメンバー個別に送れるほか、チャネルやチーム単位でも送れ、また、タグを作成するとタグを付けたメンバー宛に送ることもできます。

メンションを付けてメッセージを投稿する

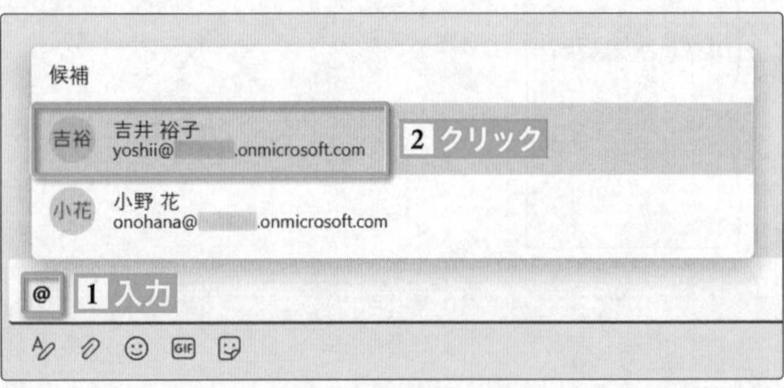

1 64ページ手順4の画面で「@」（半角）を入力し、

2 表示される候補の中からメンションでメッセージを送りたいメンバーをクリックします。「@」のあとに名前を入力すると、候補が絞り込まれます。

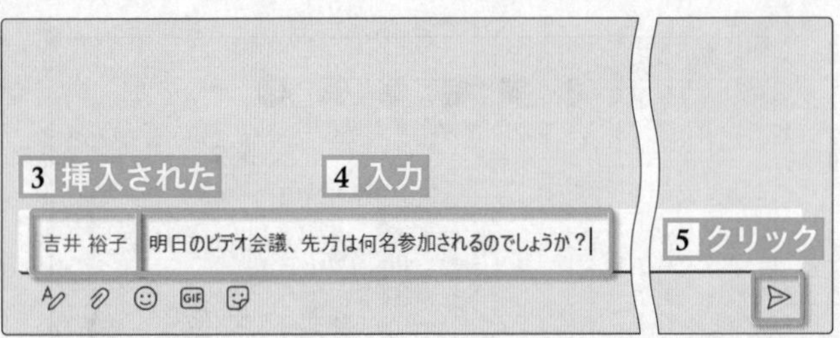

3 メンションするメンバーの名前が挿入されました。

4 メッセージを入力し、

5 ▷をクリックします。

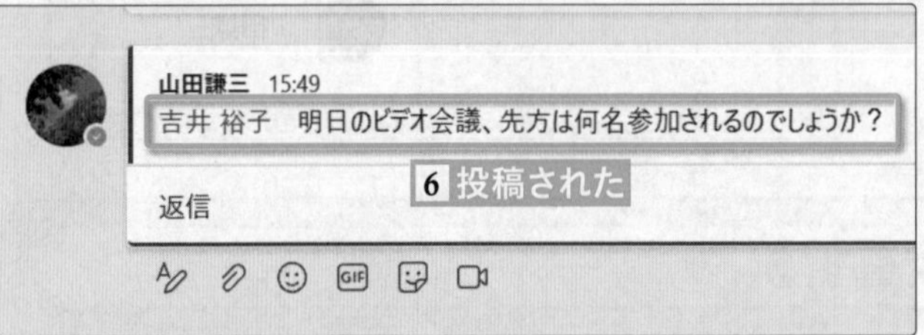

6 メンションを付けたメッセージが投稿されました。

Column チャネルやチーム全員にメンションを付ける

チャネルの全メンバー宛にメッセージを投稿する場合は「**@ch**」、チームの全メンバー宛にメッセージを投稿する場合は「**@team**」を入力します。

タグで複数のメンバー宛に投稿する（タグ作成は所有者の操作）

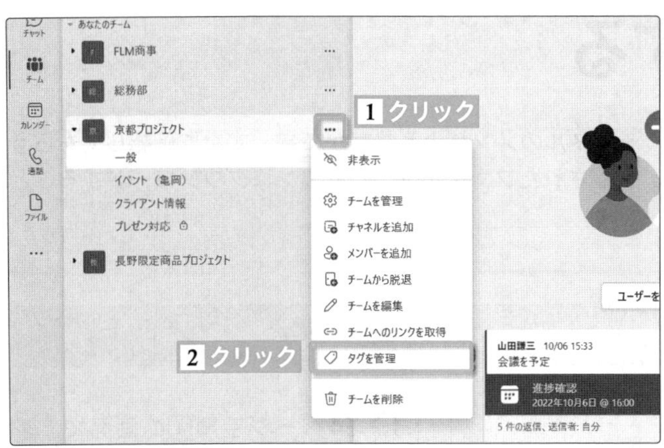

1 タグを作成したいチームの…をクリックし、

2 **「タグを管理」**→**「タグを作成」**をクリックします。

3 **「タグ名」**と**「タグの説明」**を入力し、

4 タグを付けたいメンバーの名前を入力して、

5 表示される候補をクリックします。

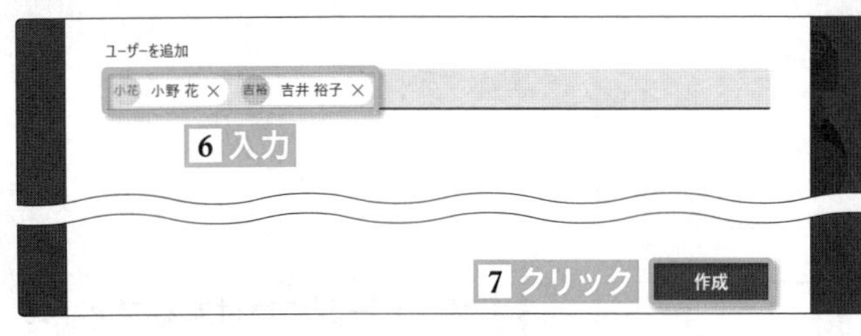

6 複数のメンバーにタグを付ける場合は手順4～5を繰り返して入力します。

7 **「作成」**をクリックします。

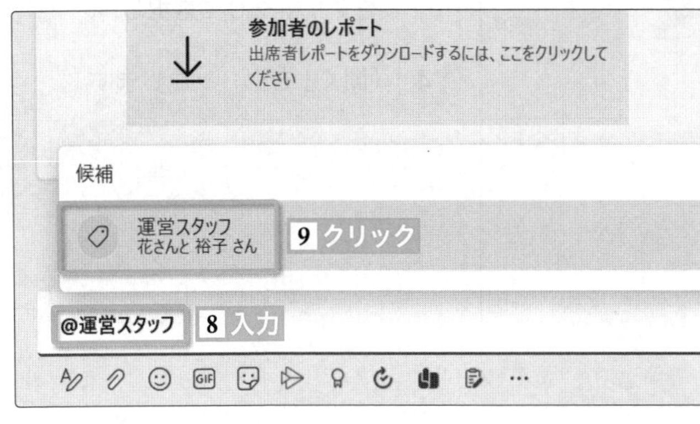

8 70ページ手順1のあとにタグ名を入力し、

9 表示されるタグ名をクリックすると、タグが付けられたメンバー宛にメッセージが送信できます。

メッセージにファイルを添付して投稿する

メッセージにファイルを添付することで、チャネルのメンバーと共有ができ、すぐに確認してもらうことができるので業務効率が上がります。投稿されたファイルは、パソコンにダウンロードすることもできます。

ファイルを添付して投稿する

1 64ページ手順4の画面で、📎をクリックします。

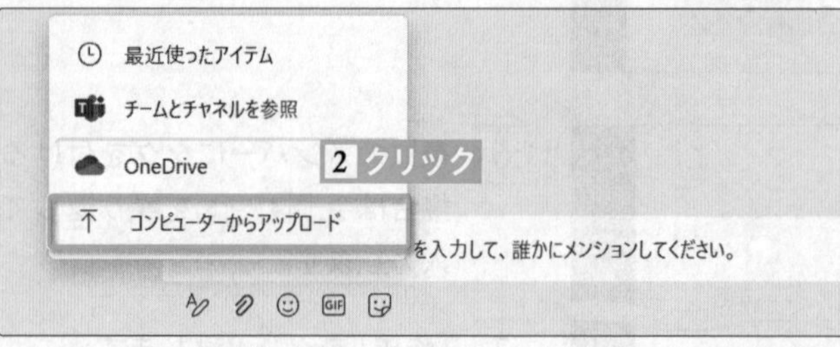

2 「**コンピューターからアップロード**」をクリックします。

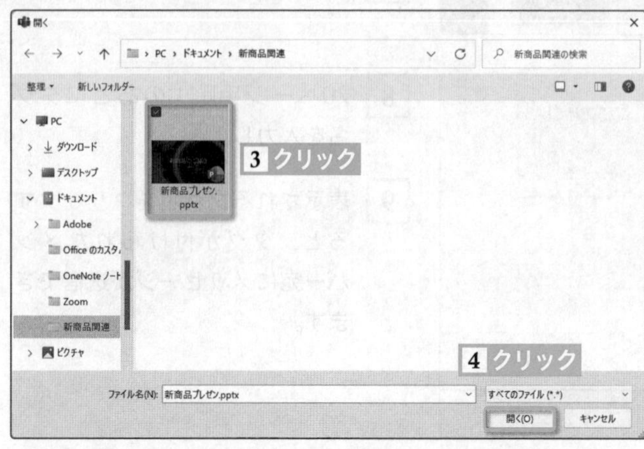

3 メッセージに添付するファイルをクリックして選択し、

4 「**開く**」をクリックします。

5 メッセージ入力フィールドにファイルが挿入されました。

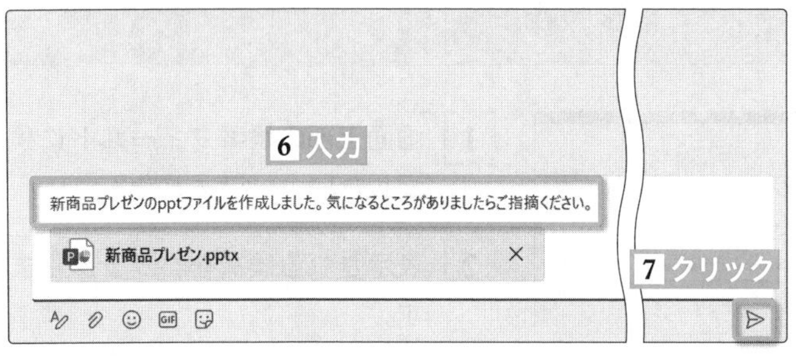

6 メッセージを入力し、

7 ▷をクリックします。

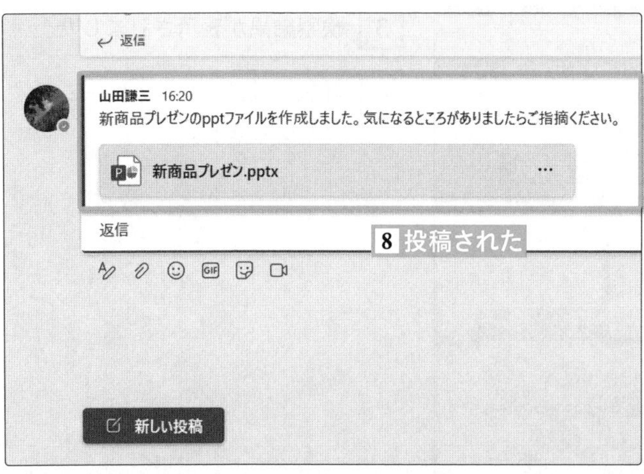

8 メッセージにファイルが添付され投稿されました。

Column ファイルをダウンロードする

ワークスペースに投稿されたファイルの…をクリックし、**「ダウンロード」**をクリックすると、ファイルをパソコンの「ダウンロード」フォルダ内にダウンロードできます。

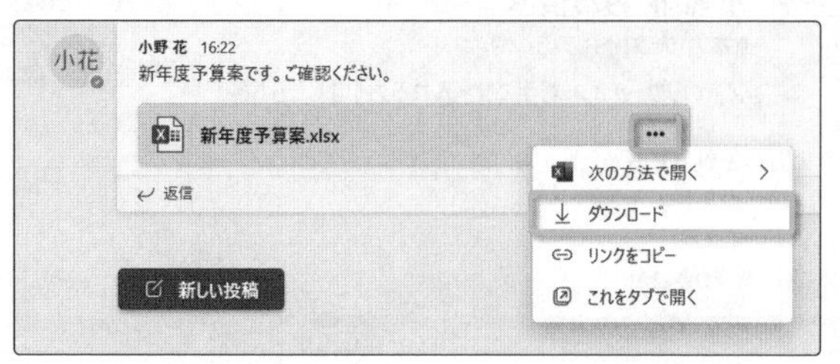

メッセージを検索する

過去に投稿されたメッセージを検索して確認ができます。検索は、すべてのチャネルに投稿されたメッセージを一括で行うことができます。また、メッセージが投稿されたワークスペースに移動もできるので、前後のやりとりなども確認可能です。

メッセージを検索する

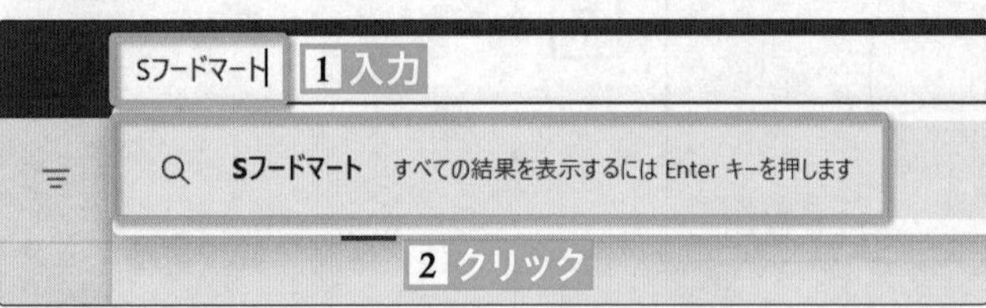

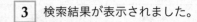

1 画面上部の検索フィールドに検索したいキーワードを入力し、

2 表示される候補をクリックします。

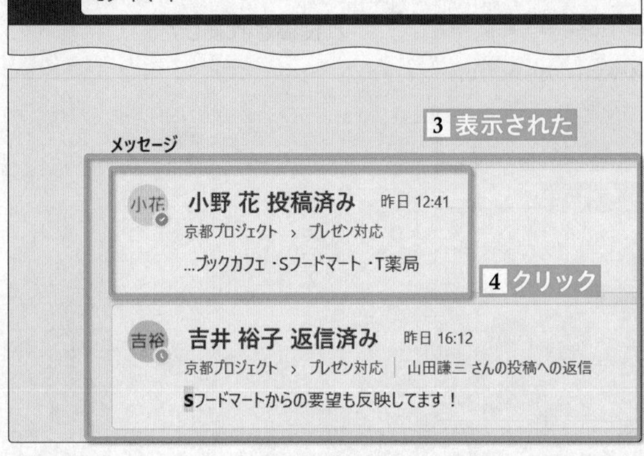

3 検索結果が表示されました。

4 詳細を見たいメッセージをクリックします。

メッセージ
5 表示された
小野 花 投稿済み 昨日 12:41
京都プロジェクト › プレゼン対応
以下のリサーチが未着手です。入れる方いましたらお願い
・Aブックカフェ
・Sフードマート
・T薬局
詳細の非表示
メッセージに移動
6 クリック

5 メッセージの詳細が表示されました。

6 **「メッセージに移動」**をクリックするとチャットのメッセージ箇所に移動し、前後のメッセージなどが確認できます。

未読の通知だけを表示する

自分宛のメッセージやリアクションなどの通知で、まだ確認していないものだけを抽出して、まとめて表示することができます。重要な通知の見逃しがないよう、確認するようにしましょう。

未読の通知を抽出する

1 「**アクティビティ**」をクリックし、

2 をクリックします。

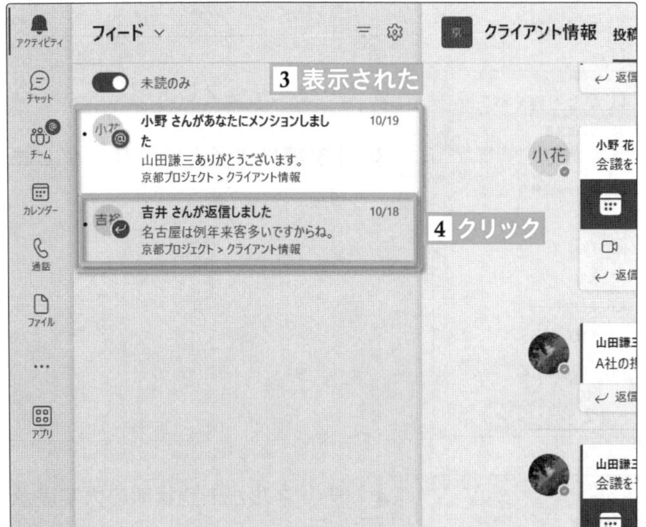

3 未読の通知が表示されました。

4 通知をクリックします。

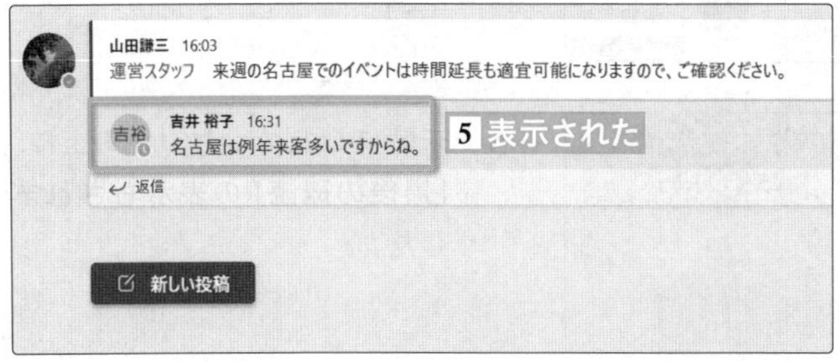

5 ワークスペースに該当のメッセージが表示されました。

既読を未読に変更する

一度確認して既読となったメッセージを、再度未読に戻すことができます。未読に戻すことで、チームリストに表示されているチャネルの表示が未読と同じ太字の表示へと変更されます。あとで必ず返信するメッセージがあるときなどに便利です。

未読に変更する

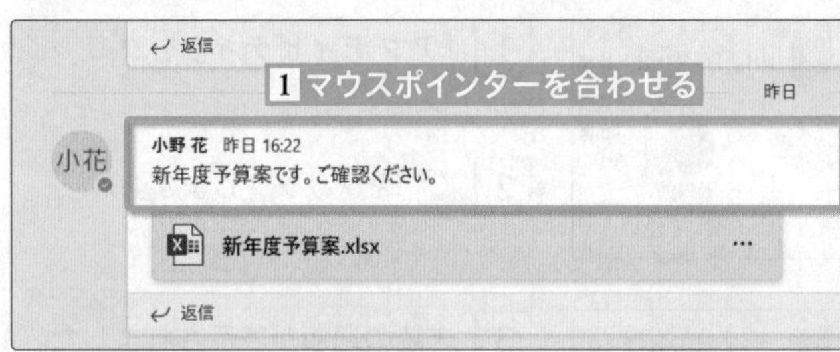

1 未読に戻したいメッセージにマウスポインターを合わせます。

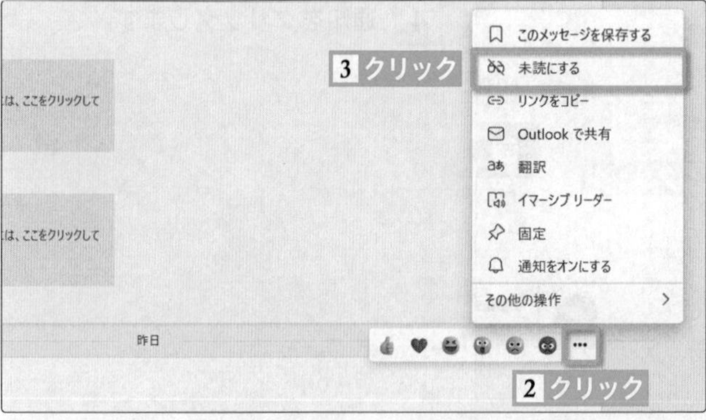

2 …をクリックし、

3 「未読にする」をクリックします。

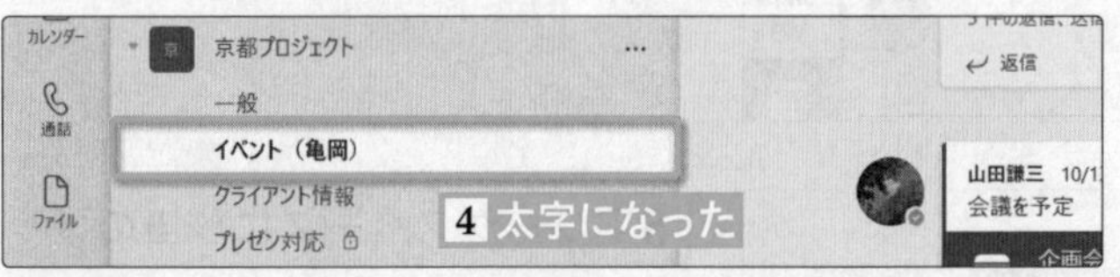

4 チャネルが未読状態の太字表示になりました。

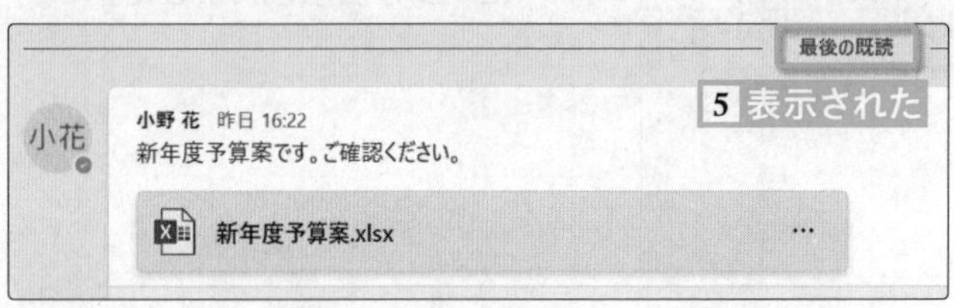

5 未読にしたメッセージの上に、「最後の既読」の表示もされました。

メンバーとチャットする

チームのメンバーと1対1のチャットでコミュニケーションできます。メールよりもスピーディーにやりとりができるので、業務をより効率的に進められます。また、チャットはポップアップ表示ができるので、チャネルのワークスペースなどほかの画面を確認しながらでもやりとりが可能です。

1対1でチャットする

1 「**チャット**」をクリックし、

2 をクリックして、

3 相手の名前を入力したら、

4 候補をクリックします。

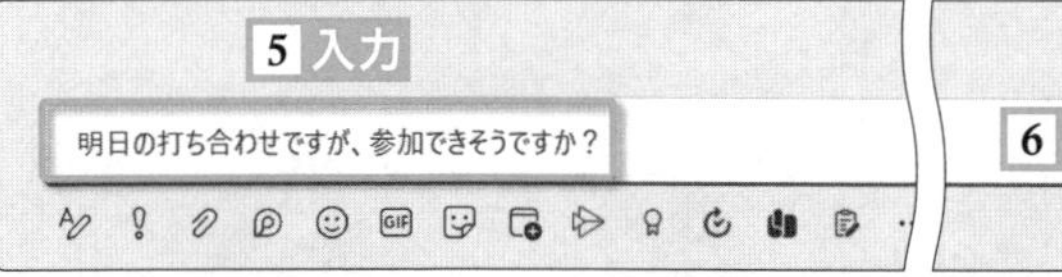

5 メッセージを入力し、

6 をクリックします。

7 メッセージが送信されました。

Column チャットをポップアップ表示する

手順7の画面でをクリックすると、チャットのやりとりをする画面をポップアップ表示できます。

複数のメンバーとグループチャットする

チャットは複数のメンバーとやりとりをすることができます。チャネルのワークスペース上では細かいやりとりとなってしまうときや、チャネルのメンバーとは異なる複数のメンバーとやりとりをしたいときに便利です。

グループでチャットする

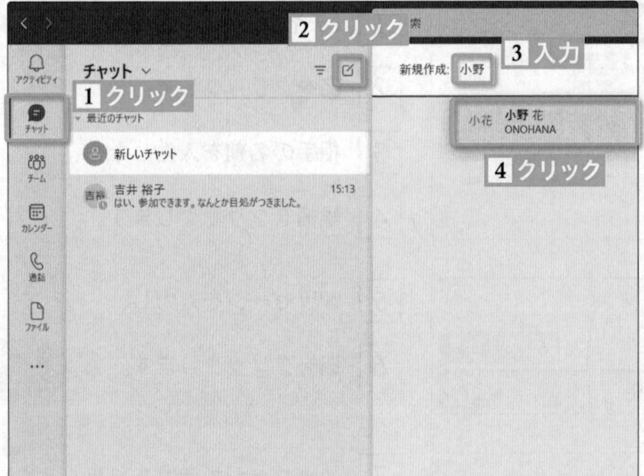

1 「チャット」をクリックし、

2 ☑をクリックして、

3 参加メンバーの名前を入力したら、

4 候補をクリックします。

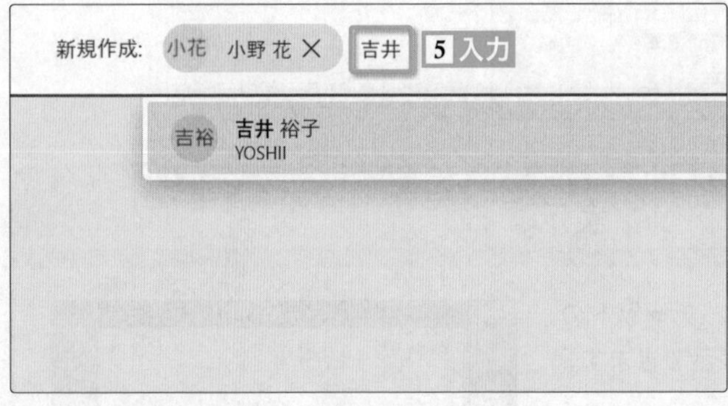

5 手順3～4を参考に、複数の参加メンバーを入力します。

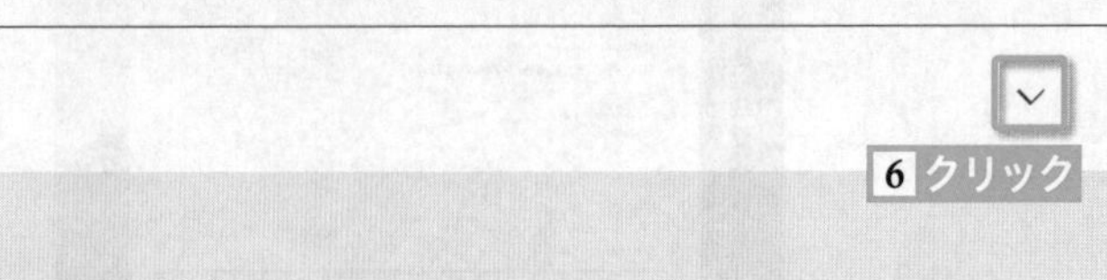

6 画面右上の∨をクリックします。

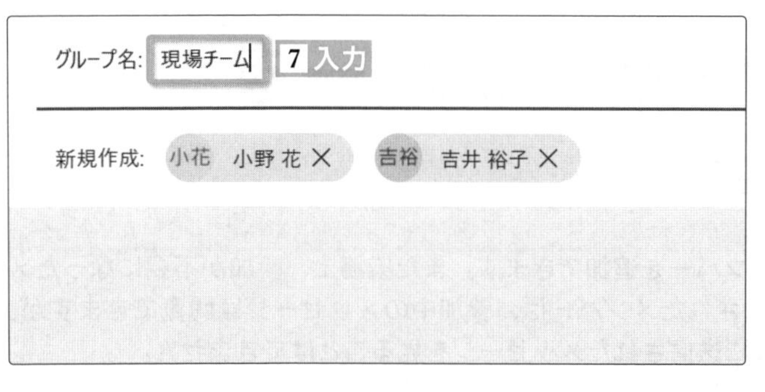

7 グループチャットの名前を入力します。

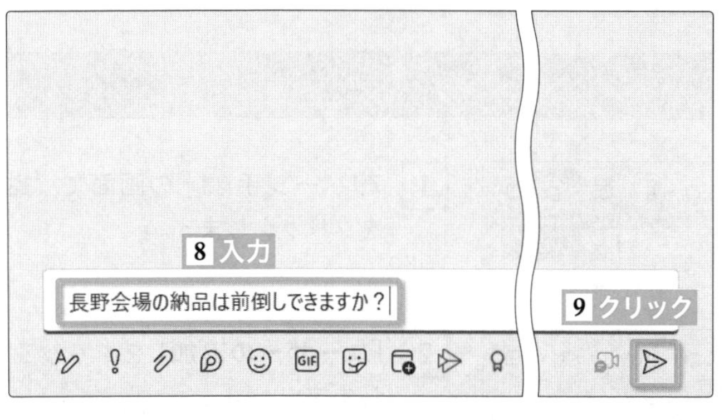

8 メッセージを入力し、

9 ▷をクリックします。

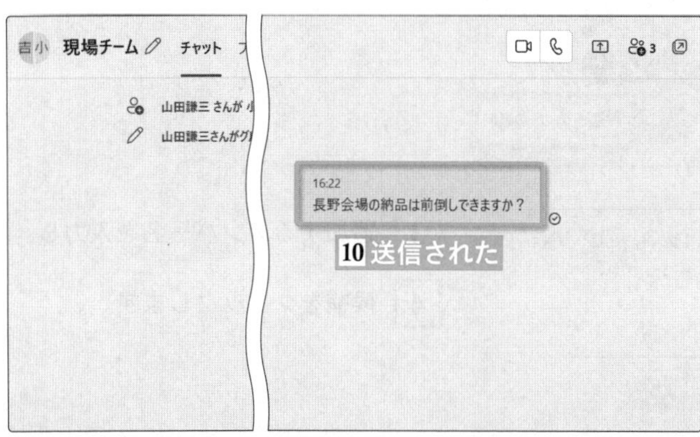

10 メッセージが送信されました。

Column グループチャット名を変更する

グループチャット名は、🖉をクリックして変更ができます。

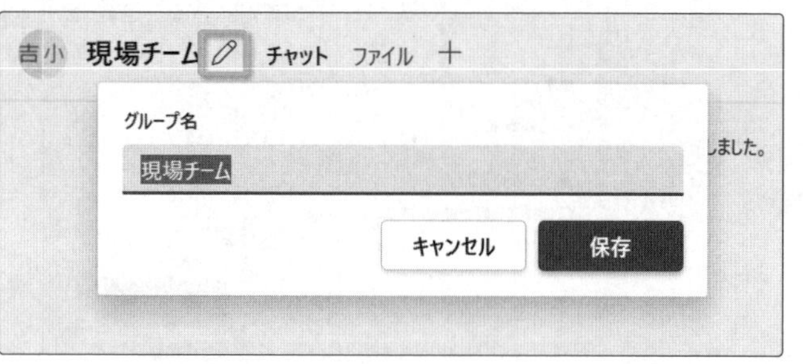

グループチャットのメンバーを追加・削除する

グループチャットには、あとからでもメンバーを追加できます。また業務上、参加が不要になったメンバーを削除することもできます。削除されたメンバーは、参加中のメッセージは閲覧できますが、新たにメッセージを送信したり、削除後に送信されたメッセージを見ることはできません。

メンバーを追加する

1 79ページ手順9の画面で、をクリックします。

2 「**ユーザーの追加**」をクリックします。

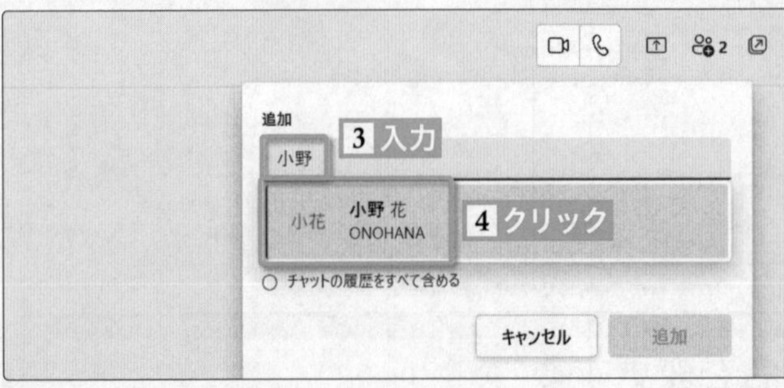

3 追加するメンバー名を入力し、

4 候補をクリックします。

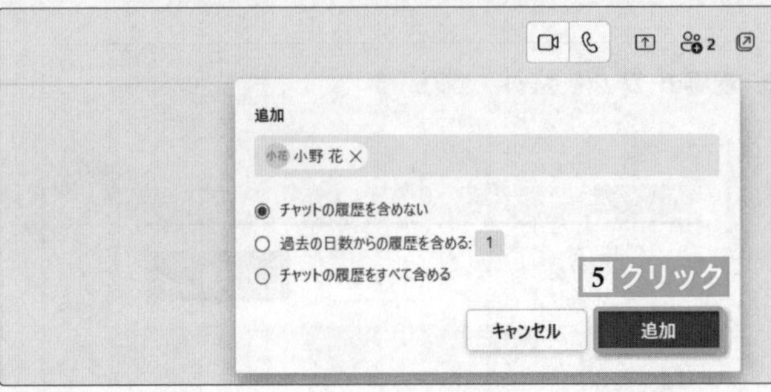

5 「**追加**」をクリックします。

メンバーを削除する

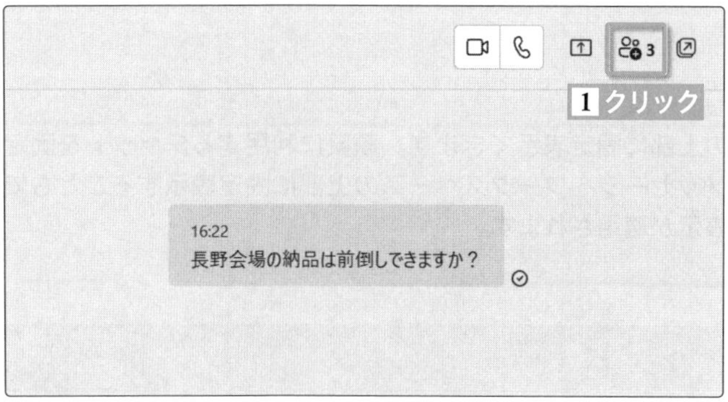

1 79ページ手順9の画面で、をクリックします。

1 クリック

16:22
長野会場の納品は前倒しできますか？

2 削除するメンバーにマウスポインターを合わせます。

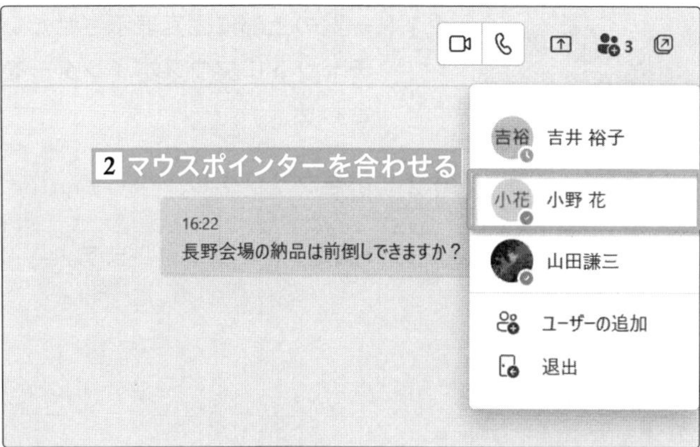

3 ×をクリックします。

4 「削除」をクリックします。

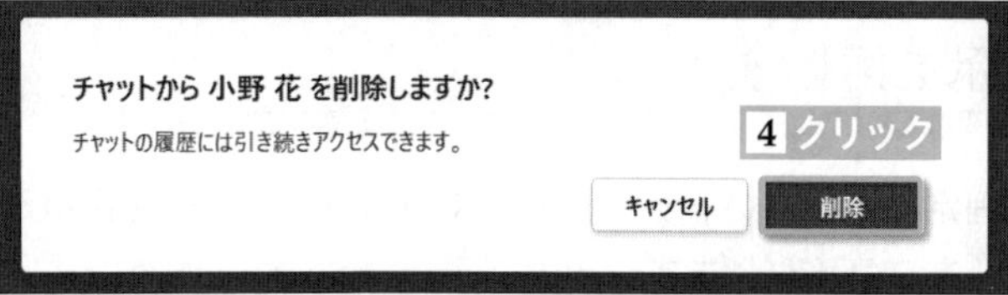

チャットやメッセージを固定表示する

よく利用するチャットをチャットリストの上部に固定表示できます。頻繁に利用するチャットを固定しておくと便利です。また、チャットのメッセージをワークスペースの上部に固定表示することもでき、この場合はチャットの相手にも固定表示が適用されます。

チャットを固定表示する

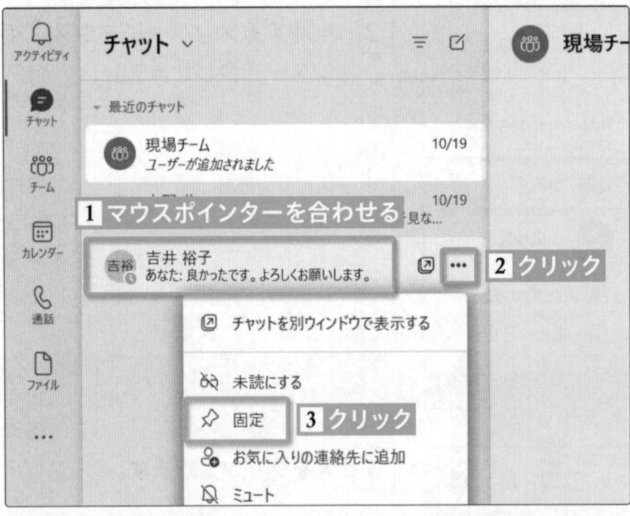

1 一覧の上部に固定表示させたいチャットにマウスポインターを合わせ、

2 …をクリックし、

3 「固定」をクリックします。

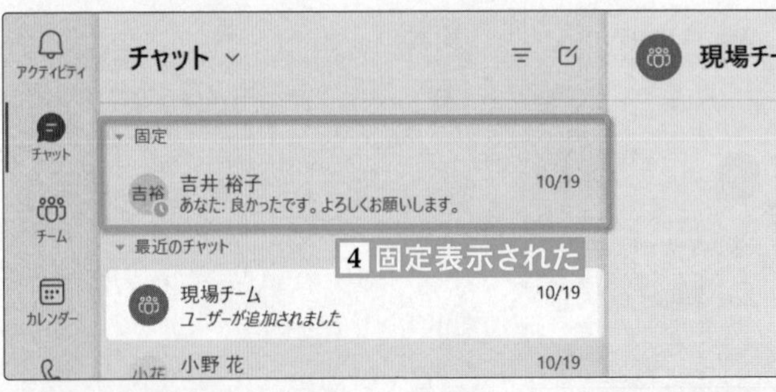

4 チャットが上部に固定表示されました。

Column チャットの固定表示を解除する

チャットの固定表示を解除するには、固定表示しているチャットにマウスポインターを合わせ、…をクリックし、「固定表示を解除」をクリックします。

メッセージを固定表示する

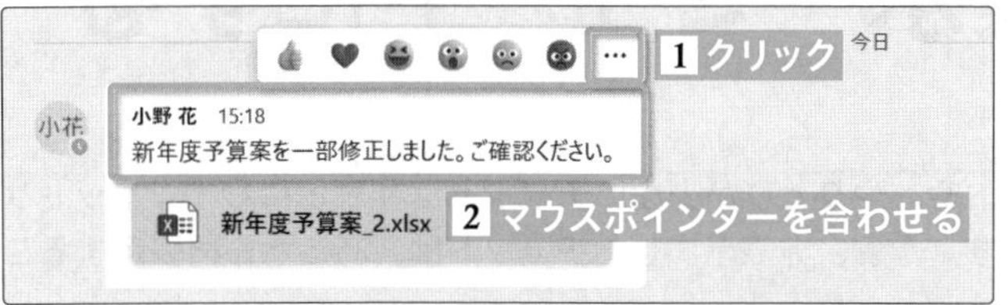

1 ワークスペースの上部に固定表示させたいメッセージにマウスポインターを合わせ、

2 …をクリックします。

3 **「ピン留めする」**をクリックします。

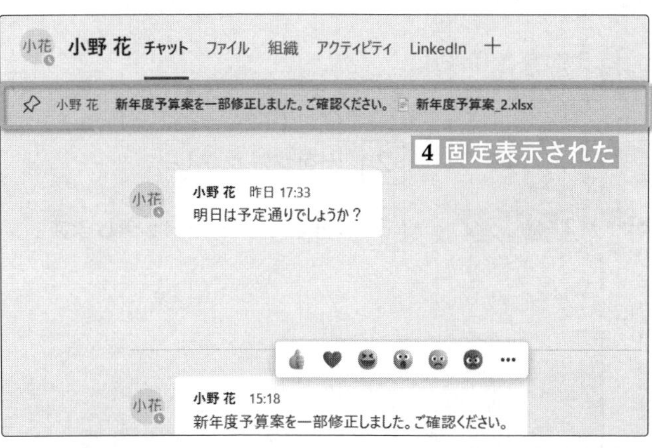

4 メッセージがワークスペースの上部に固定表示されました。なお、チャット相手のワークスペースにも、同じメッセージが固定表示されます。

Column メッセージの固定表示を解除する

メッセージの固定表示を解除するには、固定表示しているメッセージの右にある…をクリックし、**「ピン留めを外す」**をクリックし、**「OK」**をクリックします。

チャットを非表示・ミュートにする

やりとりをすることがなくなったチャットや、やりとりが少ないチャットは非表示にしてチャットリストを使いやすく整理することができます。なお、非表示にしたチャットは、あとから再表示することができます。

チャットを非表示にする

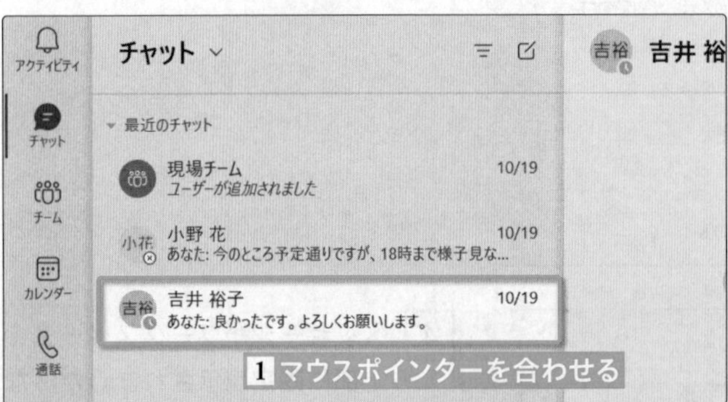

1 非表示にしたい任意のチャットにマウスポインターを合わせます。

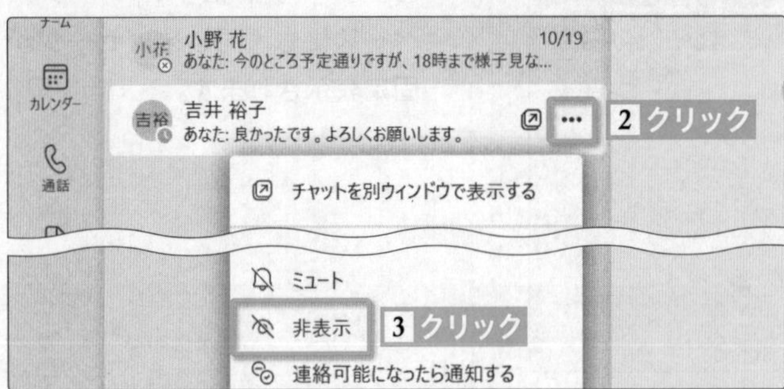

2 …を**クリック**し、

3 「**非表示**」を**クリック**します。

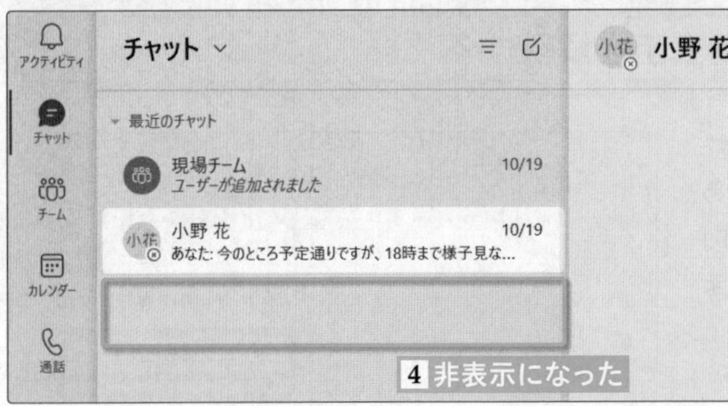

4 任意のチャットが非表示になりました。

非表示にしたチャットを再表示する

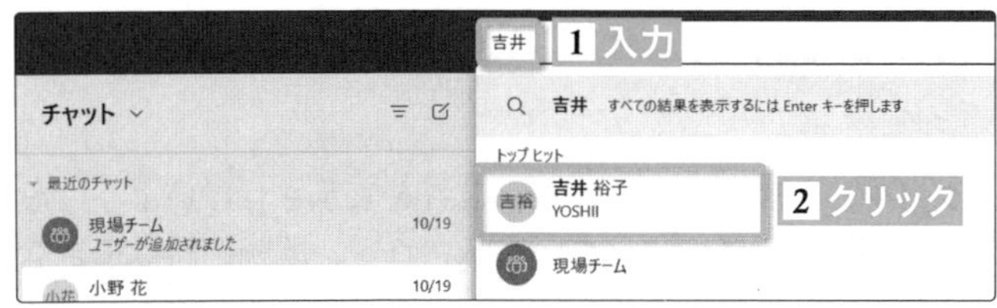

1 画面上部の検索フィールドに表示させたいチャットの名前を入力し、

2 候補をクリックします。

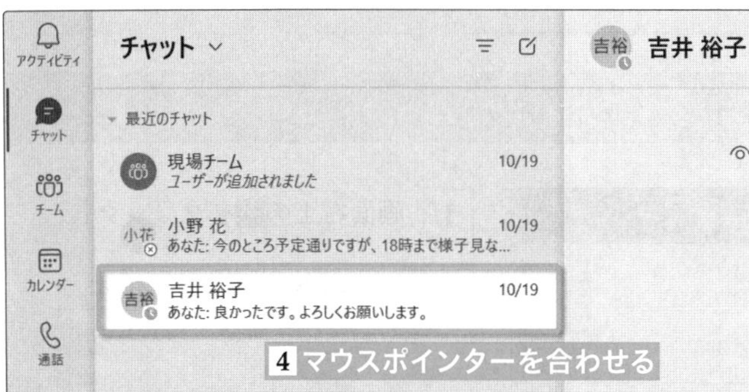

3 チャットリストに一時的に再表示されます。

4 再表示したいチャットにマウスポインターを合わせます。

5 …をクリックし、

5 クリック

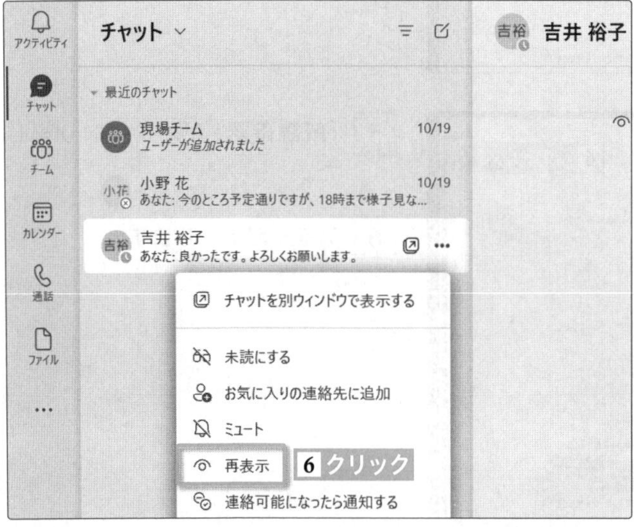

6 「再表示」をクリックします。

チャットに既読が付かないよう設定する

チャットのメッセージを読むと既読のマーク（👁）が表示されますが、これを表示させないように設定できます。なお、相手がメッセージを読んだ際にも既読のマークが表示されず、既読確認はできなくなります。

既読確認を設定する

1 画面右上の⋯をクリックし、

2 「設定」をクリックします。

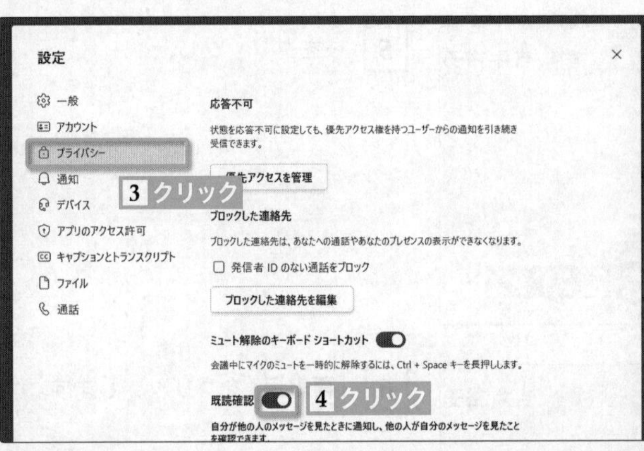

3 「プライバシー」をクリックし、

4 「既読確認」の⬤をクリックします。

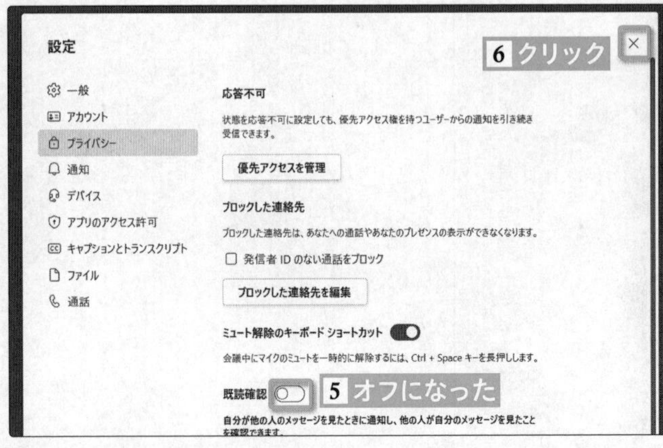

5 「既読確認」がオフになりました。

6 ×をクリックします。

連絡可能になったら通知する

チャットで連絡したい相手のプレゼンスがオフラインの場合、いち早く連絡が取れるよう、連絡可能になったら通知するように設定ができます。一度設定すると、オフにしない限り設定が適用され続けるので、不要になったらオフにしましょう。

連絡可能になったら通知するように設定する

1 連絡可能になったら通知させたいメンバーのチャットにマウスポインターを合わせます。

2 …をクリックし、

3 **「連絡可能になったら通知する」**をクリックします。

4 対象のメンバーのプレゼンスが連絡可能になったら、デスクトップ画面の右下に通知されました。

Column 通知をオフにする

通知が不要になったら、メンバーのチャットにマウスポインターを合わせ、…をクリックし、**「通知をオフにする」**をクリックします。

緊急メッセージを送信する

急ぎの要件など、いち早く相手に見てもらいたいメッセージを送信するときには、緊急メッセージが便利です。受信者にはメッセージを確認するまで、2分間隔で20分間通知が送信され続けます。

緊急メッセージを設定して送信する

1 メッセージを入力し、

2 ！をクリックします。

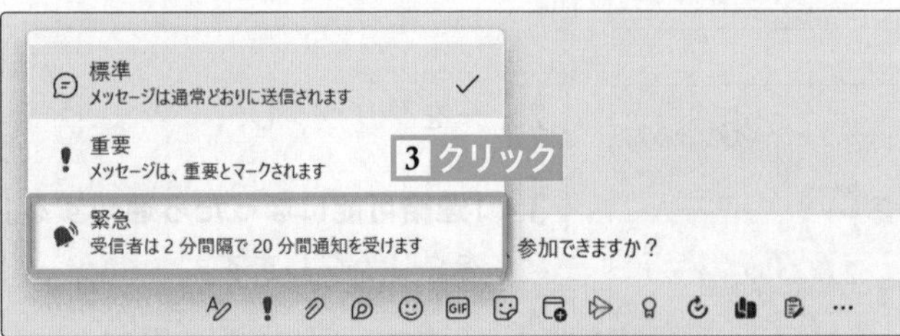

3 「緊急」をクリックします。

4 ▷をクリックします。

5 緊急メッセージが送信されました。

6 メッセージの受信者には、2分間隔で20分間通知されます。

5章

Teamsの
ビデオ会議

ビデオ会議を予約する

ビデオ会議は、「カレンダー」から予約できます。参加者は個別に追加できますが、ここではチャネル単位での開催を解説します。予約を作成した会議は、Microsoft 365 に紐付けられたメールアドレスに招待メールが送信されます。なお、Outlook からも予約可能です。

カレンダーから予約する

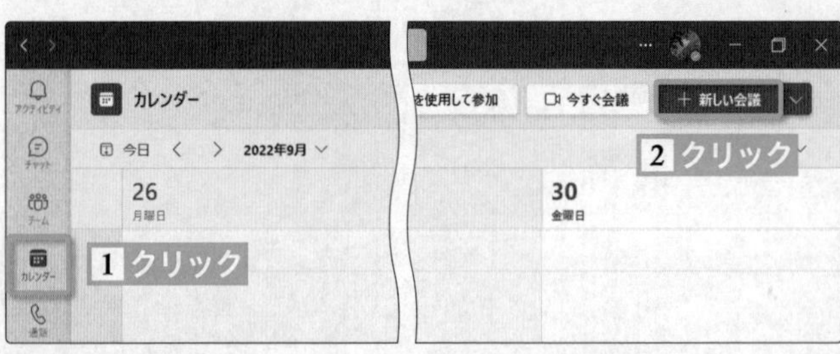

1 「**カレンダー**」をクリックし、

2 「**新しい会議**」をクリックします。

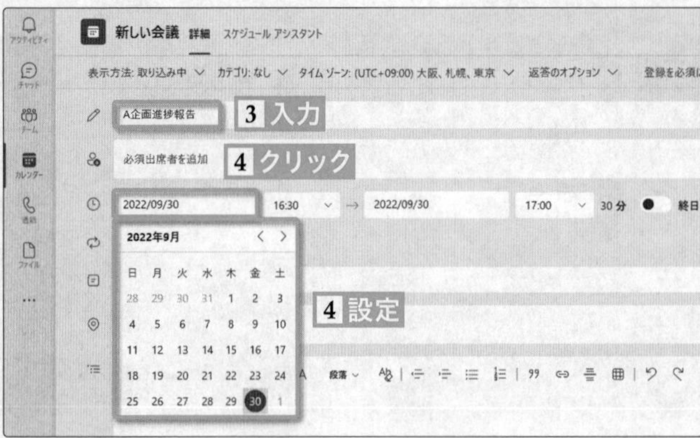

3 ビデオ会議のタイトルを入力し、

4 日付をクリックして開催日を設定します。

5 時刻をクリックして開催時間を設定し、

6 同様に終了日時を設定します。

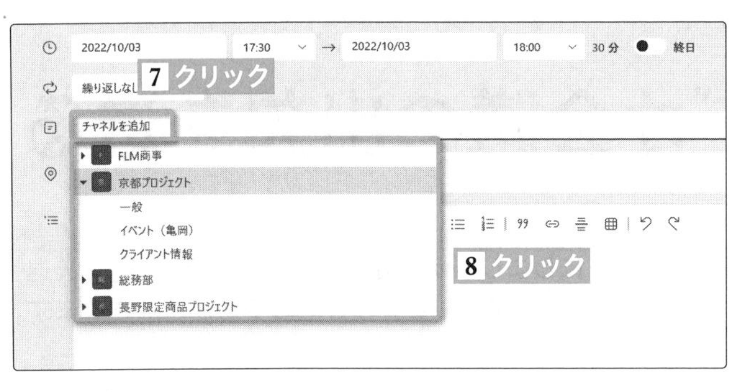

7 **「チャネルを追加」**をクリックし、

8 ビデオ会議を開催するチャネルをクリックします。

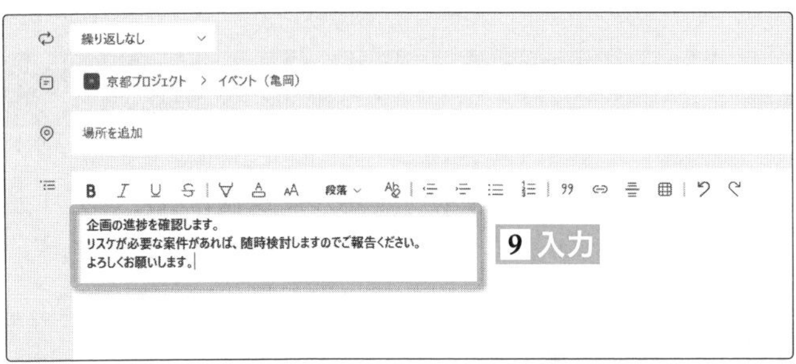

9 会議の詳細を入力します。

10 右上の**「送信」**をクリックします。

Column 定例のビデオ会議を予約する

手順9の画面で、のプルダウンをクリックし、**「毎週平日（月から金）」「毎日」「毎週」**などのいずれかをクリックすると、定期的なビデオ会議の設定ができます。

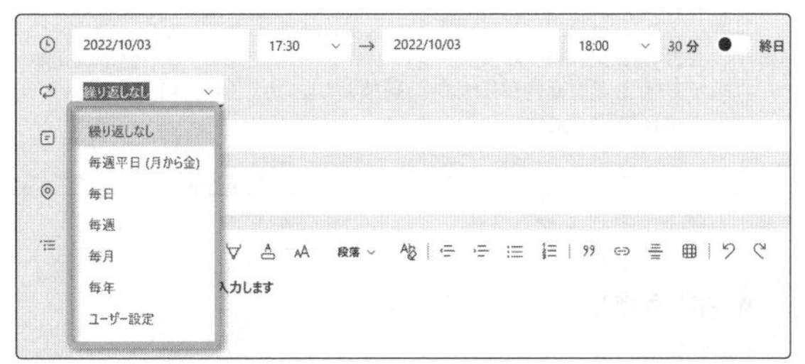

Column メンバーの空きスケジュールを見て予約する

手順3の画面で**「必須出席者を追加」**をクリックして参加者の名前を入力し、表示される候補をクリックすると、必須出席者が入力されます。さらに手順3の画面の上部にある**「スケジュールアシスタント」**をクリックすると、入力した必須出席者の空き時間を確認しながら時間の調整を行えます。

予定されたビデオ会議の出欠を送る

開催者にビデオ会議へ招待されたら、出欠を送るようにしましょう。出欠は、「承諾」「仮承諾」「辞退」から選択できます。承諾、または仮承諾を送ると、カレンダーにビデオ会議の予定が追加されます。なお、出欠はあとからでも変更ができます。

出欠を送信する

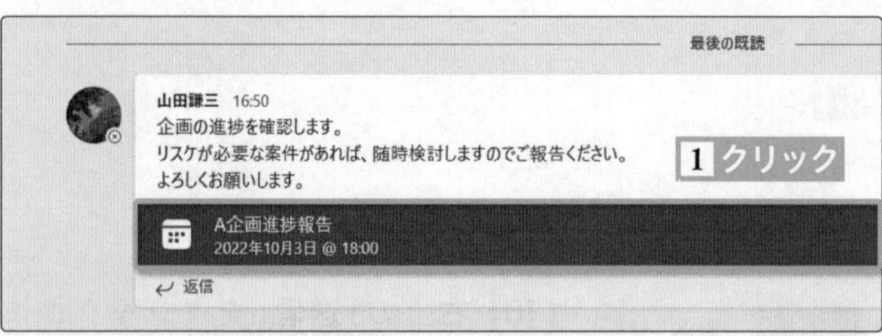

1 チャネルに投稿されたビデオ会議の予約をクリックします。

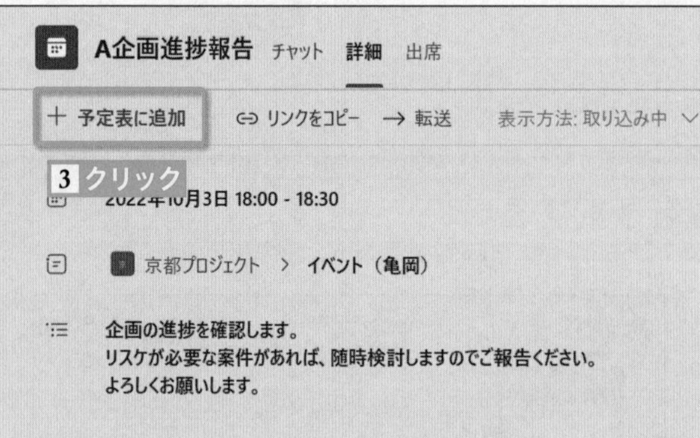

2 ビデオ会議の詳細が表示されます。

3 「予定表に追加」をクリックします。

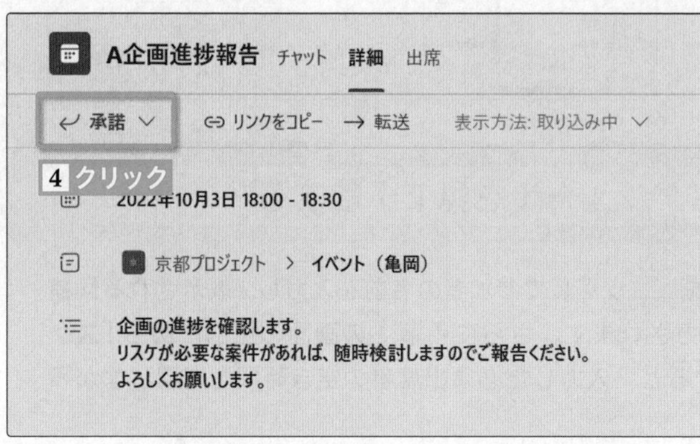

4 「承諾」をクリックします。

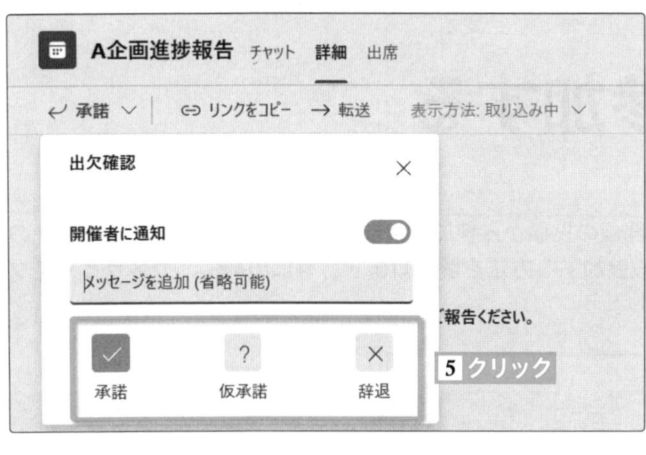

5 ビデオ会議に参加できる場合は**「承諾」**または**「仮承諾」**、参加できない場合は**「辞退」**をクリックします。ここでは**「承諾」**をクリックします。

6 **「閉じる」**をクリックします。

7 **「カレンダー」**をクリックすると、

8 ビデオ会議の予定が表示されるようになりました。

9 予定をクリックし、⤢をクリックします。

10 ビデオ会議の詳細画面が表示され、右側の**「出欠確認」**に、承諾している旨が表示されます。

11 **「閉じる」**をクリックします。

ビデオ会議に参加する

ビデオ会議には、チャネルのビデオ会議開催の投稿から参加できますが、ここでは、メニューバーの「カレンダー」に表示されている予定から参加する方法を解説します。参加の前に、カメラとマイクがオフのままになっていないか確認しましょう。

カレンダーから参加する

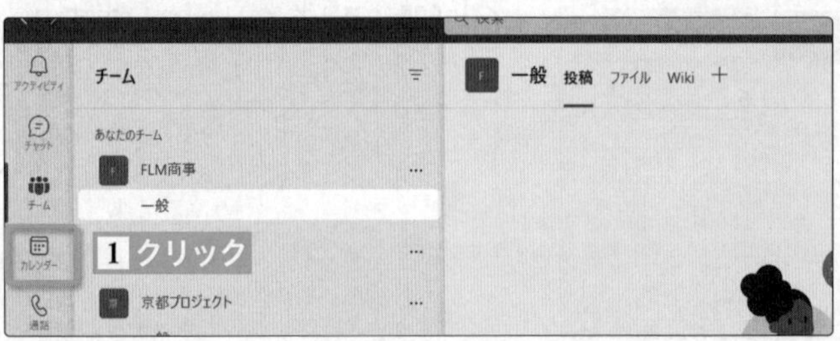

1 「カレンダー」をクリックします。

2 参加するビデオ会議の予定をクリックします。

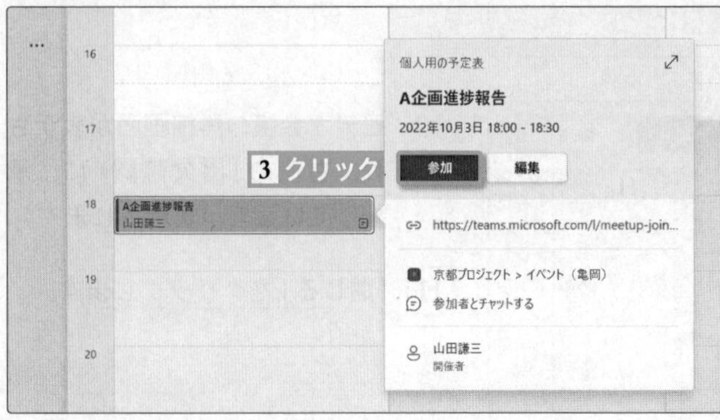

3 「参加」をクリックします。

4 カメラがオフの場合は[icon]をクリックして[icon]にし、

5 マイクがオフの場合は[icon]をクリックして[icon]にします。

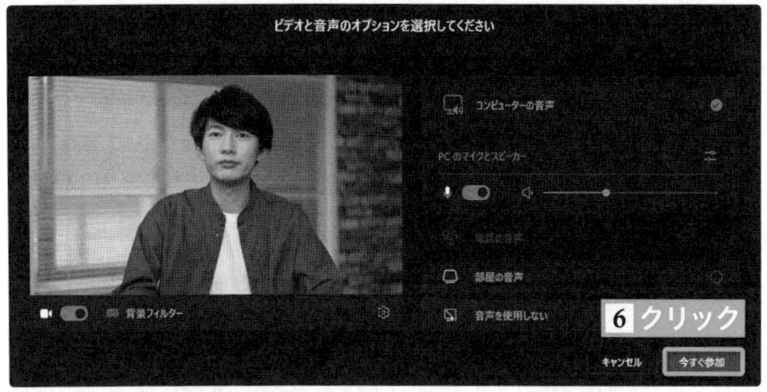

6 **「今すぐ参加」**をクリックします。

7 ビデオ会議に参加できました。

Column 特定の参加者をピン留め表示する

手順7の画面で、ピン留め表示したい参加者の名前にマウスポインターを合わせ、表示される[icon]をクリックし、**「自分用にピン留めする」**をクリックすると、ピン留め表示され大きく映し出されます。解除するには、ピン留め表示している参加者の名前にマウスポインターを合わせ、表示される[icon]をクリックし、**「ピン留めを解除」**をクリックします。

今すぐビデオ会議を開催する

ビデオ会議はあらかじめ予約を登録していなくても、チャネルの画面、またはカレンダーから開催することができます。チャネルからビデオ会議を開催すると、会議を開催する旨のメッセージが投稿されます。

チャネルから今すぐビデオ会議を開催する

1 **「チーム」**をクリックし、

2 ビデオ会議を開催するチャネルをクリックして、

3 **「会議」**の右にある∨→**「今すぐ会議」**をクリックします。

4 95ページを参考にカメラとマイクがオンになっているか確認し、

5 **「今すぐ参加」**をクリックします。

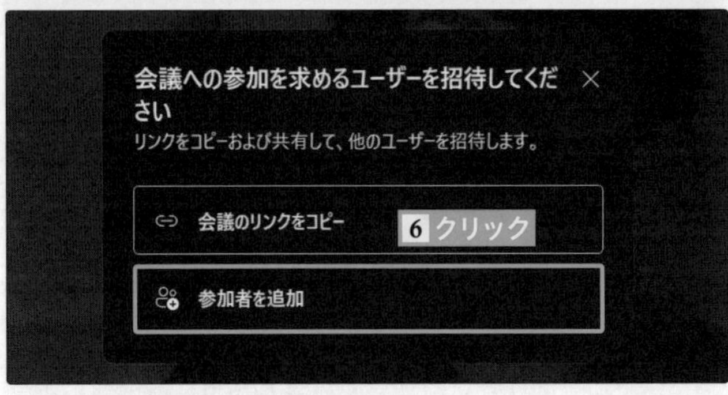

6 参加者を設定します。ここでは、**「参加者を追加」**をクリックします（**「会議リンクをコピー」**をクリックして、参加者に招待リンクを伝える方法もあります）。

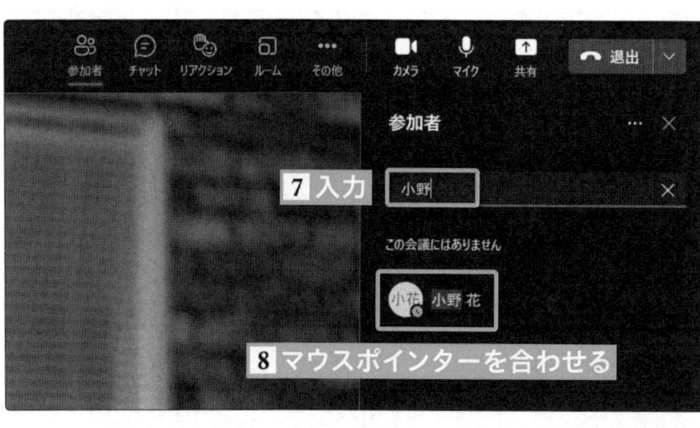

7 参加者の名前を入力し、

8 表示された候補にマウスポインターを合わせます。

9 **「参加をリクエスト」**をクリックします。参加をリクエストしたメンバーには、参加依頼の通知が送信されます。

カレンダーから今すぐビデオ会議を開催する

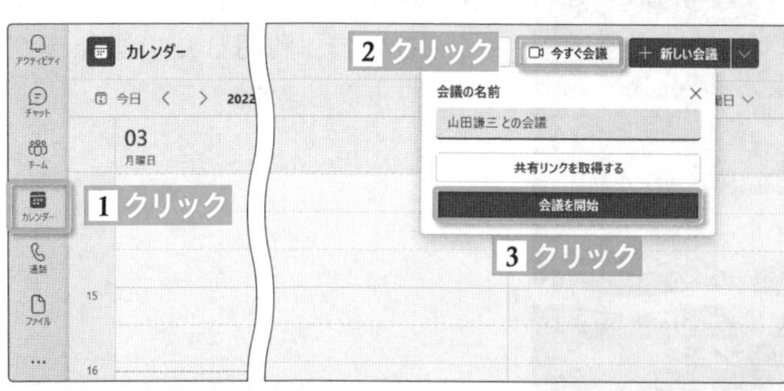

1 **「カレンダー」**をクリックし、

2 **「今すぐ会議」**をクリックして、

3 **「会議を開始」**をクリックします。

4 96ページ手順3以降を参考にビデオ会議を開始します。

Microsoft 365の基本知識
Teamsのチーム管理
Teamsのチャネル管理
Teamsの投稿&チャット
5 Teamsのビデオ会議
SharePoint
OneDrive
OneNote

背景に画像を設定する

テレワーク時のビデオ会議で背景を映したくないときなどは、背景フィルターを設定すると、背景が画像合成されます。背景画像はさまざまな種類が用意されているので、適したものを選択して利用しましょう。

ビデオ会議前に背景フィルターを設定する

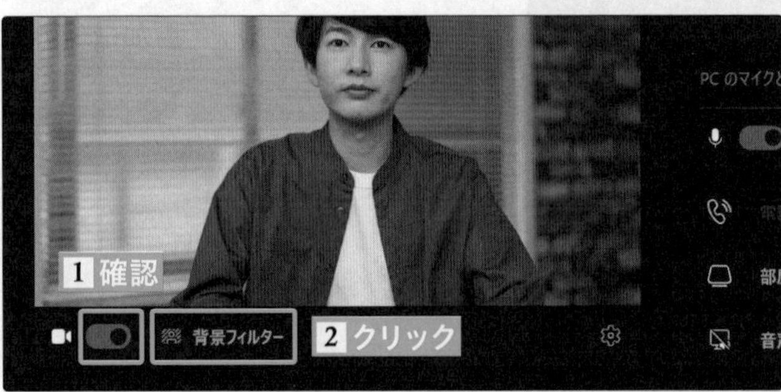

1 会議開始前の画面で、カメラがオンになっていること確認し(オフの場合はオンにし)、

2 「**背景フィルター**」をクリックします。

3 画面右側に背景画像が表示されるので、利用したい画像をクリックします。

4 プレビュー画面を確認し、

5 「**今すぐ参加**」をクリックします。

ビデオ会議中に背景フィルターを設定する

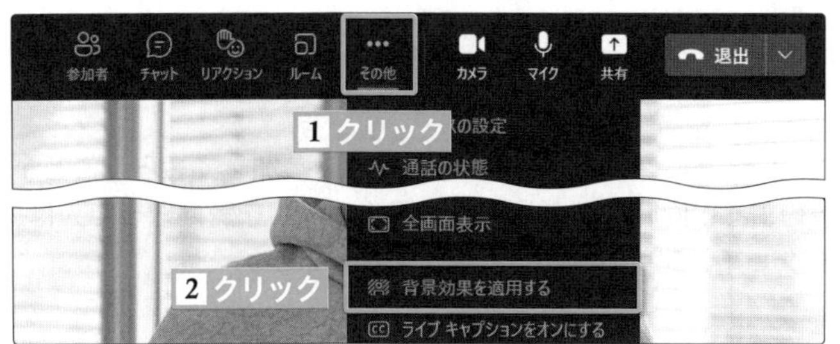

1 会議中に**「その他」**をクリックし、

2 **「背景効果を適用する」**をクリックします。

3 画面右側に背景画像が表示されるので、利用したい画像をクリックし、

4 **「プレビュー」**をクリックします。

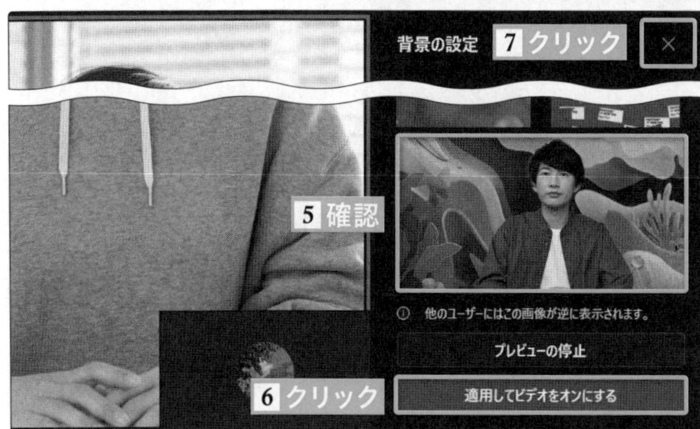

5 プレビュー画面を確認し、

6 **「適用してビデオをオンにする」**をクリックして、

7 ☒をクリックします。

Microsoft 365の基本知識
Teamsのチーム管理
Teamsのチャネル管理
Teamsの投稿&チャット
5 Teamsのビデオ会議
SharePoint
OneDrive
OneNote

組織外の人をビデオ会議に招待する

組織外の人もビデオ会議に参加してほしいときには、招待メールを送信して、参加してもらうことができます。招待メールの送信は、会議を予約すると同時に送られます。招待メールを受け取った人は、メール内に記載されているリンクをクリックして、ブラウザから会議に参加します。

招待メールを送信する

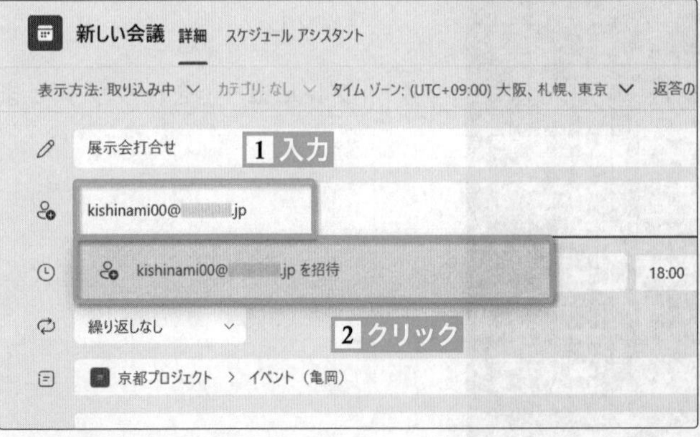

1 91ページ手順9の画面で、ビデオ会議に招待したい組織外の人のメールアドレスを のフィールドに入力し、

2 表示される「○○を招待」をクリックします。

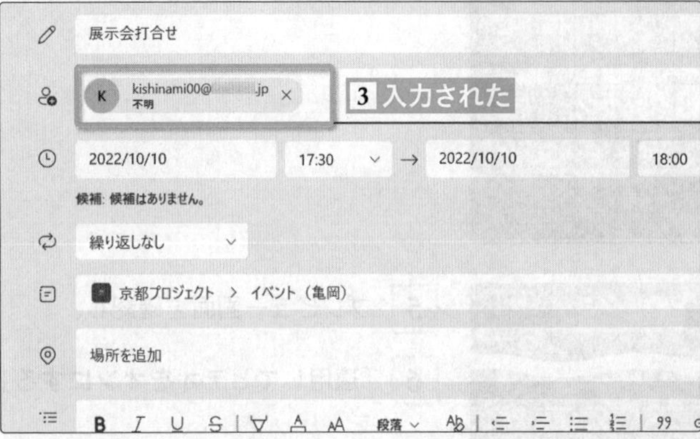

3 組織外の人が入力されます。

4 「送信」をクリックします。

組織外のビデオ会議に参加する

自分が参加していない組織からビデオ会議の招待メールが届いたら、メールに記載されているリンクをクリックして、ビデオ会議に参加します。ビデオ会議はブラウザから参加できるので、パソコンでTeams アプリを利用していない人にも気軽に参加を呼びかけることができます。

組織外のビデオ会議に参加する

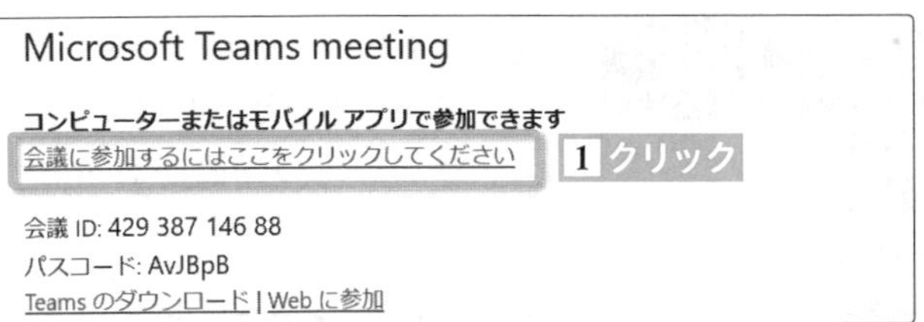

1 ビデオ会議の招待メールに記載されている **「会議に参加するにはここをクリックしてください」** をクリックします。

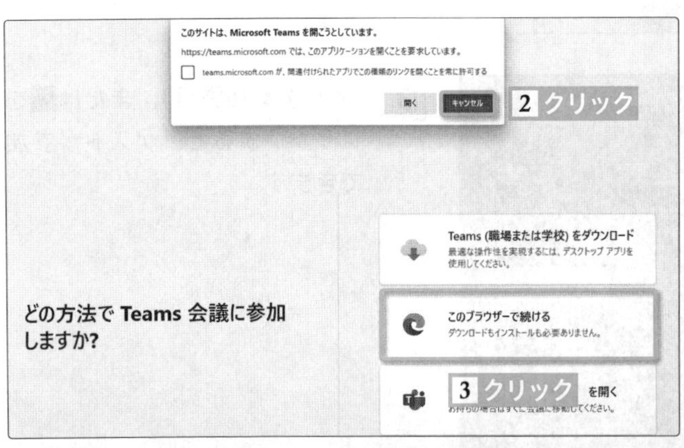

2 **「キャンセル」** をクリックし、

3 **「このブラウザーで続ける」** をクリックします。

4 名前を入力し、

5 95ページを参考にカメラとマイクをオンにして、

6 **「今すぐ参加」** をクリックします。

7 会議の開催者が参加を許可すると（102ページ参照）、会議に参加できます。

組織外の人の参加を許可する

組織外の人がビデオ会議に参加する場合、ビデオ会議の開催者、または参加者の許可を得る必要があります。組織外からの参加者が複数の場合はロビーを表示して許可しますが、1人だけの場合は、ビデオ会議画面に表示される「参加許可」をクリックするだけで許可ができます。

ゲストの参加を許可する

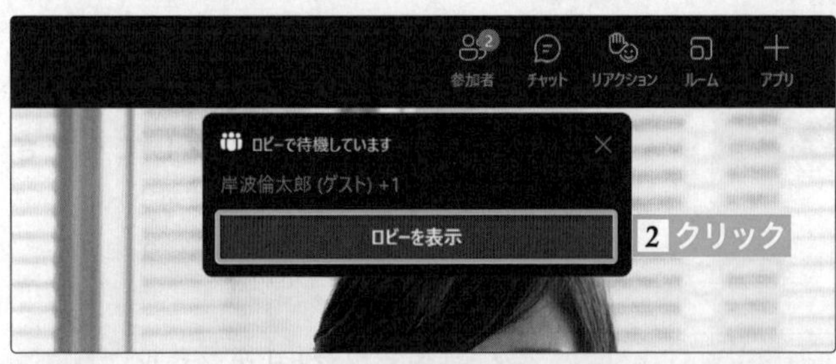

1 組織外の人が101ページの手順で参加すると、参加者の画面に参加許可の画面が表示されます。

2 **「ロビーを表示」**を**クリック**します。

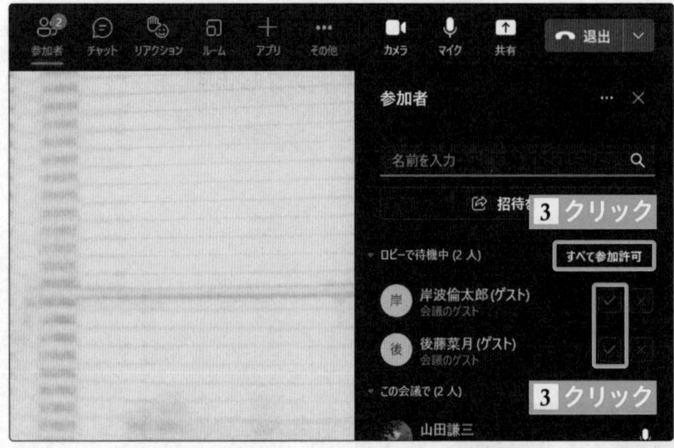

3 **「すべて参加許可」**、または✓を**クリック**すると、ゲストが参加できます。

Column 組織外の人が1人のみ参加の場合

組織外から参加する人が1人のみの場合は、手順1の画面に表示される**「参加許可」**を**クリック**します。

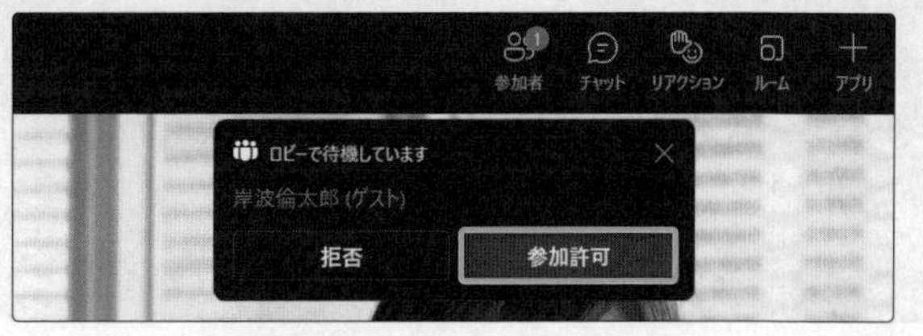

参加しているメンバーを確認する

参加者が多いビデオ会議では、誰が参加しているのかがわからなくなることがありますが、参加者を一覧リストで表示して確認することができます。また、Excel ファイルにまとめられた参加者のリストをダウンロードすることも可能です。

参加者を表示する

1 ビデオ会議の画面で「**参加者**」をクリックします。

2 「**参加者**」に参加者がリスト表示されました。

Column 出席者リストをダウンロードする

手順2の画面で…をクリックし、「**出席者リストをダウンロード**」をクリックすると、Excelファイルにまとめられた参加者リストをダウンロードすることができます。

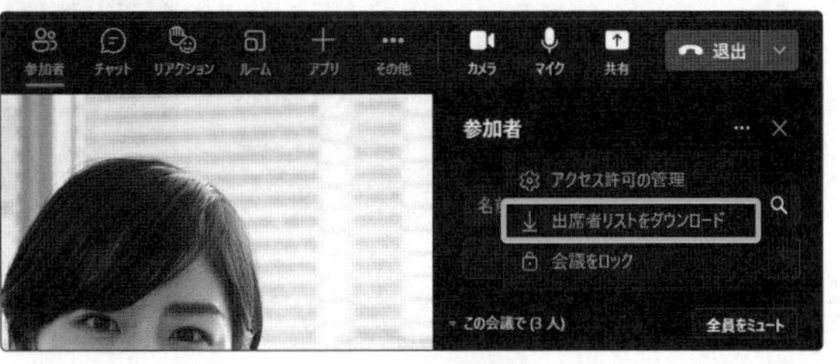

ビデオ会議中に参加者を追加する

ビデオ会議中に、参加してほしいメンバーに参加のリクエストを送ることができます。参加リクエストをされると、デスクトップ画面の右下に通知が表示され、「承諾」をクリックするとビデオ会議に参加ができます。

参加をリクエストする

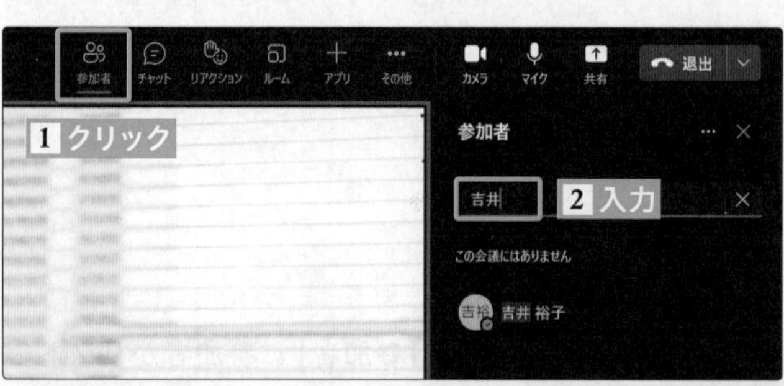

1 ビデオ会議の画面で「**参加者**」をクリックし、

2 参加をリクエストするメンバーの名前を入力します。

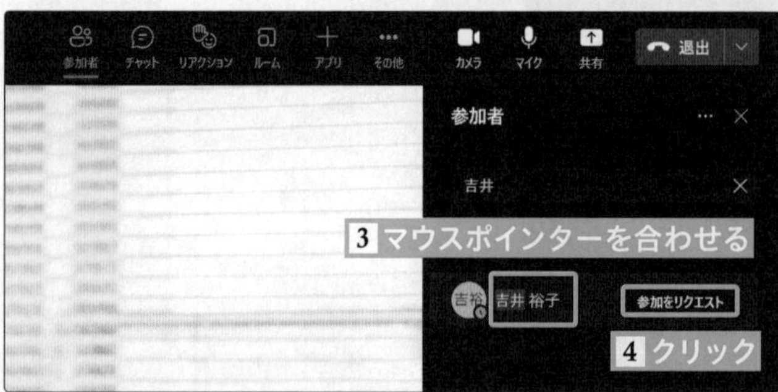

3 表示される候補にマウスポインターを合わせ、

4 「**参加をリクエスト**」をクリックします。

Column 参加のリクエストの通知

参加をリクエストされると、デスクトップ画面右下に通知が表示されるので、参加する場合は「**承諾**」、参加しない場合は「**辞退**」をクリックします。

カメラのオン・オフを切り替える

発表者の話を聞くだけのときなど、カメラをオンにする必要がないときは、ビデオ会議に参加中でもカメラをオフにすることができます。カメラがオフのときは、Teams のプロフィールアイコン画像が表示されます。

カメラのオン・オフを切り替える

1 ビデオ会議の画面で、「**カメラ**」をクリックします。

2 カメラがオフになり、自分が映っていた画面はアイコン表示になりました。

3 オフの状態で、「**カメラ**」をクリックします。

4 カメラがオンに戻りました。

マイクのオン・オフを切り替える

ビデオ会議で発言を聞いているときは余計な音が入り込まないよう、マイクをオフにしましょう。また、会議の開催者は、すべての参加者のマイクを一斉にオフにすることができます。なお、開催者からはオンに戻すことはできず、各参加者がそれぞれオンにする必要があります。

マイクのオン・オフを切り替える

1 ビデオ会議の画面で、**「マイク」**をクリックします。

2 マイクがオフになりました。

3 オフの状態で**「マイク」**をクリックすると、マイクがオンに戻ります。

Column 全参加者のマイクを開催者がオフにする

開催者が**「参加者」**をクリックし、**「全員をミュート」**をクリックすると、すべての参加者のマイクをオフにできます。なお、オンに戻すには、参加者がオンにする必要があります。

ビデオ会議中に挙手する

会議に発言をしたいとき、タイミングなどが合わずになかなかできないということがあります。挙手を表すアイコンを表示させることで、スムーズに進行することができます。また、多数決を取るときなどにも利用できます。

挙手アイコンを表示する

1 ビデオ会議の画面で「**リアクション**」をクリックし、

2 ✋をクリックします。

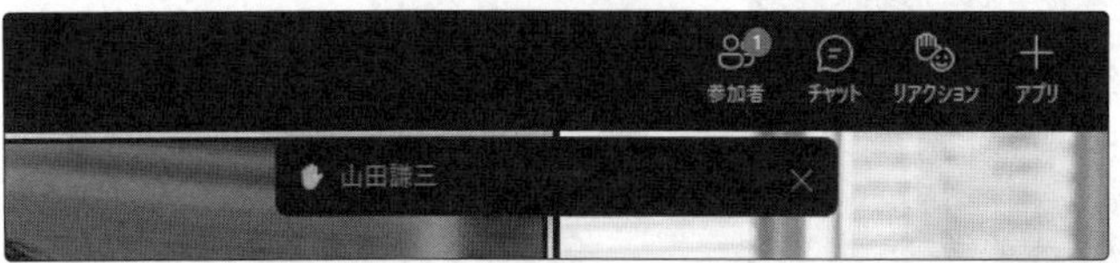

3 相手の画面に、挙手のアイコンと名前が表示されます。

4 挙手のアイコンを消すには、「**リアクション**」をクリックし、

5 ✋をクリックします。

Column リアクションアイコンを表示する

手順2の画面で、👏や👍などのリアクションアイコンをクリックすると、相手の画面内の自分が映っているところにそのアイコンのアニメーションが数秒間表示されます。

画面や特定のウィンドウを共有する

ビデオ会議で打ち合わせをする際、パソコンのデスクトップ画面や立ち上げているアプリのウィンドウ画面を相手と共有すると、スムーズに議題を進めることができます。また、共有する画面は、相手が操作できるよう、許可することもできます。

特定のウィンドウを共有する

1 ビデオ会議の画面で「**共有**」をクリックし、

2 デスクトップ画面を共有したい場合は「**画面**」、ウィンドウを共有したい場合は「**ウィンドウ**」(ここでは「**ウィンドウ**」)をクリックします。

3 共有したいウィンドウをクリックします。

5 クリック

4 ウィンドウが共有されました。

5 画面上部に表示されている（表示されていない場合は画面上部をクリックします）**「発表を停止」**をクリックします。

6 共有が終了しました。

Column 共有画面を操作する

共有画面は、制御を許可することで、相手が操作できるようになります。共有中に相手の画面に表示されている**「制御を要求」**をクリックし、**「リクエスト」**をクリックすると、共有したメンバー側の画面に**「許可」**または**「拒否」**の選択が表示されます。**「許可」**をクリックすると制御が可能となり、**「コントロールをキャンセル」**をクリック、または相手が**「制御を停止」**をクリックすると、制御が終了します。

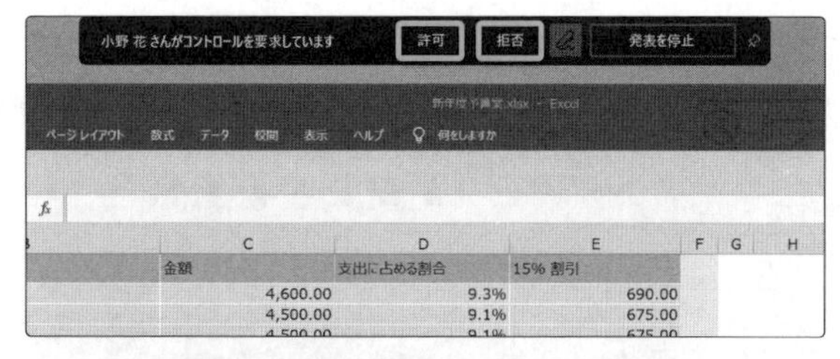

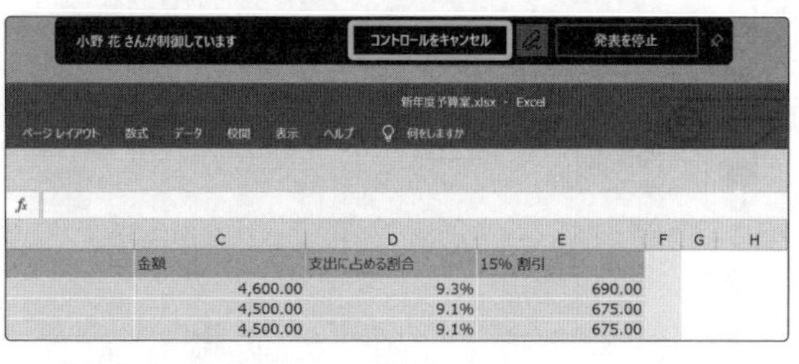

ホワイトボードを共有する

画面内にホワイトボードを表示して、テキストを書いたり、図形を描いたりしながらビデオ会議を進めることができます。ホワイトボードに描いたものは画像として保存することができ、会議後に見返したり、参加してないメンバーに共有したりできます。

ホワイトボードを共有する

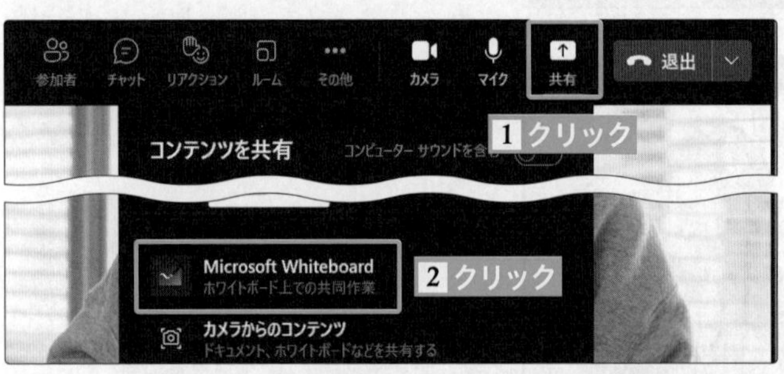

1 ビデオ会議の画面で「**共有**」をクリックし、

2 「**Microsoft Whiteboard**」をクリックします。

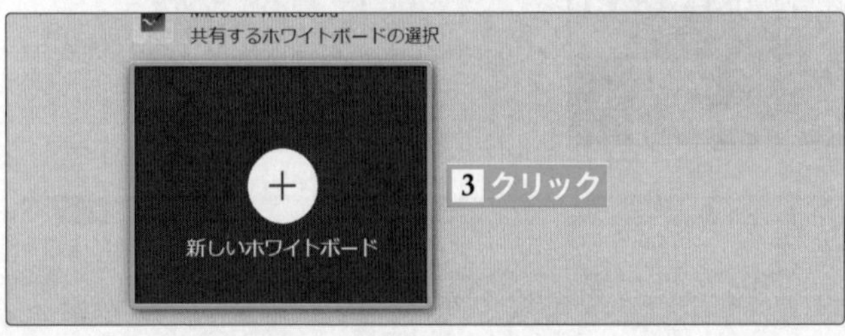

3 「**新しいホワイトボード**」をクリックします。

4 ホワイトボードの作成画面が表示されます。

5 ここでは例として「**図形**」をクリックします。

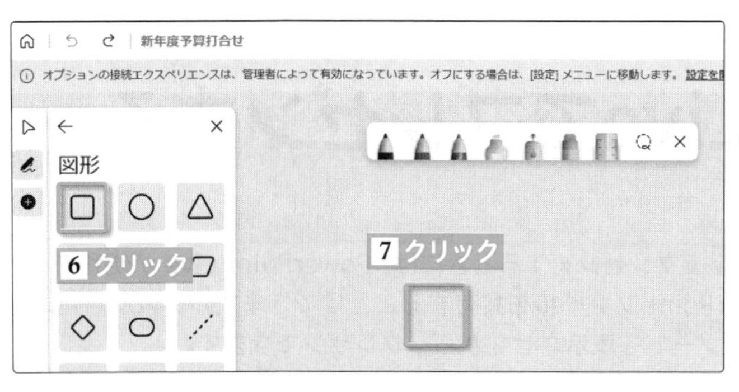

6 ホワイトボードに描きたい図形をクリックし、

7 何もないところをクリックします。

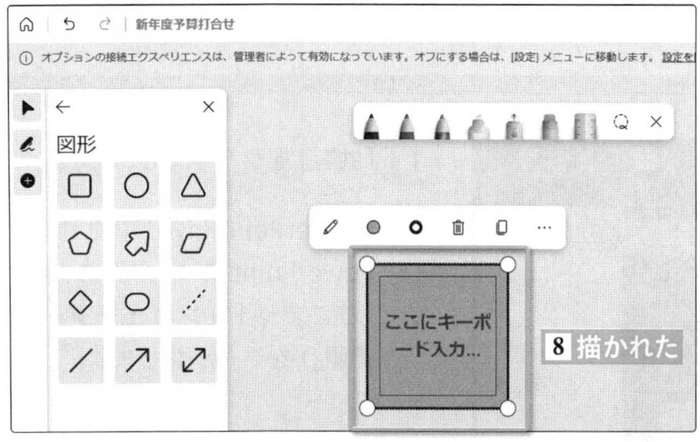

8 手順6で選んだ図形が描かれます。図形の中をダブルクリックすると、文字が入力できます。また、○をドラッグすると、図形の大きさなどを調節できます。

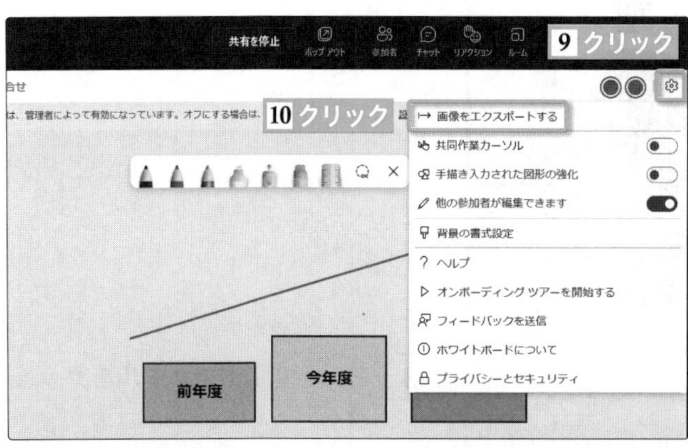

9 ホワイトボードに描いたものを画像として保存するには⚙をクリックし、

10 **「画像をエクスポートする」**をクリックします。

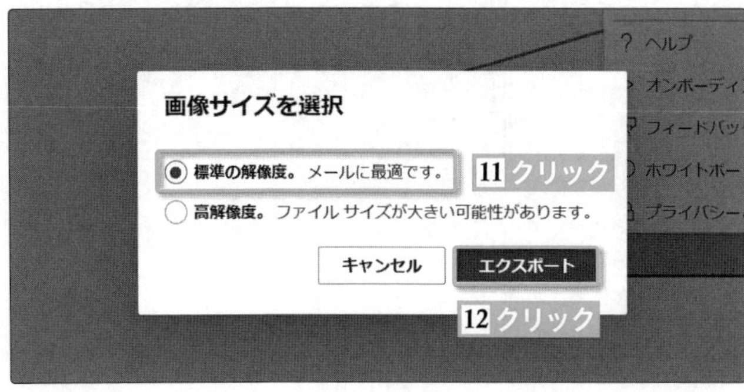

11 画像のサイズをクリックして選択し、

12 **「エクスポート」**をクリックします。

13 画像ファイルは「ダウンロード」フォルダ内にPNG形式で保存されます。

PowerPoint Liveでプレゼンする

PowerPoint ファイルを使ってビデオ会議でプレゼンをするときには、PowerPoint Live が便利です。画面共有（108 ページ参照）でも PowerPoint ファイルを共有することはできますが、PowerPoint Live を利用すると、発表者側の画面にはノートを表示させながら、プレゼンできます。

PowerPoint Liveを利用する

1 「**共有**」をクリックし、

2 「**PowerPoint Live**」で利用するPowerPointファイルの場所（ここでは「**コンピューターを参照**」）をクリックします。

3 PowerPointファイルをクリックし、

4 「**開く**」をクリックします。

5 ビデオ会議の画面で、PowerPointファイルが開き、プレゼンが行えます。

6 スライドをクリックします。

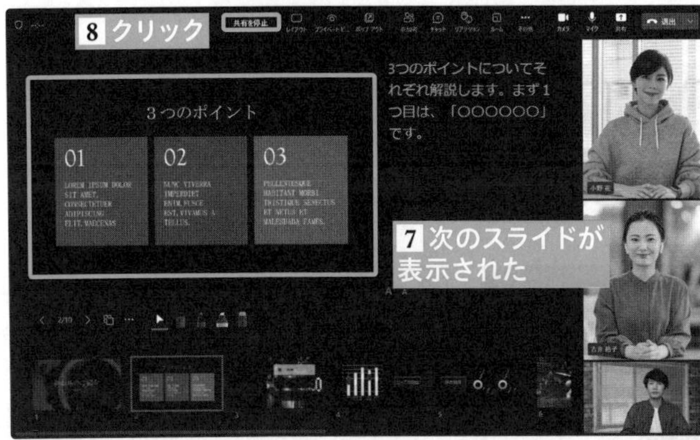

7 次のスライドが表示されました。

8 プレゼンを終了するには、**「共有を停止」**をクリックします。

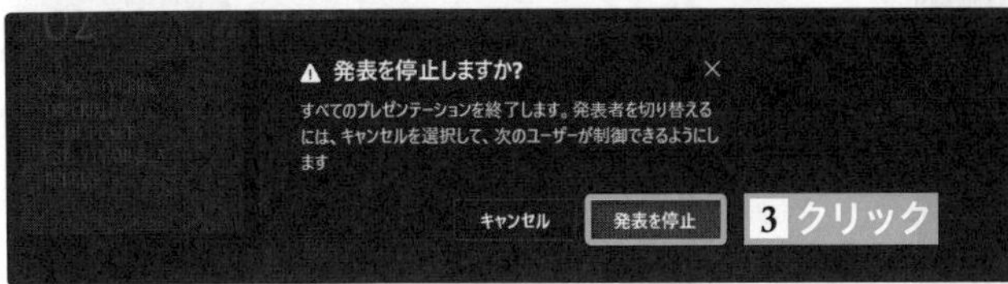

9 **「発表を停止」**をクリックします。

Column 参加者側の表示

参加者側の画面には、発表者側の画面には表示されているノートのテキストやほかのスライドのサムネイルなどは表示されません。

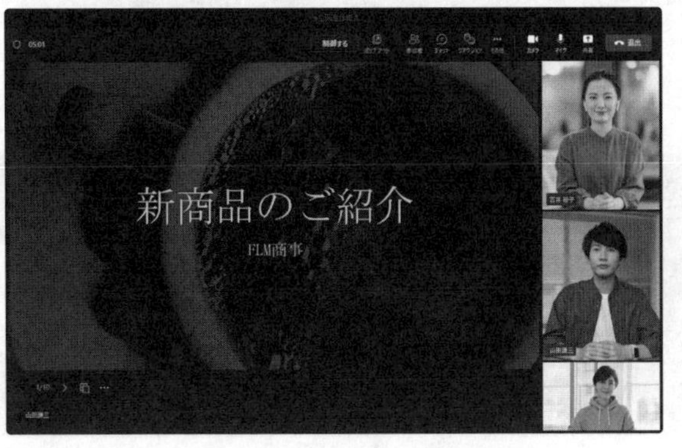

ビデオ会議を録画する

ビデオ会議でのやり取りを録画して、会議後に視聴することができます。録画の動画ファイルは会議参加者以外でも視聴することができ、参加できなかったメンバーにも内容を共有できます。なお録画は自動設定はできないので、会議開始後に手動で設定しましょう。

録画する

1 ビデオ会議の画面で**「その他」**をクリックします。

2 **「レコーディングを開始」**をクリックします。

3 録画が開始されました。

録画を停止する

1 ビデオ会議の録画中に「**その他**」をクリックします。

2 「**レコーディングを停止**」をクリックします。

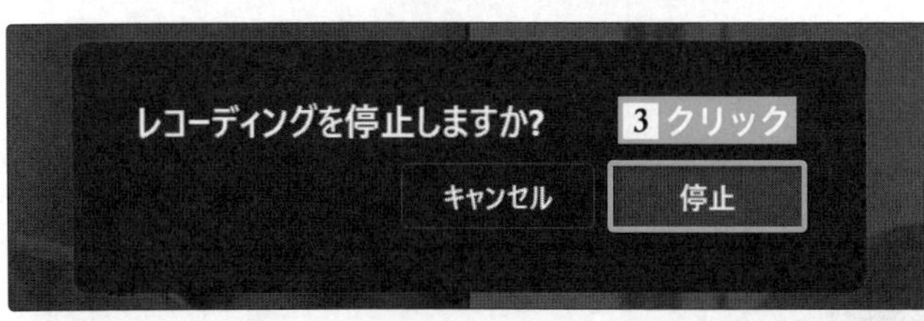

3 「**停止**」をクリックします。

4 録画が停止され、保存が開始されました。

Microsoft 365の基本知識
Teamsのチーム管理
Teamsのチャネル管理
Teamsの投稿&チャット
5 Teamsのビデオ会議
SharePoint
OneDrive
OneNote

録画したビデオ会議を見る

チャネル単位でのビデオ会議を録画した場合、その録画ファイルはチャネルの投稿から視聴することができます。チャネル単位ではなくメンバーを指定してのビデオ会議の場合は、メニューバーの「チャット」に作成されるグループから視聴ができます。

チャネルの投稿から視聴する

1 ビデオ会議が開催されたチャネルに投稿されたメッセージの**「○件の返信」**をクリックします。

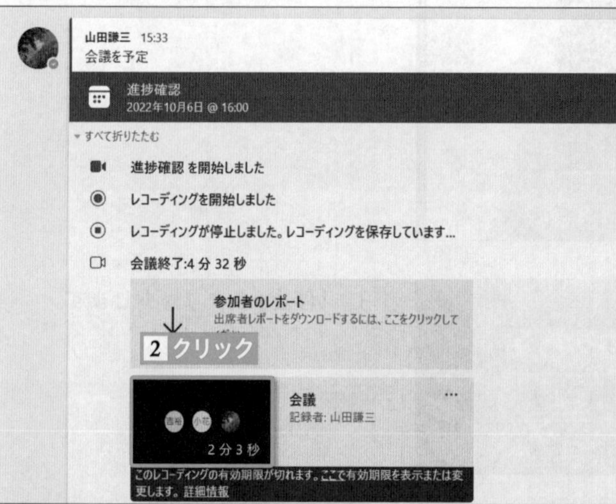

2 録画のサムネイルをクリックします。

3 ▷をクリックすると、録画が再生されて視聴ができます。

ビデオ会議を退出・終了する

ビデオ会議を退出するには、ビデオ会議の画面右上の「退出」から行います。会議の開催者の場合、退出だけでは会議の場にそのまま居残られて使われてしまうこともあるので、会議を終了させてビデオ会議を退出しましょう。

ビデオ会議を退出する

1 ビデオ会議の画面右上の**「退出」**をクリックします。

ビデオ会議を終了する（開催者による操作）

1 ビデオ会議の画面右上の**「退出」**の右にある∨をクリックし、

2 **「会議を終了」**をクリックします。

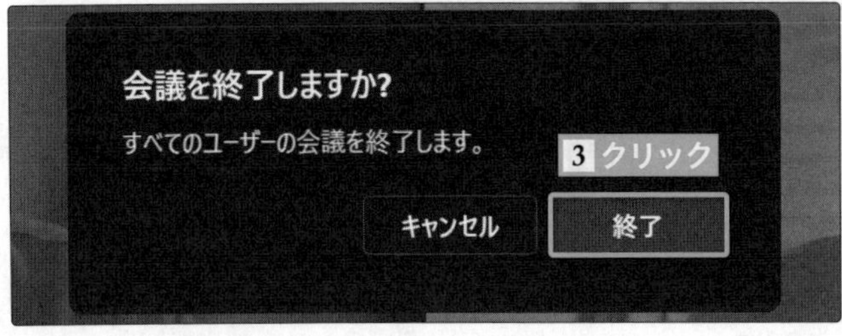

3 **「終了」**をクリックします。

通話する

Teams では、音声のみによる通話でコミュニケーションすることができます。「ビデオ会議のように顔を映して会話するほどではないが、チャットよりしっかりと話がしたい」というときなどに便利です。相手が出られないときは、留守番電話のようにボイスメールを送ることもできます。

通話する

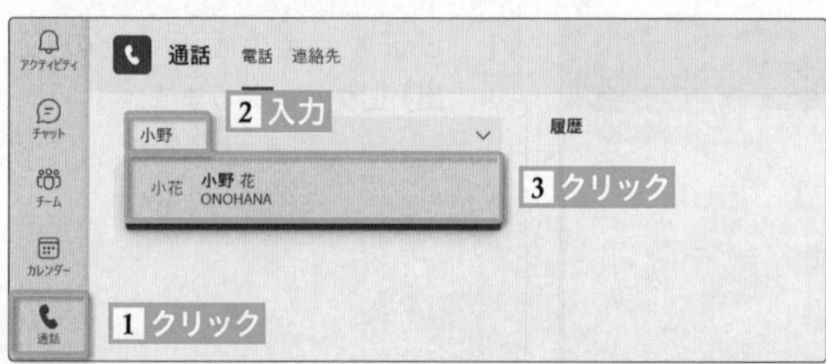

1 「**通話**」をクリックし、

2 通話したいメンバーの名前を入力して、

3 表示される候補をクリックします。

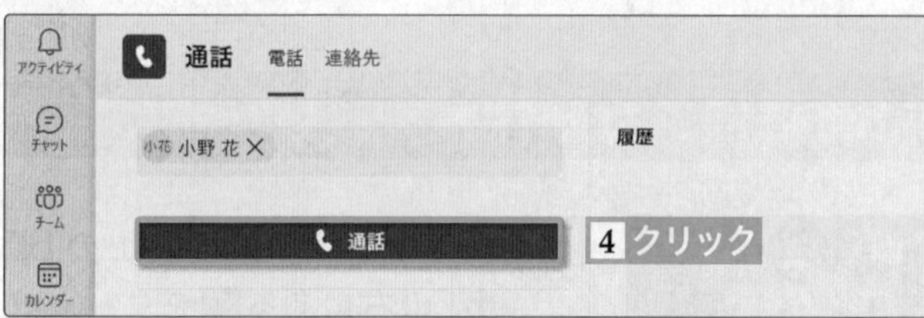

4 「**通話**」をクリックします。

5 発信され、相手が応答すると通話ができます。

6 「**退出**」をクリックすると、通話が終了します。

通話を受ける

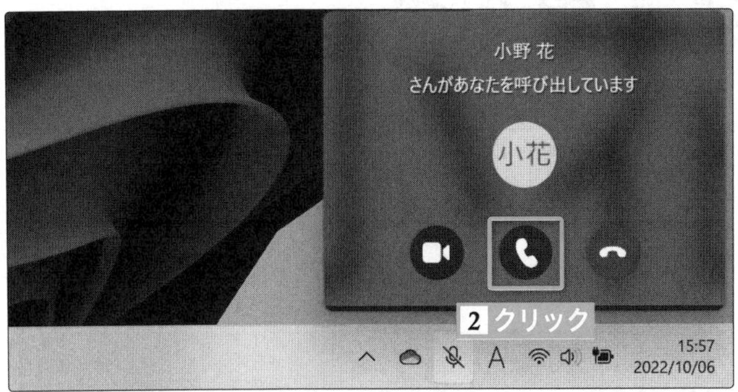

1 通話を着信すると、デスクトップ画面に着信の通知が表示されます。

2 ![]をクリックします。

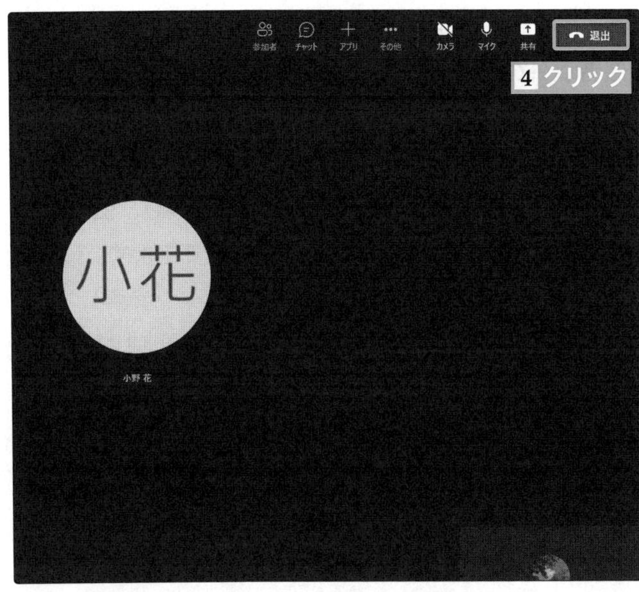

3 通話ができます。

4 「**退出**」をクリックすると、通話が終了します。

Column ボイスメールを聞く

118ページ手順2の画面で、「**履歴**」に「**ボイスメール**」が表示されている場合は送信者の名前をクリックし、▶をクリックすると、ボイスメールを聞くことができます。

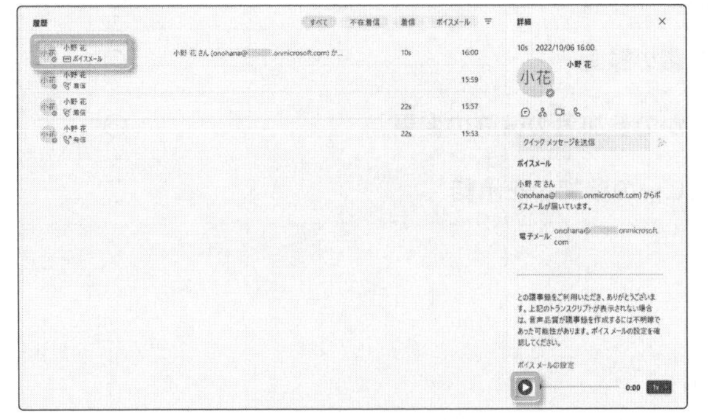

参加者の役割を変更する

ビデオ会議で行える操作は、役割により異なります。役割は開催者、発表者、出席者の 3 種類あり、このうち開催者は役割を変更することができず、また、発表者と出席者を開催者にすることもできません。なお、開催者以外の会議参加者には、発表者の役割が割り当てられます。

ビデオ会議の3つの役割

ビデオ会議を開いたユーザーは「**開催者**」となり、会議中すべての操作を行える権限があります。開催者の役割は変更できず、開催者以外のメンバーを開催者に変更することもできません。

ビデオ会議に参加している開催者以外のユーザーには「**発表者**」の役割が設定され、ビデオ会議の終了（117ページ参照)、ブレークアウトルームの管理（124ページ参照)、会議オプションの変更（126ページ参照）の操作以外は、開催者と同等に行うことができます。

発表者から「**出席者**」に役割を変更すると、参加者のマイクをオフ（106ページ参照)、画面の共有（108ページ参照)、録画（114ページ参照)、ほかの参加者の役割の変更（121ページ参照)、ロビーの参加者を通す（126ページ参照）ことなどができなくなります。

	開催者	発表者	出席者
ビデオ会議の終了	○	×	×
ブレークアウトルームの管理	○	×	×
会議オプションの変更	○	×	×
参加者のマイクをオフにする	○	○	×
画面の共有	○	○	×
会議の録画	○	○	×
ほかの参加者の役割の変更	○	○	×
ロビーの参加者を承諾	○	○	×

参加者の役割を変更する

1 ビデオ会議の画面で「**参加者**」をクリックし、

2 役割を変更したい参加者にマウスポインターを合わせます。

3 表示される…をクリックし、

4 「**出席者にする**」をクリックします。

5 「**変更**」をクリックします。

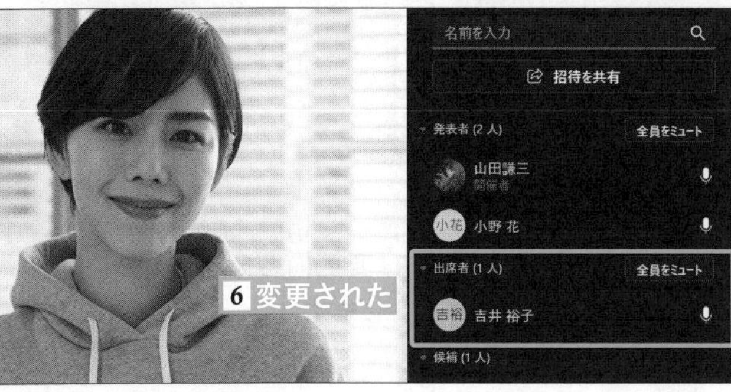

6 発表者から出席者に役割が変更されました。

ビデオ会議の予約を編集する

ビデオ会議の予定の変更やキャンセルは、メニューバーの「カレンダー」から行います。ビデオ会議をキャンセルすると、アカウントと紐付けされているメール宛てに、取り消しに関するメモが記載されたメールが参加者へ送信され、通知されます。

予定を変更する

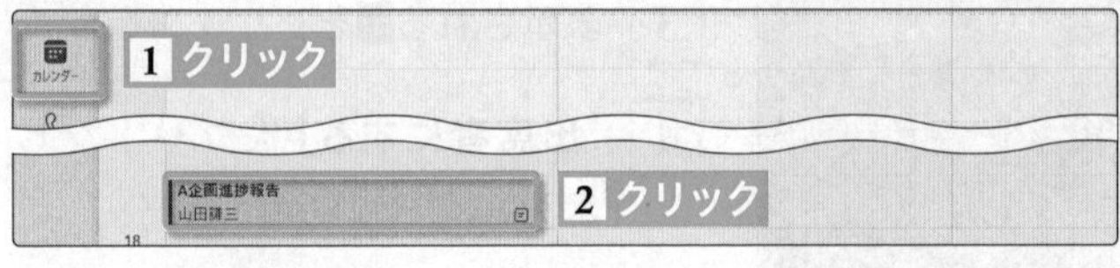

1 「カレンダー」をクリックし、

2 変更したい予定をクリックします。

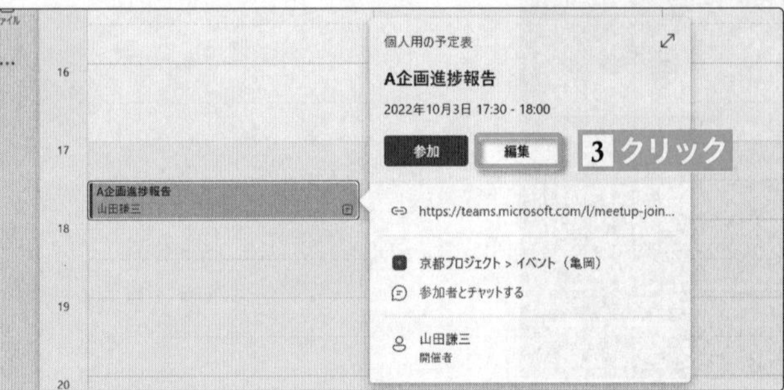

3 「編集」をクリックします。

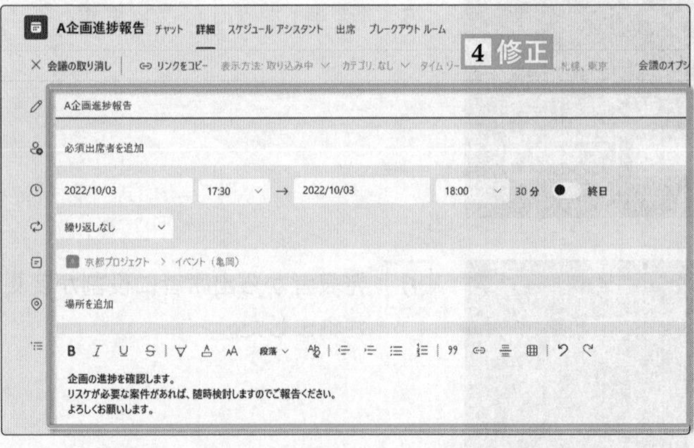

4 詳細画面で項目を修正し、予定を変更します。

5 「変更内容を送信」をクリックします。

予定をキャンセルする

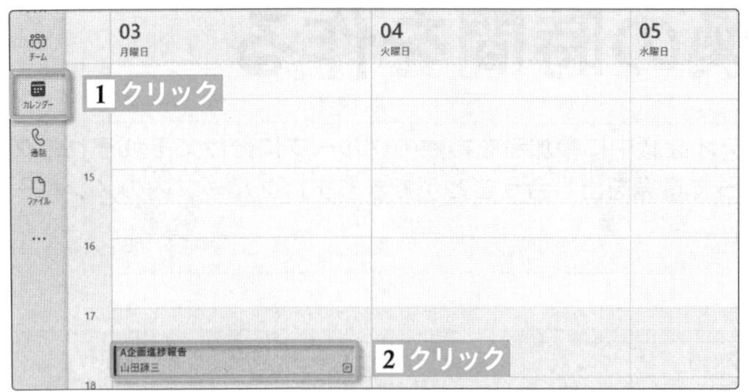

1 「**カレンダー**」をクリックし、

2 キャンセルしたい予定をクリックします。

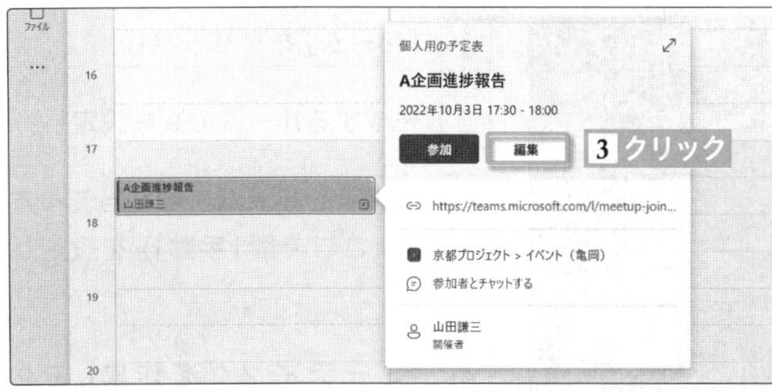

3 「**編集**」をクリックします。

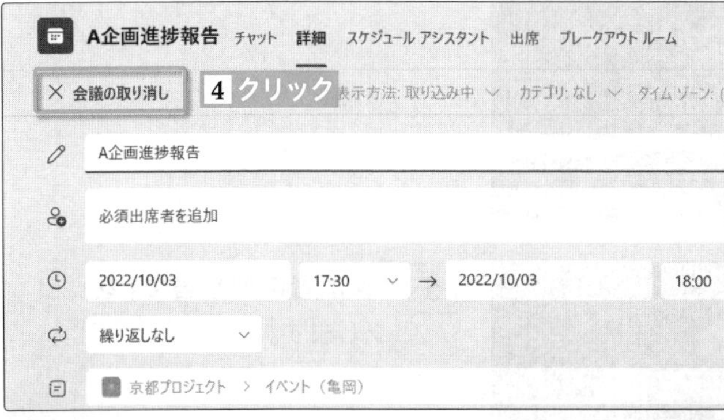

4 「**会議の取り消し**」をクリックします。

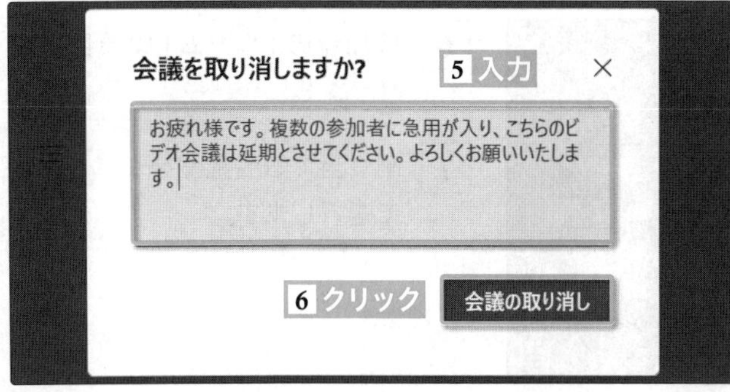

5 取り消しに関するメモを入力し、

6 「**会議の取り消し**」をクリックします。

ブレークアウトルームで活発な意見交換の時間を作る

ブレークアウトルームを利用すると、ビデオ会議中に参加者を複数のグループに分けてそれぞれのグループで意見交換を行い、再度会議に戻って意見を出し合うことができます。グループ内のメンバー構成などは任意で設定ができます。

ブレークアウトルームを利用する

1 **「ルーム」**をクリックし、

2 作成するルームの数を設定し、

3 参加者をルームに割り当てる方法（ここでは**「手動」**）を設定して、

4 **「ミーティングを作成」**をクリックします。

5 **「参加者の割り当て」**をクリックします。

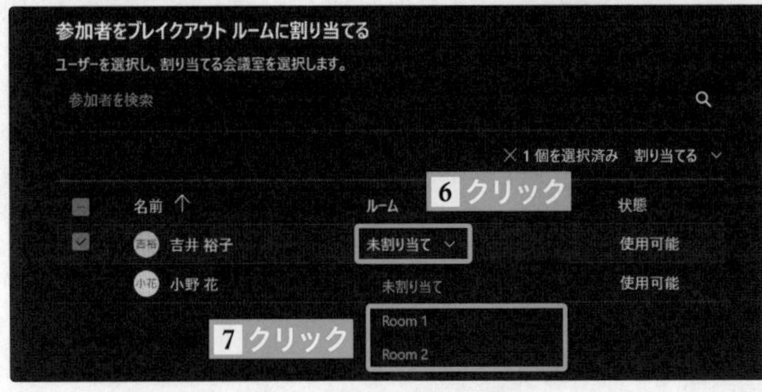

6 参加者の**「ルーム」**の項目をクリックし、

7 割り当てる会議室をクリックして選択します。

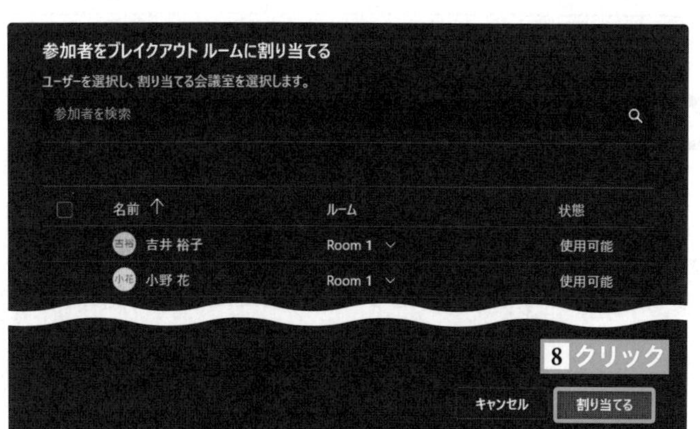

8 すべての参加者を割り振ったら、**「割り当てる」**を**クリック**します。

9 **「開く」**を**クリック**すると、参加者が割り振ったブレークアウトルームへと移動します。

10 **「閉じる」**を**クリック**すると、ブレークアウトルームに参加している参加者がもとのビデオ会議へと戻ります。

Column 時間制限を設定する

手順9の画面で⚙を**クリック**し、**「時間制限を設定」**をオンにすると、ブレークアウトルームの制限時間を設定できます。

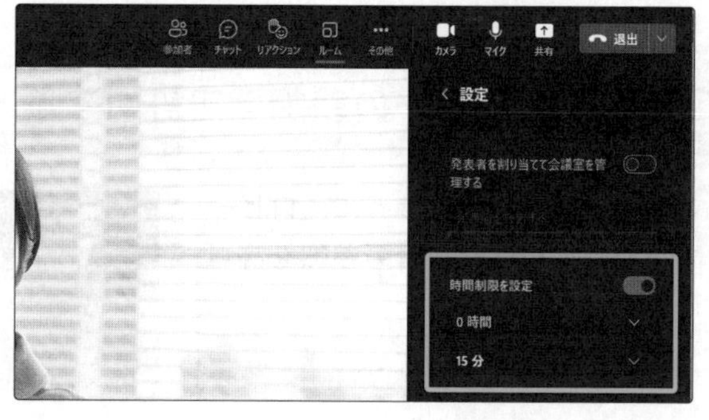

ロビーに通してから参加してもらう

パブリックのチームでは、組織のメンバーであれば誰でもビデオ会議に参加できてしまいます。会議ごとに参加者を一度ロビーに通してから参加してもらう設定ができるので、機密性の高い会議などで設定するとよいでしょう。

ロビーを通す設定をする

1 122ページ手順4の画面で「**会議のオプション**」をクリックします。

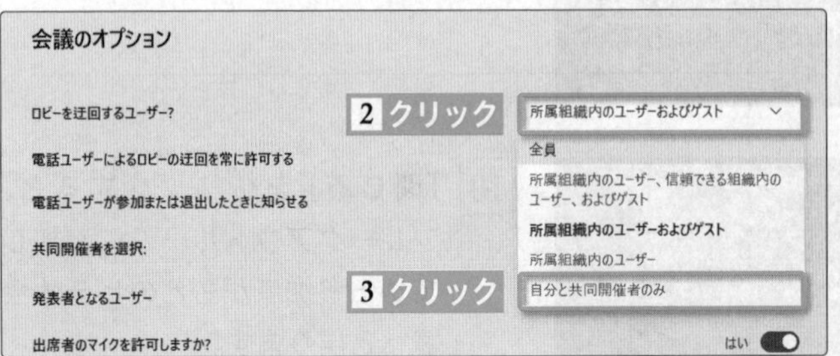

2 「**ロビーを迂回するユーザー?**」のプルダウンをクリックし、

3 「**自分と共同開催者のみ**」をクリックします。

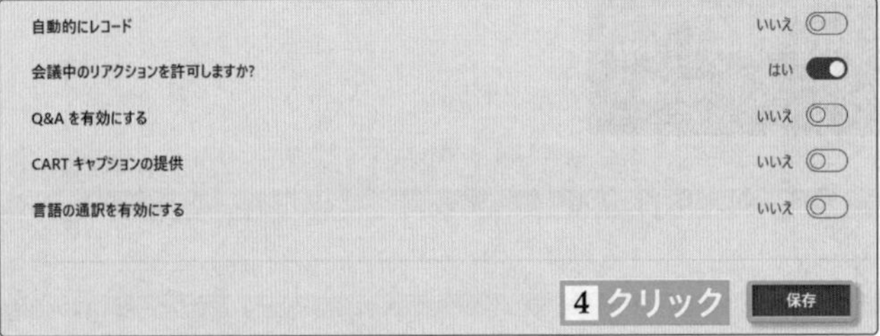

4 「**保存**」をクリックします。

Column ロビーの参加者を許可する

102ページの手順を参考に、ロビーで待機している参加者の参加を許可します。

6章

SharePoint

SharePointについて知る

SharePointは、Microsoftの提供するクラウド情報管理サービスです。社内で情報・予定・ファイルなどを簡単に共有することができます。 SharePointに共有した情報は、スマホやパソコンからいつでもどこでも閲覧・編集ができるので、非常に便利です。

チームごとの情報共有の玄関口が作れる

SharePointでは、ファイルや情報の共有を行う玄関口となる**「サイト」**が作成できます。OneDrive (7章) は個人利用に適しているファイルの保管場所なのに対し、SharePointはチームで利用するファイルの保管場所として利用できます。サイトには2種類あり、**「チームサイト」**と**「コミュニケーションサイト」**があります。サイトの作成については、132ページを参照してください。

◆ チームサイト

各部署・プロジェクト単位でスケジュール管理や情報共有などを行いたい場合に適しているのが、**「チームサイト」**です。対象のメンバーに向けて情報を共有し、共同で編集していくことができます。また、プライバシー設定機能があるため、誰でも閲覧・共有できるというわけではありません。設定には2種類あり、組織内のすべてのメンバーがサイトにアクセスできる**「パブリック」**と、選ばれたメンバーのみがサイトにアクセスできる**「プライバシー」**があります。
また、チームサイトはMicrosoft 365グループとの連携ができます。Microsoft 365グループとは、特定のメンバーでグループを編成し、ファイル、Outlook受信トレイ、予定表などを共有して共同作業ができる管理サービスです。

◆ コミュニケーションサイト

これに対し、**「コミュニケーションサイト」**はチームサイトよりも公開範囲を広く利用することができ、社内報のように企業・組織全体など大勢のメンバーと情報を共有するのに適しています。プライバシー設定機能がなく、チームを超えた幅広いユーザーに情報の閲覧を許可することができます。なお、Microsoft 365グループとの連携はできません。

チームサイトの構成を知る

SharePointは、おもに「**チームサイト**」「**ライブラリ**」「**リスト**」の3つの機能で構成されています。類似した機能もあり、わかりにくいかもしれませんが、スムーズに利用できるよう、構成を覚えるようにしましょう。

◆ チームサイト

特定のユーザーとの共同作業が行え、デバイスを問わずにどこからでも情報の共有ができる場所です。社内や、組織の各部門・目的ごとに作成できるポータルサイトであり、誰でも簡単に作成することができます。特定のメンバーとの情報の共有がメインとなっていますが、メンバーは、あとから追加したり削除したりすることもできるので、便利です。サイトに作成したファイルなどは、「**ライブラリ**」や「**リスト**」などに蓄積されていきます。また、所有者は、サイトやファイルごとにアクセス権の制限を設定することが可能なため、利用者によってダウンロードを制限したファイルや、共同で編集できるファイルなどを作成し共有することができます。

◆ ライブラリ

チームサイト内部で使用できる、ファイルやフォルダを管理しているコンテンツです。「**ドキュメント ライブラリ**」とも呼ばれ、アップロードしたファイルは、ライブラリに保存されます。Word、Excel、PowerPointなどのファイルを追加し、共同編集できるフォームとして作業を進めます。ライブラリ内にフォルダを作成し、共有したファイルなどを整理することも可能です。画面左側にあるサイトナビゲーションに表示された「**ドキュメント**」をクリックして切り替えることができます。

◆ リスト

チームサイト内部で使用できる、表形式のデータを管理しているコンテンツです。データの共有はもちろん、書類の保管・管理が可能です。「**行**」や「**列**」といった形式で構成されていて、列を追加してオリジナルの情報を格納したリストを作成することができます。テキストや、数字だけではなく、場所や規定の選択肢を表示したリストを作成することができるため、発注書や管理者名簿などの作成に向いているでしょう。また、アプリを追加することによって、スケジュール表やアンケートフォームなどの管理も可能です。画面左側にあるサイトナビゲーションに表示された「**リスト**」をクリックして切り替えることができます。

チームサイトの利用を開始する

SharePointでは、チームサイトにアクセスすることで情報の共有やファイルの閲覧ができます。ユーザーは複数のチームサイトに参加が可能なため、プロジェクト、チーム、目的など、それぞれに応じたサイトを選択し、利用しましょう。

チームサイトを開く

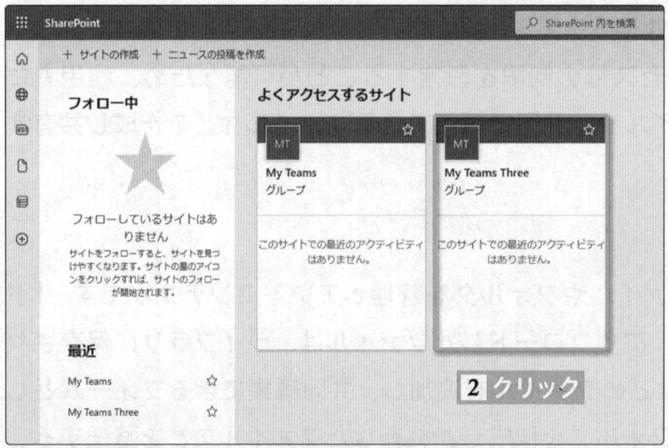

1 SharePoint（https://www.microsoft.com/ja-jp/microsoft-365/sharepoint/collaboration）を開いてサインインし、

2 開きたいチームサイトをクリックします。

3 チームサイトが開きました。

チームサイトをフォローする

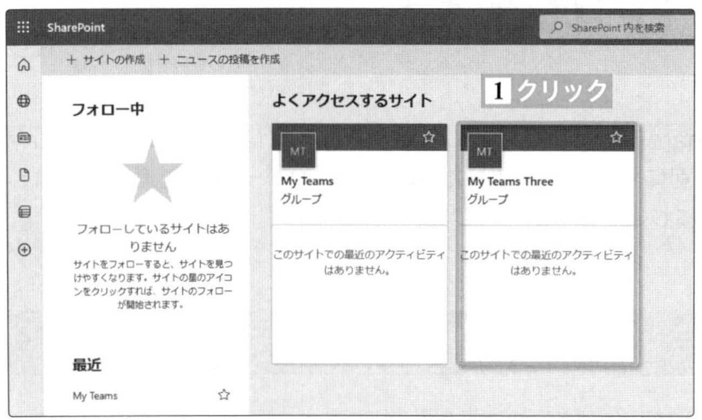

1 フォローしたいチームサイトをクリックします。

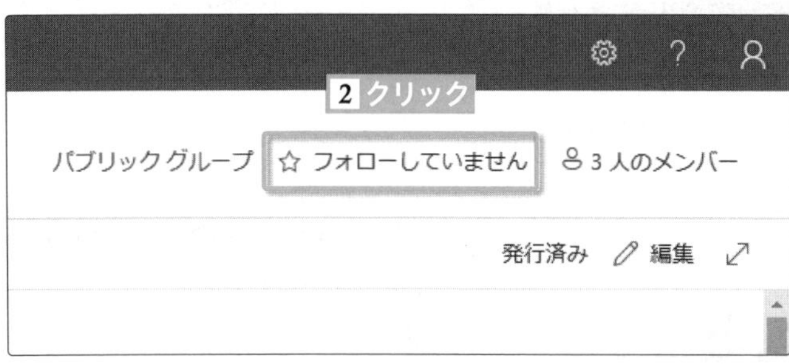

2 「**フォローしていません**」をクリックします。

3 「**フォロー中**」に切り替わります。

4 チームサイトがフォローされました。

チームサイトを作成する

まずは、チームサイトを作成します。SharePoint を最大限に利用するためには、チームサイトの存在が欠かせません。社内の各部署や目的別にサイトを作成したり、構成メンバーなどを追加したりして、より効率的に業務が進行できるようにしましょう。

新規サイトを作成する

1 **「サイトの作成」**を**クリック**します。

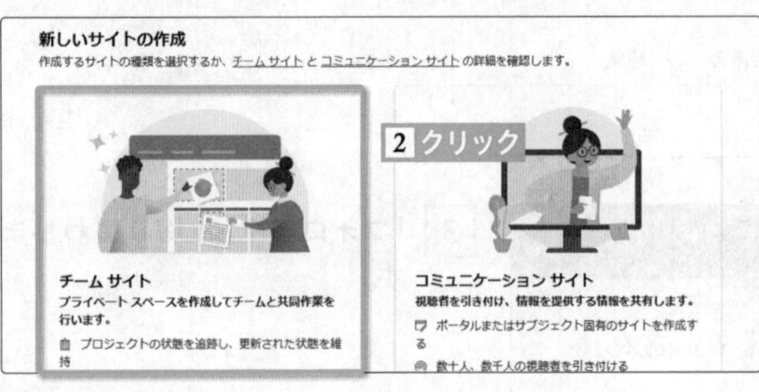

2 **「新しいサイトの作成」**画面で**「チームサイト」**を**クリック**します。

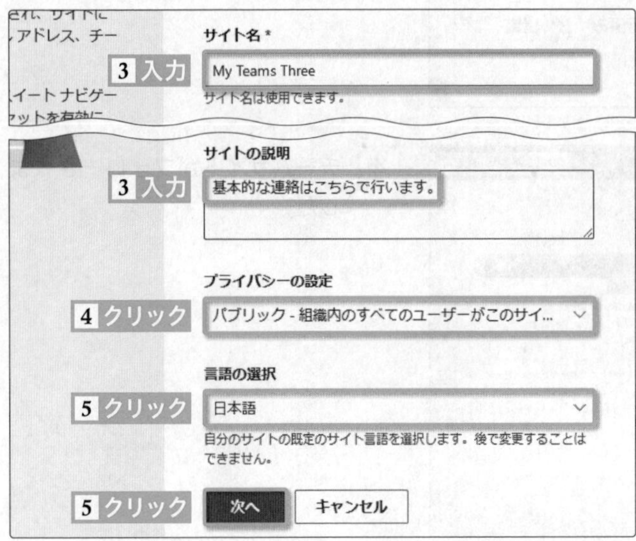

3 サイト名やサイトの説明を入力し、

4 プライバシーの設定（ここでは**「パブリック」**）を**クリック**します。

5 最後に言語の選択（ここでは**「日本語」**）を**クリック**し、**「次へ」**を**クリック**します。

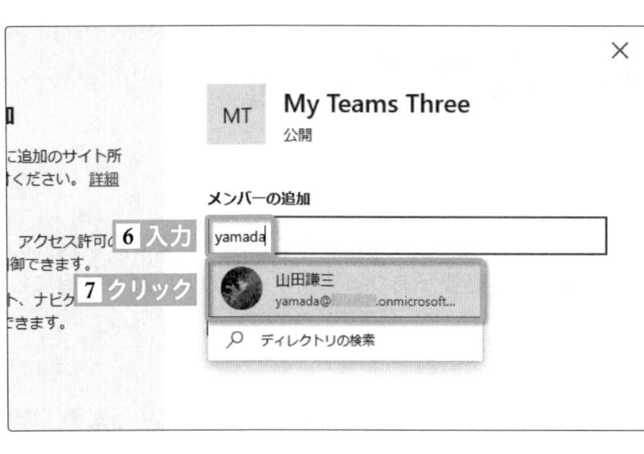

6 追加したいメンバーの名前を入力し、

7 表示される候補をクリックします。

8 メンバーを追加し終えたら、**「完了」**をクリックします。

9 チームサイトが作成されました。

組織外の人とチームサイトを共有する

チームサイトは、組織内のメンバーだけでなく、組織外の人とも共有することができます。組織外の人とチームサイトを共有するには、アクセスを許可する必要があります。サイトのメンバーに追加して、メールを送信しましょう。

リンクを共有する

1 ⚙をクリックします。

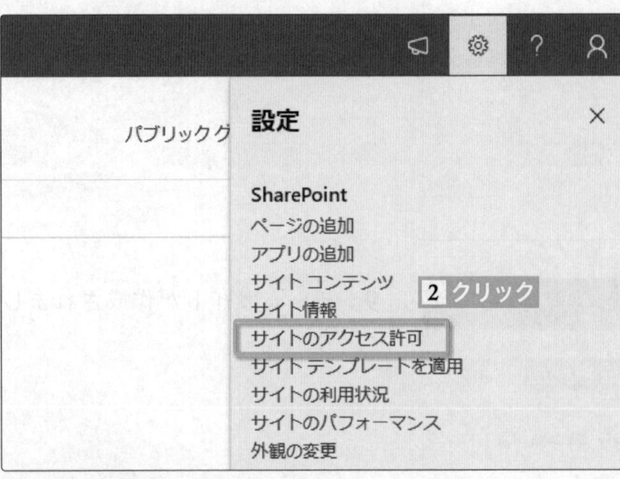

2 「サイトのアクセス許可」をクリックします。

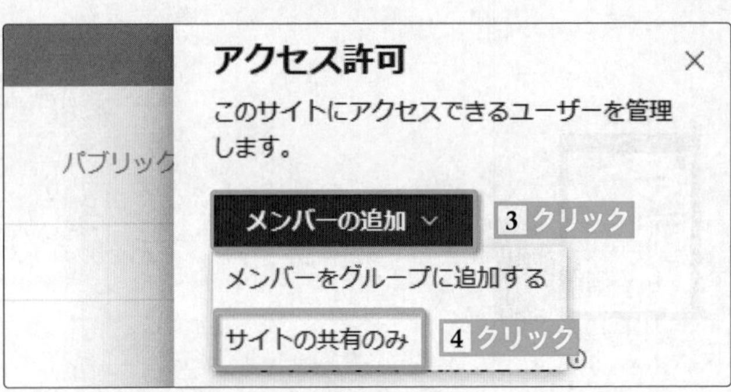

3 「メンバーの追加」をクリックし、

4 「サイトの共有のみ」をクリックします。

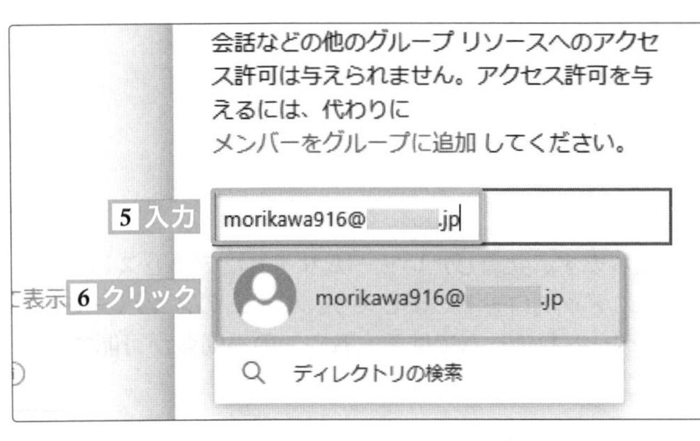

5 共有したいメンバーのメールアドレスを入力し、

6 表示される候補をクリックします。

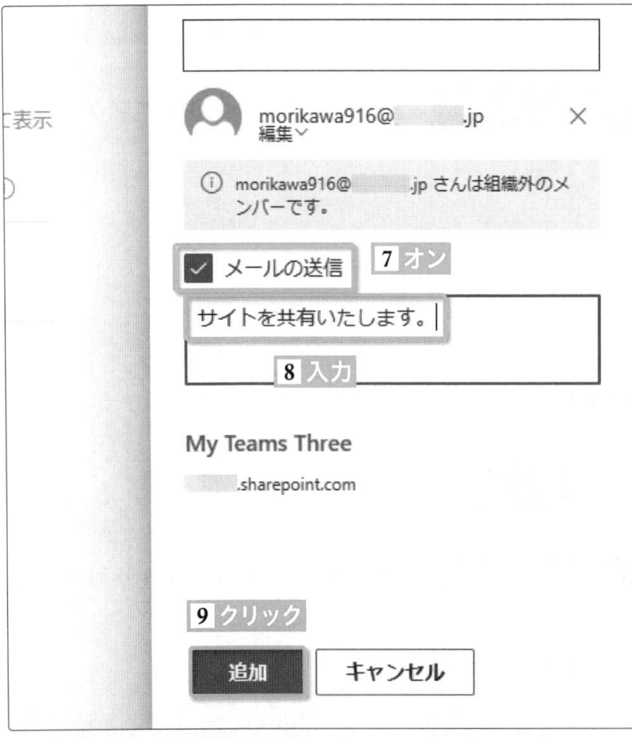

7 **「メールの送信」**をオンにします。

8 メッセージを入力し、

9 **「追加」**をクリックします。

Office 365
こんにちは、
サイトを共有いたします。
移動 My Teams Three
10 クリック
このメッセージは、監視されていないメール アドレスから送信されました。このメッセージに返信しないでください。
プライバシー

10 手順5で入力したアドレス宛にメールが届き、サイト名（ここでは**「My Teams Three」**）をクリックするとサイトに移動できます。

ファイルを共有する

情報共有するうえでは、ファイルの共有が役立ちます。共有したいチームサイトにアクセスし、ファイルをチームサイトのドキュメントライブラリにアップロードしましょう。チームのメンバーであれば、誰でもアクセスができます。なお、プライベートなチームではチーム内でのみ閲覧が可能です。

チームサイトにファイルをアップロードする

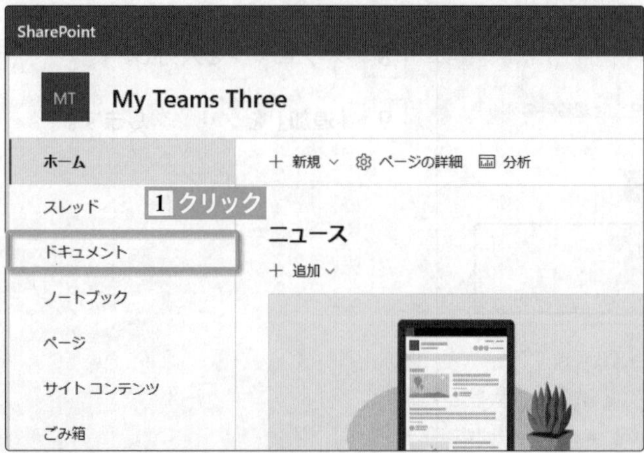

1 「ドキュメント」をクリックします。

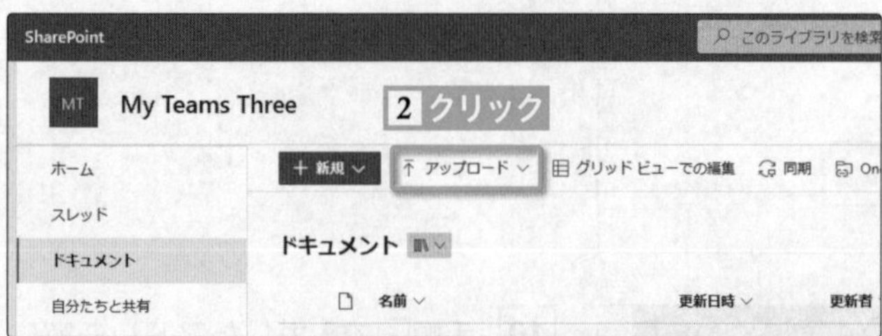

2 「アップロード」をクリックします。

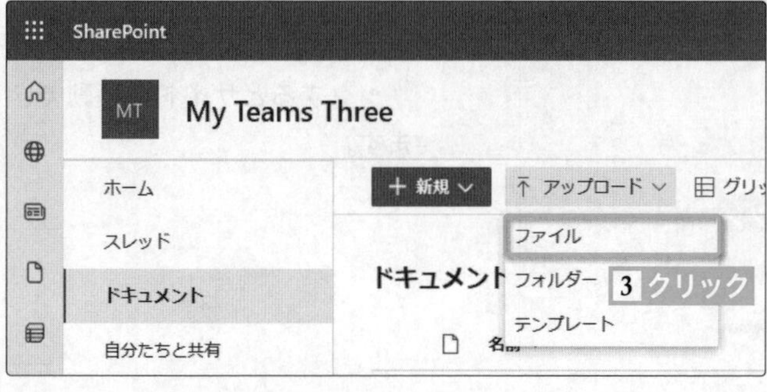

3 「ファイル」をクリックします。

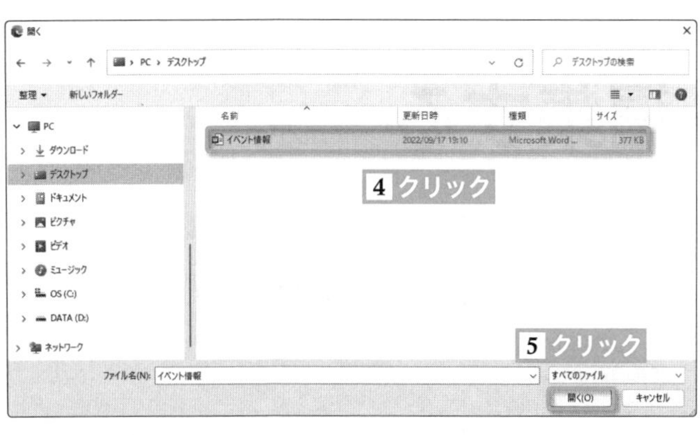

4 チームサイトにアップロードしたいファイルをクリックし、

5 「開く」をクリックします。

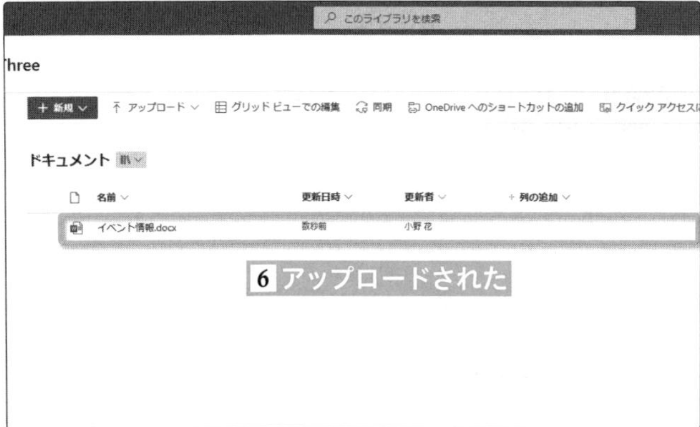

6 ファイルがアップロードされます。

Column ファイルを上部に固定表示・解除する

一番上に固定したいファイルにマウスポインターを合わせて、表示される○をクリックし、**「上部に固定」**をクリックすると、ファイルが固定されます。また、固定表示を解除したい場合は、ファイルにマウスポインターを合わせて、表示される○をクリックし、…をクリックします。**「固定の編集」**にマウスポインターを合わせ、表示される**「固定を解除」**をクリックすると、ファイルの固定表示が解除されます。

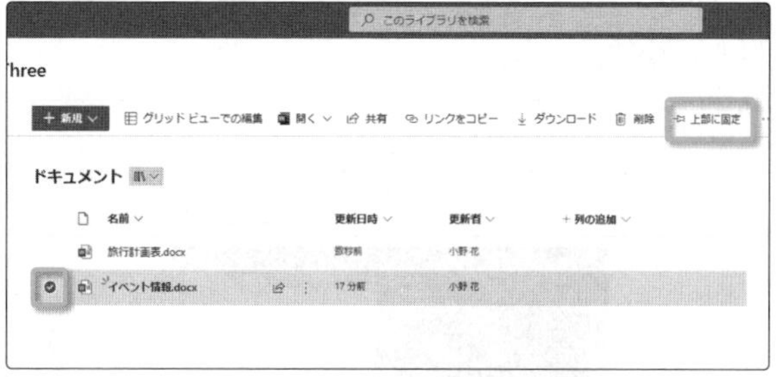

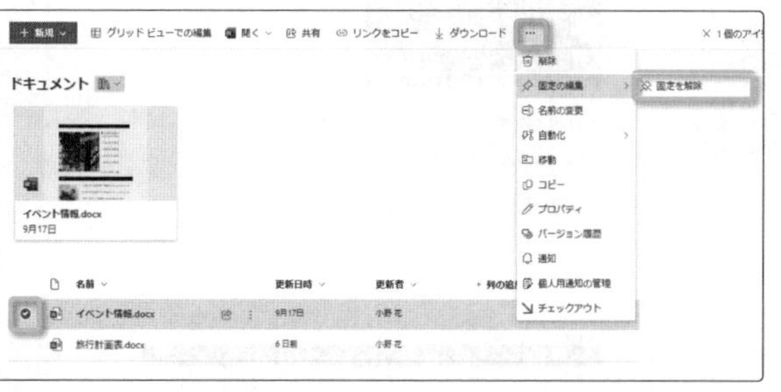

共有ファイルを編集する

チームサイトにアップロードしたファイルに情報を追加したいときや、変更したいときは、ブラウザや、アプリなどから編集することができます。なお、編集したファイルは「ドキュメント」ページに保存されるので、確認しましょう。

ファイルを開いて編集する

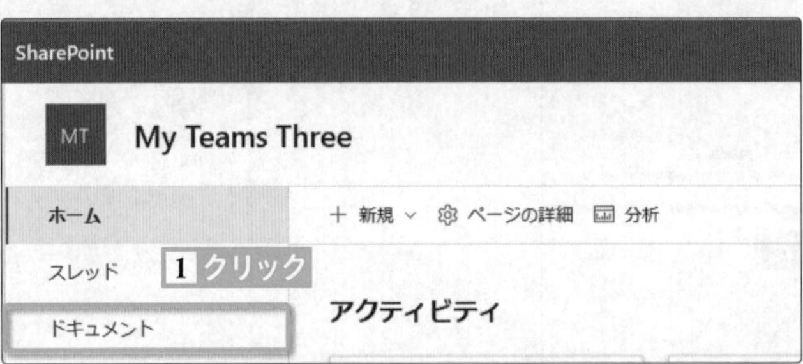

1 「ドキュメント」をクリックします。

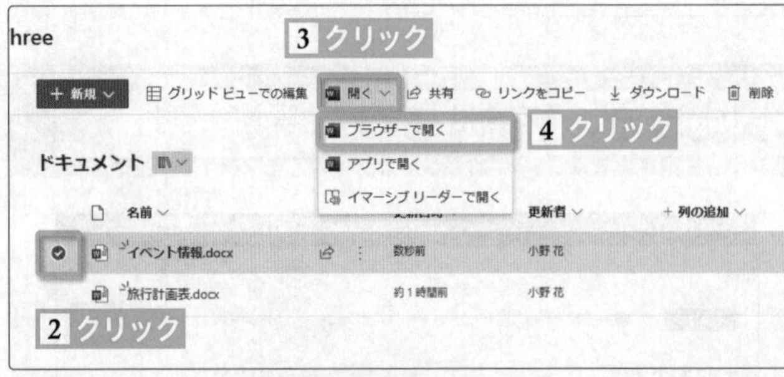

2 編集したいファイルにマウスポインターを合わせて、表示される◯をクリックし、

3 「開く」をクリックして、

4 「ブラウザーで開く」をクリックします。

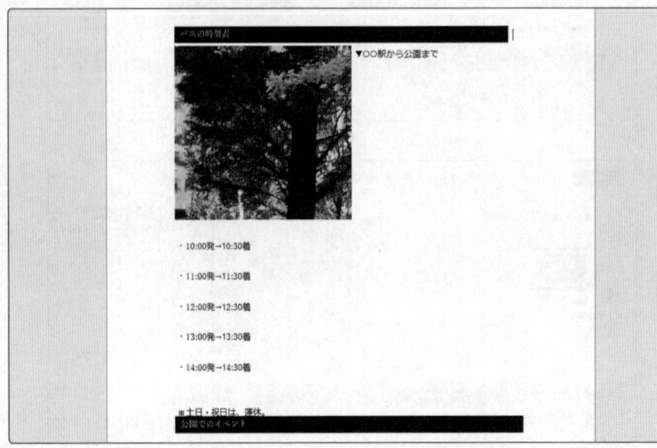

5 ファイルが開かれるので、編集できます。

共有ファイルをダウンロードする

チームサイトで共有されたファイルは、ダウンロードができます。エクスプローラーや自身のパソコン上に保存して、管理することが可能です。なお、ファイルの所有者によって制限をされたファイルは、ダウンロードなどができないこともあります。

ファイルをダウンロードする

1 「**ドキュメント**」をクリックします。

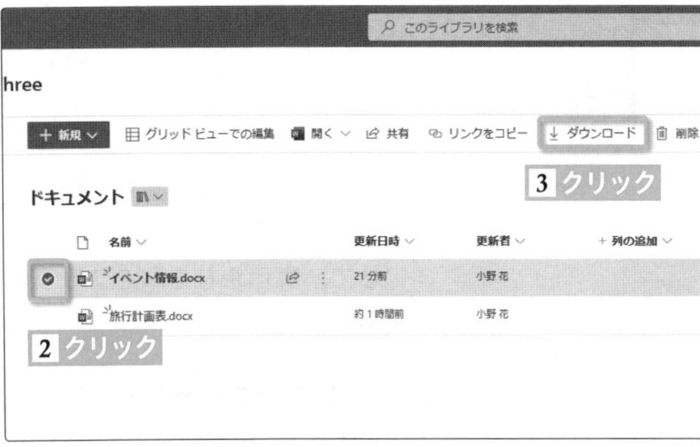

2 編集したいファイルにマウスポインターを合わせて、表示される○をクリックし、

3 「**ダウンロード**」をクリックします。

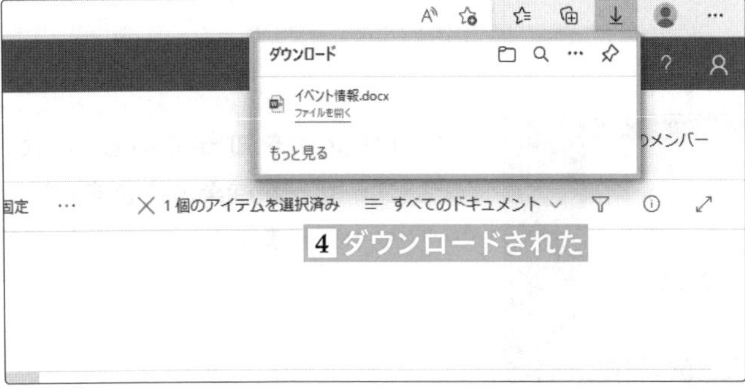

4 ファイルがダウンロードされるので、エクスプローラーなどに保存しましょう。

共有ファイルのダウンロードを制限する

メンバーが共有ファイルで行えることは、所有者が制限しておくことができます。閲覧と編集が行える「編集可能」、レビューのみ行える「レビューできます」、ダウンロードや印刷が禁止される「表示可能」の3種類があります。

ダウンロードを禁止する

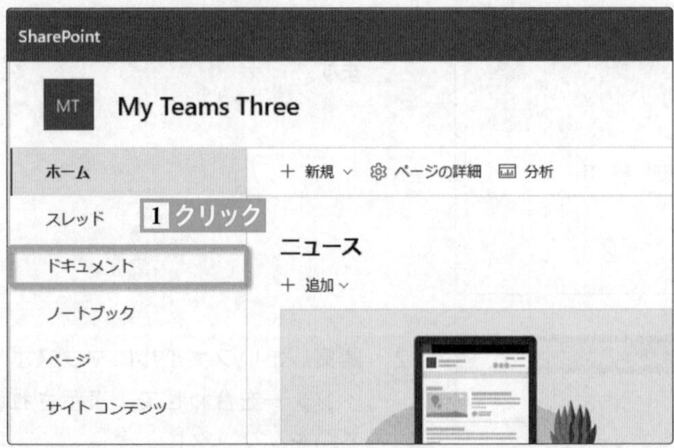

1 **「ドキュメント」**を**クリック**します。

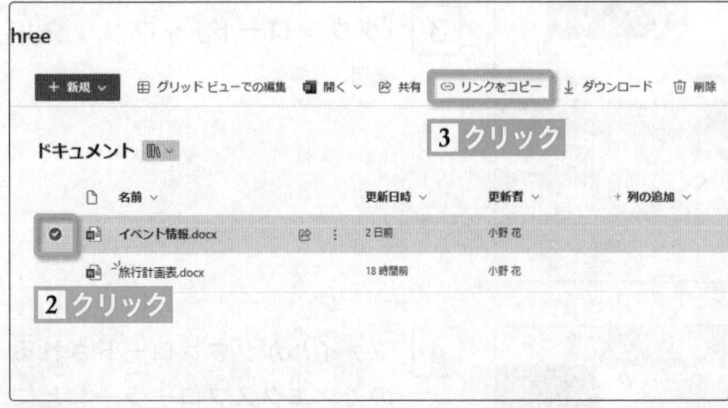

2 ダウンロードを禁止したいファイルにマウスポインターを合わせて、表示される◯を**クリック**し、

3 **「リンクをコピー」**を**クリック**します。

4 **「リンクを知っている○○のユーザーが編集できます」**を**クリック**します。

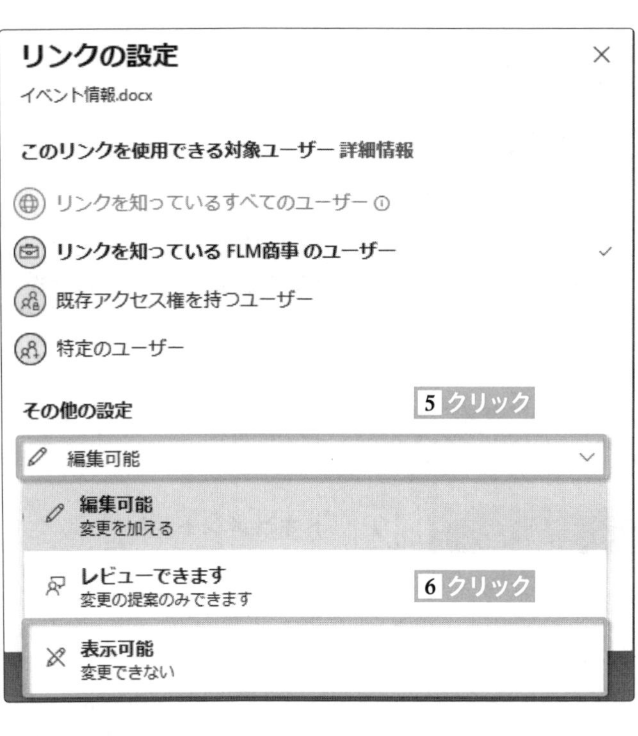

5 **「その他の設定」**のプルダウンをクリックします。

6 設定したいリンクの種類（ここでは**「表示可能」**）をクリックします。

7 **「ダウンロードを禁止する」**をオンにし、

8 **「適用」**をクリックします。

9 ダウンロードが禁止されたファイルのリンクがコピーされました。

10 メールなどでファイルを共有しましょう。

エクスプローラーでファイルを管理する

SharePoint は、OneDrive と同期することができます。ほかのアプリと同期することによって、よりシームレスな情報共有が可能です。また、エクスプローラーを通じて同期されたファイルなどを確認でき、保存したり削除したりすることができます。

OneDriveと同期する

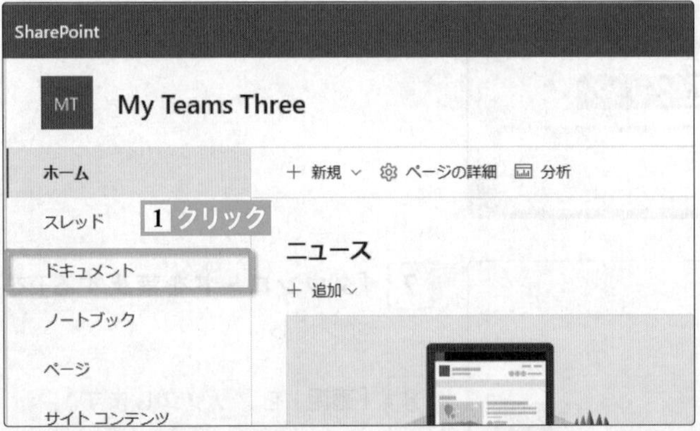

1 「ドキュメント」をクリックします。

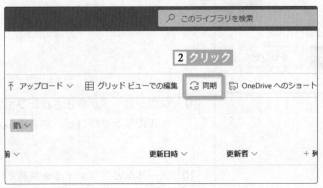

2 「同期」をクリックします。

3 「○○が、関連付けられたアプリでこの種類のリンクを開くことを常に許可する」をオンにして、

4 「開く」をクリックします。

ファイルを同期しています

このダイアログを閉じると、ファイルはバックグラウンドで同期され続けます。応答がない場合は、最新バージョンの OneDrive をインストールする必要があります。

5 クリック

閉じる

5 「**閉じる**」をクリックします。

6 「**サインイン**」をクリックし、

7 操作手順に従って、OneDriveを設定します。

8 OneDriveが同期されました。

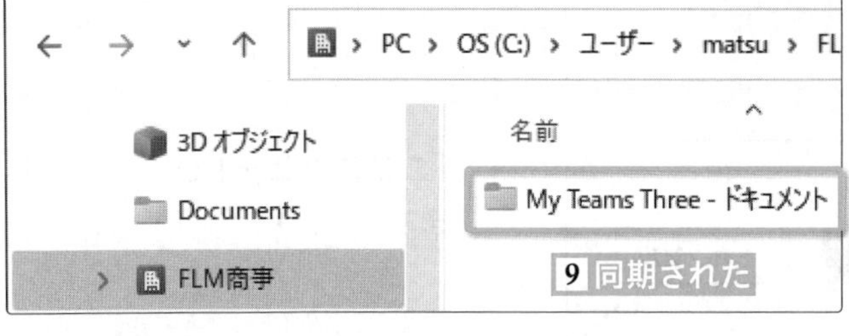

9 エクスプローラーを開くと、「**ドキュメント**」が同期されています。

OneDriveのファイルを共有する

OneDrive 内に作成したファイルは、簡単に共有することができます。共有できる場所はさまざまで、同じアプリ内での移動だけでなく、同期したアプリ間でもスムーズに移動させられます。双方に保存できるので、便利です。

OneDriveのファイルをコピーする

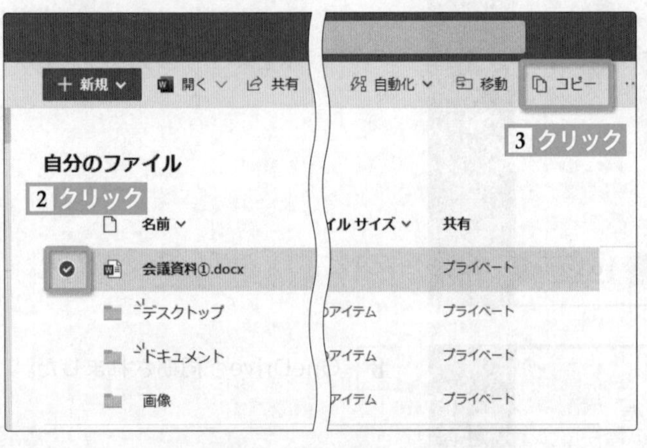

1 142ページ手順2の画面を表示し、

2 OneDriveで共有したいファイルにマウスポインターを合わせて、表示される○をクリックし、

3 「コピー」をクリックします。

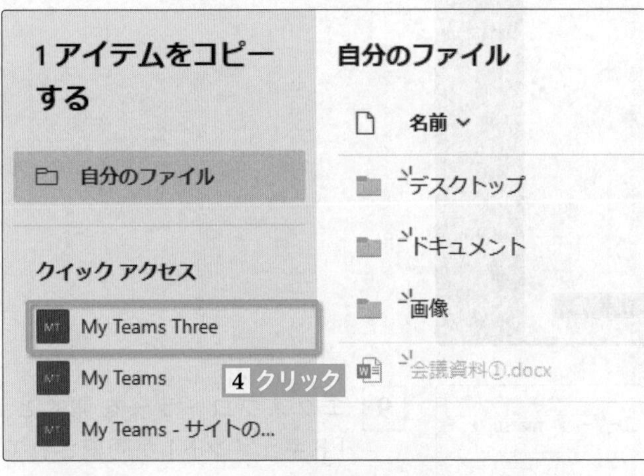

4 共有したい場所（ここでは「My Teams Three」）をクリックします。

5 クリック
ここにコピー
キャンセル

5 「ここにコピー」をクリックします。

SharePointのファイルをコピーする

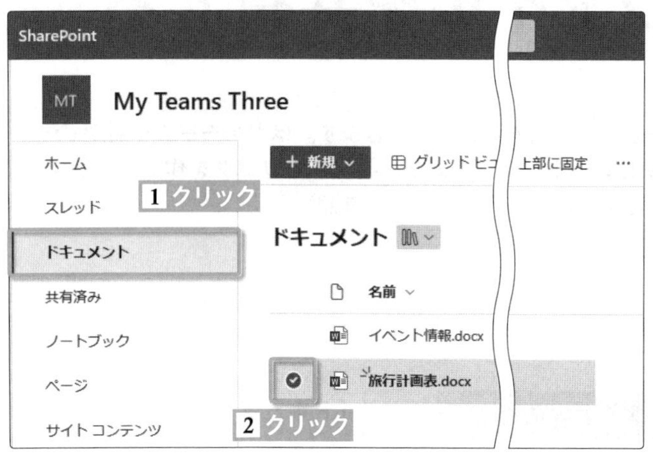

1 「**ドキュメント**」をクリックし、

2 SharePointで共有したいファイルにマウスポインターを合わせて、表示される○をクリックし、

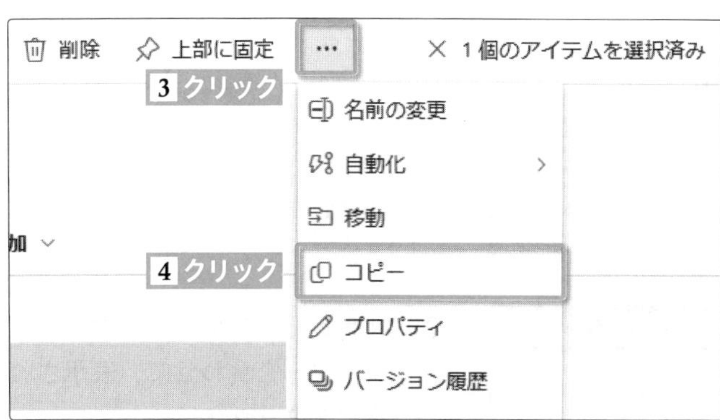

3 …をクリックします。

4 「**コピー**」をクリックします。

5 共有したい場所（ここでは「**自分のファイル**」）をクリックします。

6 クリック
ここにコピー
キャンセル

6 「**ここにコピー**」をクリックします。

組織外の人とファイルを共有する

SharePoint 内で作成したファイルは、誰とでも共有することができます。ほかのチームや社外のチームと情報共有をしたい場合は、リンクを共有しましょう。また、共有するリンクを作成するときは、共有した相手の可能な作業を制限することができます（140 ページ参照）。

リンクを共有する

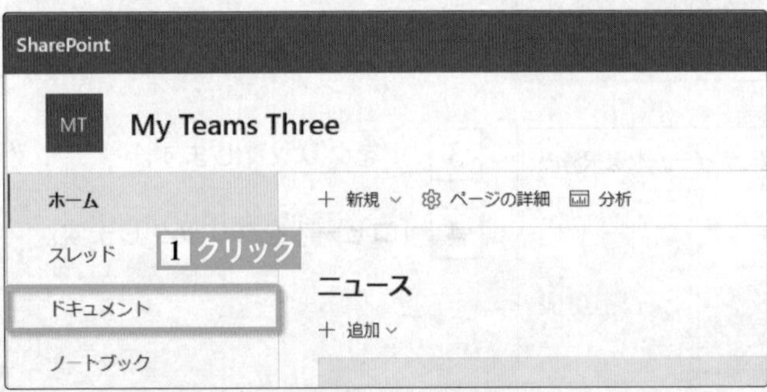

1 「ドキュメント」をクリックします。

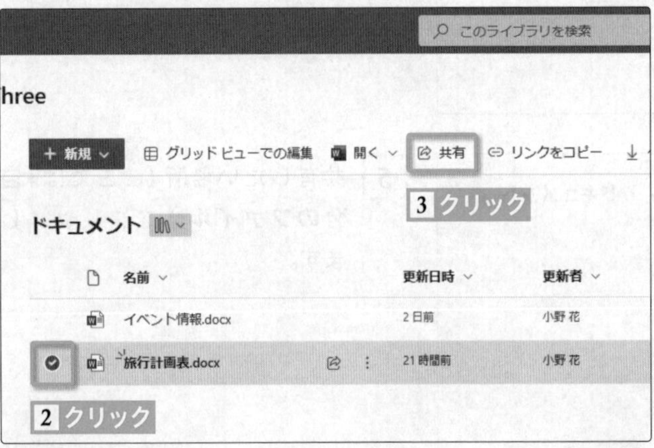

2 共有したいファイルにマウスポインターを合わせて、表示される○をクリックし、

3 「共有」をクリックします。

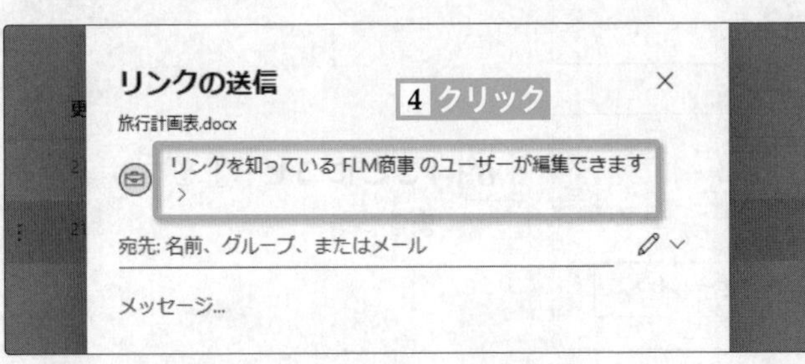

4 「リンクを知っている○○のユーザーが編集できます」をクリックします。

5 **「特定のユーザー」**をクリックし、

6 **「その他の設定」**を編集します（141ページ参照）。

7 **「適用」**をクリックします。

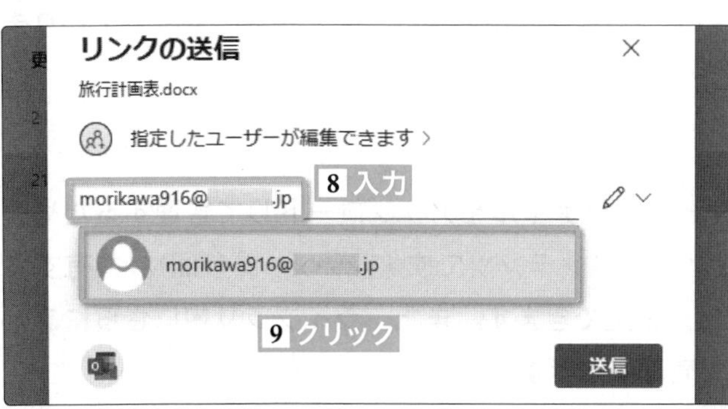

8 宛先を入力し、

9 表示された候補をクリックします。

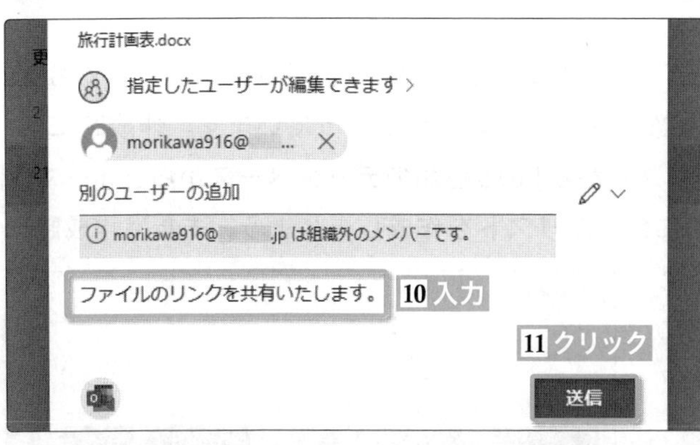

10 メッセージを入力し、

11 **「送信」**をクリックします。

Column リンクを開く

手順8で入力したアドレス宛にメールが届き、**「開く」**またはファイル名をクリックするとファイルが開かれます。

リストについて知る

SharePointの基本機能の1つに、リスト機能があります。作成時には、いちからリストを作成する「空白のリスト」、Excelからインポートできる「Excelから」、テンプレートとして使用する既存のリストを選択できる「既存のリストから」の3種類から選択可能です。

ライブラリとの違い

チームサイト内のおもなコンテンツには、**「ライブラリ」**と**「リスト」**があります。ファイル・画像の共有、スケジュール管理、書類の保管・管理など、多様な作業が可能です。メンバーの間で、スピーディーかつシームレスに情報交換ができるため、作業の効率も上がります。

◆ ライブラリ

ライブラリ（ドキュメントライブラリ）とは、ファイルをアップロードして管理するための格納場所で、共同作業をする際の基盤となるコンテンツです（129ページ参照）。共有するファイルに対しては、詳細なアクセス権が設定できます。また、ライブラリ内にさらにフォルダを作成し、ファイルをわかりやすく管理もできます。

◆ リスト

これに対しリストは、データの管理を行うためのコンテンツです。Excelに類似しており、リストを通じてデータをメンバーで確認・編集できるようになっています。作成時には、**「空白のリスト」「Excelから」「既存のリストから」**の3種類のデータベースからフォーマットを選択することができるので、目的に合ったリストを作成しましょう。また、作成時に**「サイト ナビゲーションに表示」**を**クリック**してチェックすると、画面左側に追加したリストが表示され、すばやくアクセスできます。

リストでできること

リストでは、作業を効率的に進められるようにさまざまな機能が用意されています。リストごとに豊富な書式設定が可能で、テキストやデータをそれぞれ変更し、より見やすくカスタマイズしたり、共有されたリストに対してのコメントを入力したりできます。

◆ Excelへのエクスポート

作成したリストは、Excel形式でダウンロードすることができます。情報データを報告書や清算書として使用する場合には、「**エクスポート**」タブをクリックするのがおすすめです。ファイルのダウンロードが開始されます。SharePointへのアクセス権がなかったり、場所を知らなかったりするメンバーへの情報共有手段としても、活用できる機能です。

◆ ビュー機能

ビューとは、データを見やすくしたり、目的の情報を探しやすくするための一覧表示機能です。各項目ごとに名前を付けて保存することができます。必要に応じて切り替えが可能なので、工夫して名前を付けましょう。

◆ 列の追加

列とは、リストの構成要素の1つで、作成したリストに列を追加したりテキストを追加したりすることによって、リストにデータを格納することができます。列には、たくさんの種類があり、2種類の選択肢が表示された「**はい／いいえ**」、長文の説明や数字を表示された「**複数行テキスト**」などがあります。適した種類を選んで整理しましょう。

◆ フィルター機能

不要なデータや、日常使いしているデータなどを確認したい場合は、フィルター機能を使いましょう。複数の条件を組み合わせて設定することで、条件に合致した情報だけを表示してくれるので、手間なくスムーズに目的のデータにたどり着くことができます。

◆ コメント機能

複数のメンバーと共有されているアイテムを閲覧したり編集したりしていると、疑問や意見を述べる場面もでてくるかもしれません。そのような場合でも、逐一メッセージでやり取りする必要はありません。コメント機能を利用すれば、リストにコメントを追加することができ、誰がどのようなコメントをしたのか、いち早くわかります。なお、間違えてコメントしてしまったときは、すぐに削除が可能です。

アプリを追加する

SharePointでは、アプリを追加することで、スケジュール管理やタスク管理がより簡単になったり、作業に必要な情報などを得られたりするので、有効利用できます。有料のアプリや、無料で使用できるアプリがあるので、自分に合うものを選びましょう。

追加できるアプリ

SharePointのアプリを追加できるカテゴリは3種類あります。組織で利用を許可された「**組織**」、あらかじめSharePointに組み込まれている「**組み込みアプリ**」、たくさんのアプリが購入できるストア「**SharePoint ストア**」です。

◆ 組織

組織の管理者から許可されたアプリが表示されるので、追加できます。

◆ SharePoint ストア

多種多様なアプリを検索し、追加できます。無料のアプリや有料のアプリのほかに、使用できないアプリがあります。追加したい場合は、アプリの追加をリクエストしましょう。組織がアプリを SharePoint ストアから許可していない場合は、「**リクエスト**」をクリックしてアプリの要求を送信します。SharePoint 管理者によって承認されると、サイトで使用できるようになります。

◆ 組み込みアプリ

SharePoint には組み込みのアプリが含まれており、リストとライブラリ以外のアプリを指します。カスタム リスト、ドキュメント ライブラリ、予定表などといったアプリです。データの保存・管理、スケジュールの共有などといった、さまざまなシーンにあわせて使います。

アプリを追加する

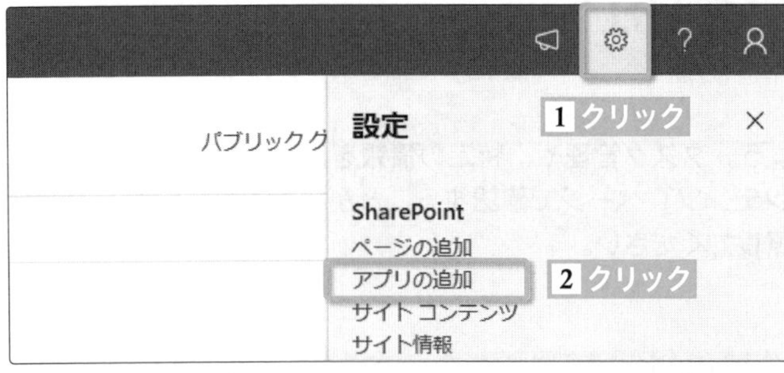

1 追加したいサイトの⚙をクリックし、

2 「**アプリの追加**」をクリックします。

3 「**SharePoint ストア**」をクリックして、

4 追加したいアプリ(ここでは「**ニュース&天気**」の「**NASDAQ Ticker**」)をクリックします。

5 ここでは「**従来のSharePoint ストアに切り替える**」をクリックし、

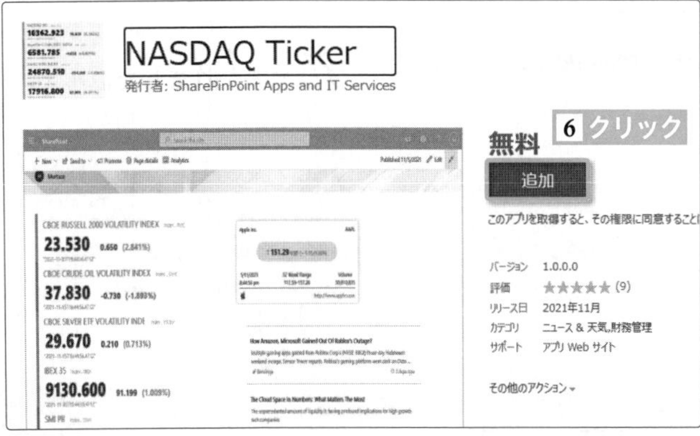

6 「**追加**」をクリックします。

7 操作手順に従って、アプリを追加しましょう。

追加したアプリを開く

機能的なアプリは、積極的に使用しましょう。タスク管理や、特定の情報を入手することが、容易に行えます。追加したアプリは「サイト コンテンツ」ページで確認することができます。なお、アプリの追加方法については、150 ページを参照してください。

追加したアプリを開く

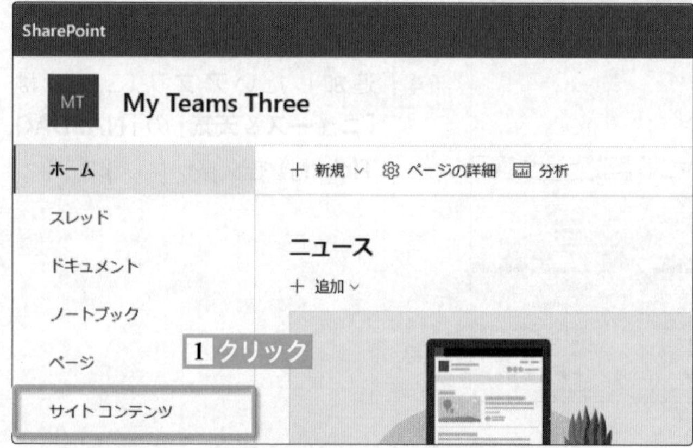

1 **「サイト コンテンツ」**をクリックします。

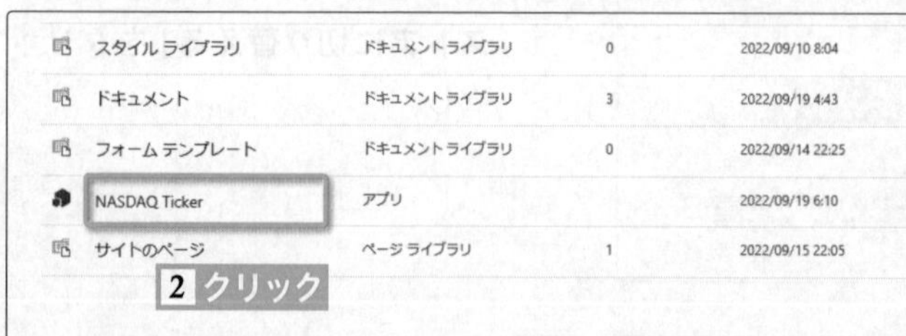

2 追加したアプリの名前をクリックします。

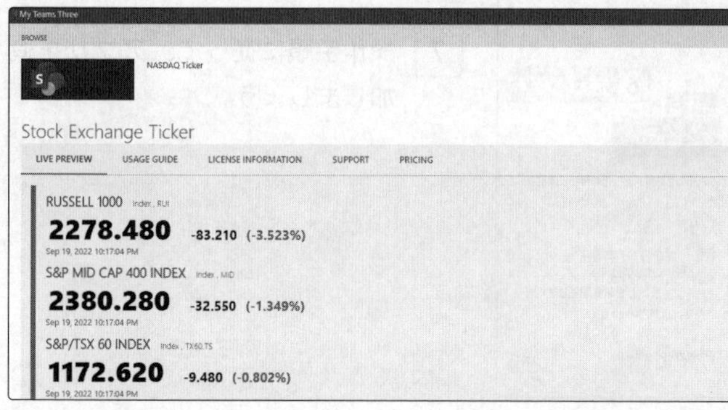

3 アプリが開かれました。

アプリを削除する

使わないアプリは、削除しましょう。あまり使わなくなったアプリや、追加したが使いづらいアプリがある場合は削除して、「サイト コンテンツ」ページを整理しましょう。なお、削除したアプリは、「ごみ箱」ページに 93 日間保存されます。なお、この機能はクラシック表示でのみ作動します。

アプリを削除する

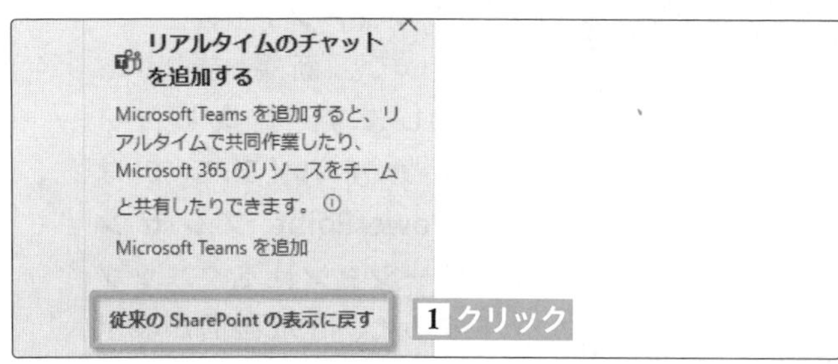

1 152ページ手順2の画面で、**「従来のSharePointの表示に戻す」**をクリックします。

2 削除したいアプリの…をクリックします。

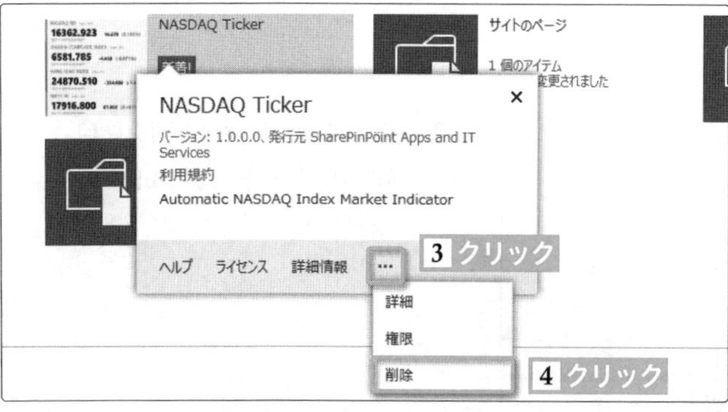

3 吹き出しの…をクリックし、

4 **「削除」**をクリックします。

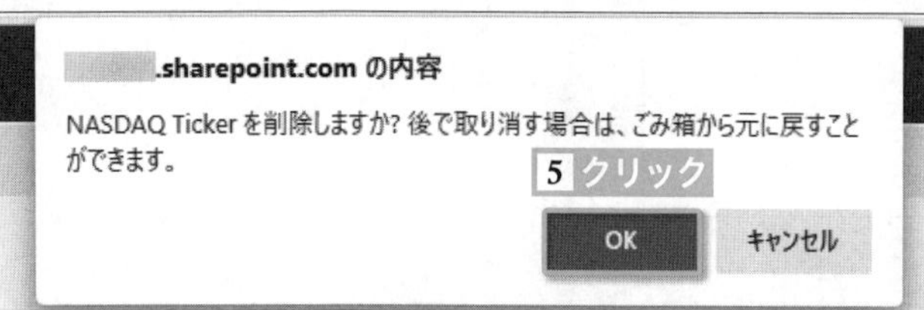

5 **「OK」**をクリックします。

Column

チームサイトにファイルを作成する

SharePoint内では、ファイルをアップロードするだけではなく、作成することもできます。**「Word」**だけでなく、**「Excel」**や**「PowerPoint」**などのテンプレートも用意されているので、目的に合わせて選択しましょう。作成したファイルは、名前を変更したり保存先を選択したりすることが可能です。

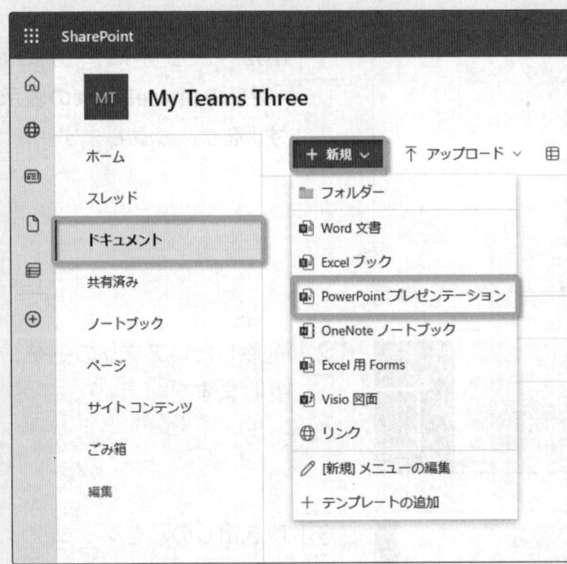

1 **「ドキュメント」**をクリックして、**「新規」**をクリックします。作成したいファイル（ここでは**「PowerPoint プレゼンテーション」**）をクリックすると、作成画面が表示されます。

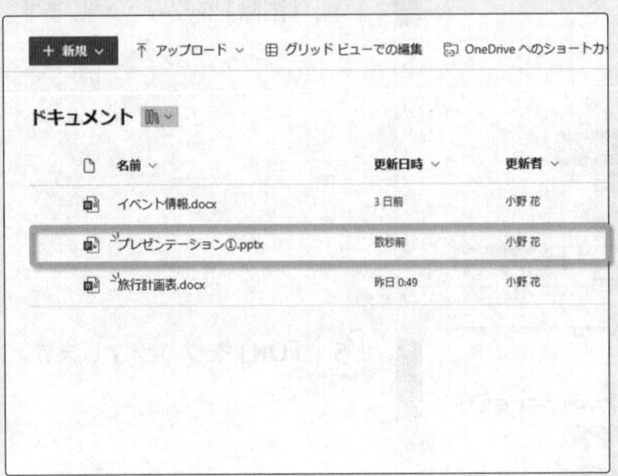

2 作成したファイルは、自動的に**「ドキュメント」**に保存されます。

7章

OneDrive

OneDriveについて知る

OneDriveは、Microsoftが提供しているオンラインストレージサービスです。OneDriveにファイルをアップロードすることで、ファイルの編集・共有・バックアップを簡単に行えます。パソコンのデータ容量を気にする必要もありません。

クラウドにファイルを保管できるストレージサービス

OneDriveは、Microsoft 365のアカウントで使用できる、オンラインストレージサービスです。ファイルの保存や共有を目的とし、インターネット回線さえあればアクセスできます。

Word・Excel・PowerPointなどといったOfficeファイルはもちろんのこと、画像やPDFなどさまざまなデータをクラウドに保存します。作成し、保存されたファイルは1つの場所で管理され、ファイルを共有すれば、メンバー間での閲覧・編集を行えるうえ、パソコンだけでなく、スマートフォンやタブレットなどの各デバイスから、ファイルへのアクセスが可能です。デスクトップ上で、すべてのデータを管理するよりもメリットが大きいでしょう。さらにOneDriveのデータは、自身のデバイスにダウンロードし、編集できるという特徴もあります。

また、ほかのOfficeアプリと同期させることで、用途が広がります。なお、アプリ（ここでは「**SharePoint**」）との同期の方法は、142ページを参照してください。

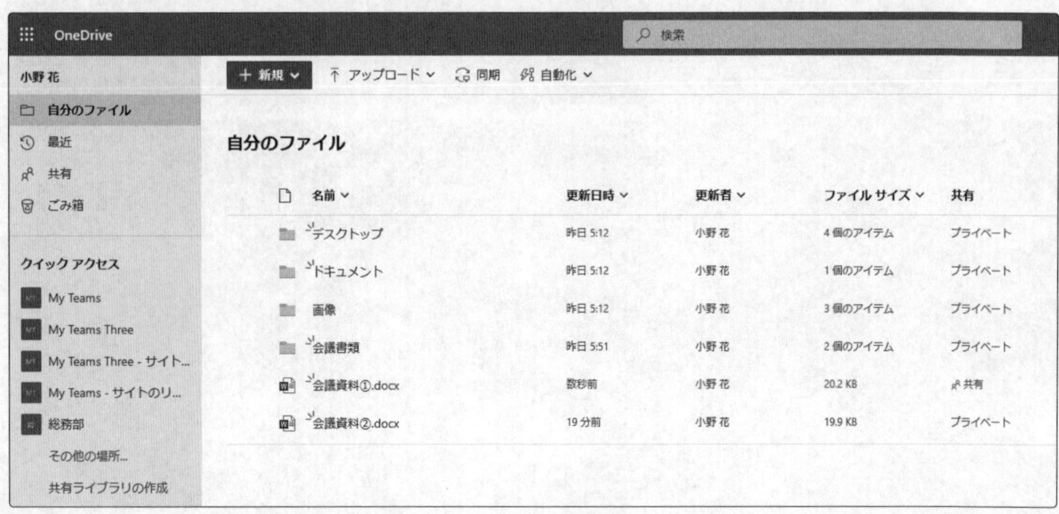

OneDriveのメリット

OneDriveを利用すると、業務を進めるうえで役立つ機能がたくさんあります。役割を把握し、仕事の補助ツールとして使い分けましょう。

◆ バックアップ

自動バックアップ設定をして、OneDriveでファイルを作成すると、自動的にクラウドに保存され、ほかのデバイスにもファイルが同期されます。これにより、誤ってファイルを削除してしまったときでも、復元できます。大事なデータを管理するのに重宝する機能です。

◆ ファイル共有

ファイルを共有すると、複数のメンバーで共同作業をリアルタイムで行えるので、リモートワークに適した機能です。アカウントを持たないメンバーにもリンクを通して共有できるため、データを保存したUSBの持ち運びは不要です。組織内だけでなく組織外のユーザーとも情報を共同利用して、円滑なコミュニケーションを図ることができます。また、共有する際には、メンバーや与える権限などを設定できるため、リスク管理の面でも問題はありません。

◆ マルチデバイス対応

OneDriveは、幅広いデバイスに対応しており、保存しているファイルなどは、タブレットやスマートフォンなどの端末からもアクセスができます。メールに添付したり、わざわざダウンロードしたりする必要はありません。また、パソコンがないために確認ができないという事態を防ぎます。時間や場所を問わず、いつでも好きなときに目的のファイルへのアクセスが可能です。

Column　Microsoft 365で使用できる容量

Microsoft 365では、Word、Excel、PowerPointなどのOfficeアプリのほかに、SharePointやOneNoteなどといったビジネスユーザー向けのサービスも利用できます。ワークスペースが確保できると同時に、大量のファイルを保存する場所が必要です。
Microsoft 365のオンラインストレージサービスであるOneDriveには、1ユーザーあたり1TB（テラバイト）のストレージが用意されています。1TBとは、1,000GBのことで、オフィスファイルなら約100万点、画像ファイルなら約20万点が保存できる大容量となっています。ストレージ容量を増やしたい場合は、Microsoftサイト（https://www.microsoft.com/ja-jp/microsoft-365/onedrive/additional-file-storage）からの追加購入が可能です。

エクスプローラーでファイルを管理する

まずは、OneDriveをパソコンと同期しましょう。OneDrive内のファイルは、普段ファイル管理に使っているパソコンのエクスプローラーから簡単に操作を行うことができます。作業を追加することなく、いつもと同じ感覚でファイルを整理でき、便利です。

OneDriveを同期する

1 OneDrive (https:// www.microsoft.com/ja-jp/microsoft-365/onedrive/online-cloud-storage)を開いてサインインし、

2 「自分のファイル」をクリックします。

3 「同期」をクリックします。

4 「閉じる」をクリックします。

5 **「サインイン」**をクリックし、

6 操作手順に従って、OneDrive を設定します。

7 OneDriveが同期されました。

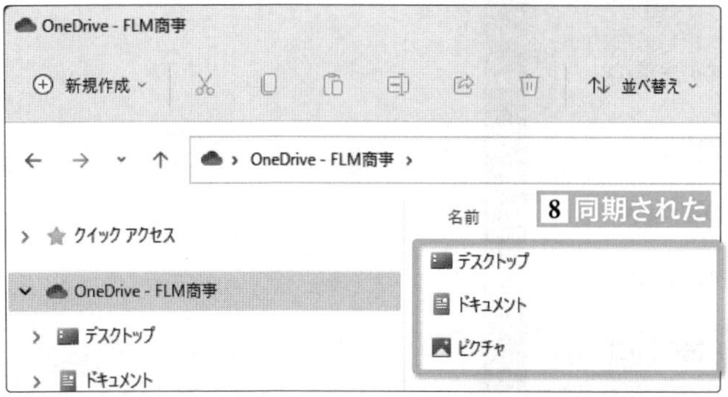

8 エクスプローラーを開くと、設定したフォルダが同期されています。

パソコンファイルのバックアップ設定を行う

OneDriveにデータをバックアップすれば、パソコンのハードディスク空き容量を増やすことができます。また、使っていたパソコンが急に壊れてしまった場合でも、新しいパソコンへのデータ移行が可能です。

バックアップを設定する

1 デスクトップ画面を表示し、

2 タスクバーにあるOneDriveのアイコン（ここでは☁）をクリックします。

3 ⚙をクリックします。

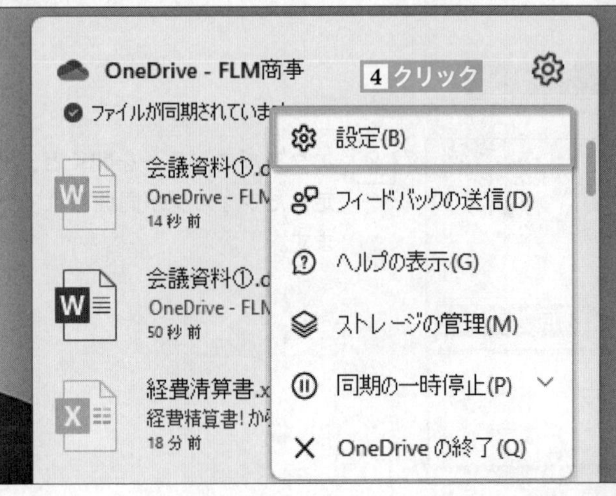

4 「設定」をクリックします。

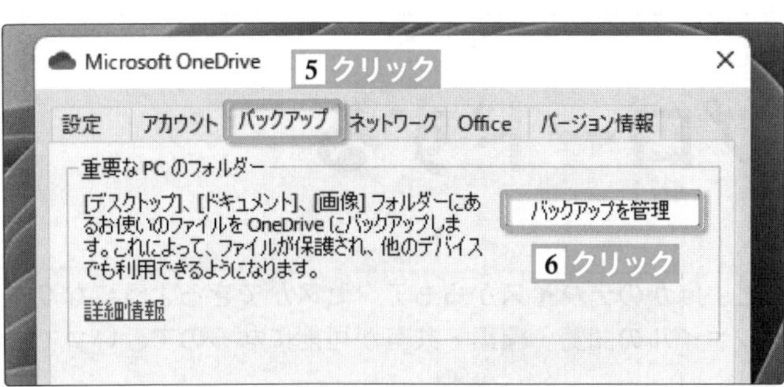

5 「**バックアップ**」をクリックして、

6 「**バックアップを管理**」をクリックします。

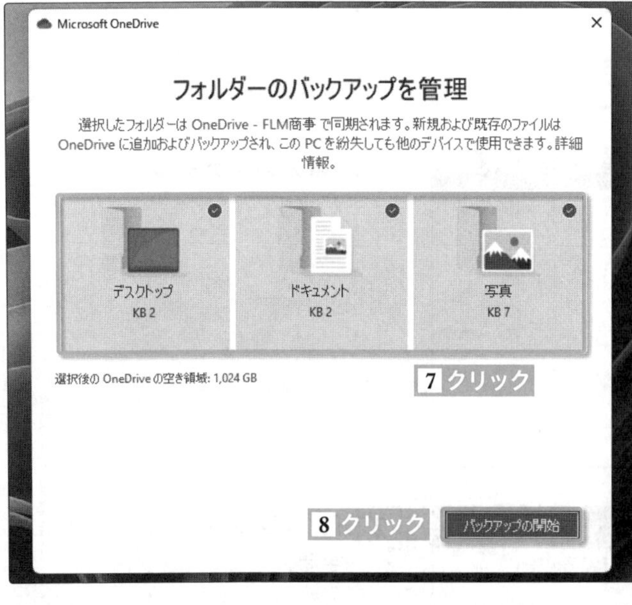

7 同期したいフォルダをクリックして選択し、

8 「**バックアップの開始**」をクリックします。

9 手順7で選択したフォルダがバックアップされます。

ファイルをアップロードする

OneDrive にファイルをアップロードすると、ほかのデバイスからもアクセスができるようになります。パソコンやスマートフォンなどから、ファイルの閲覧・編集・共有が可能になるので、いつでもどこでもアクセスでき、便利です。

ファイルをアップロードする

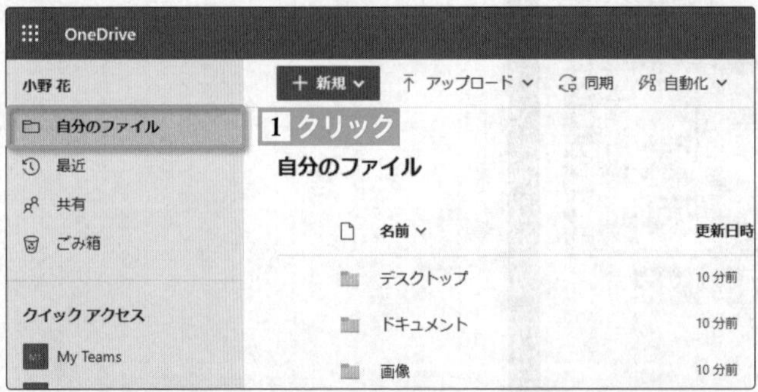

1 「自分のファイル」をクリックします。

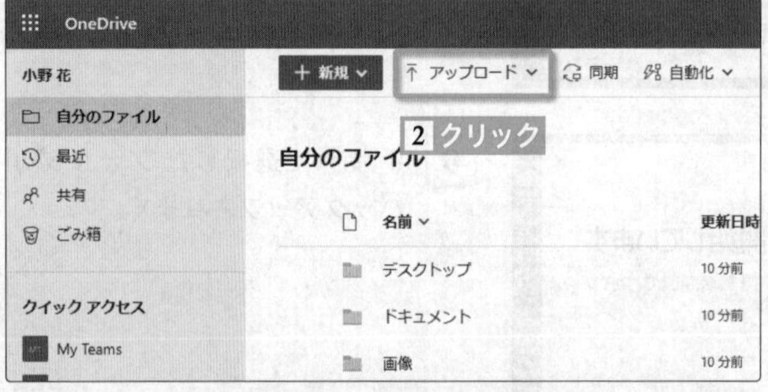

2 「アップロード」をクリックします。

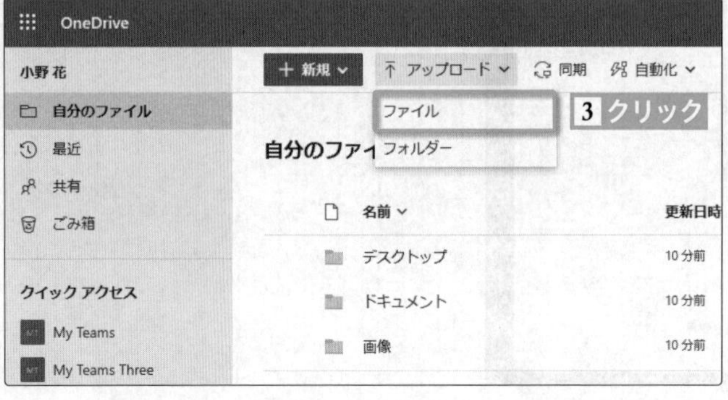

3 「ファイル」をクリックします。

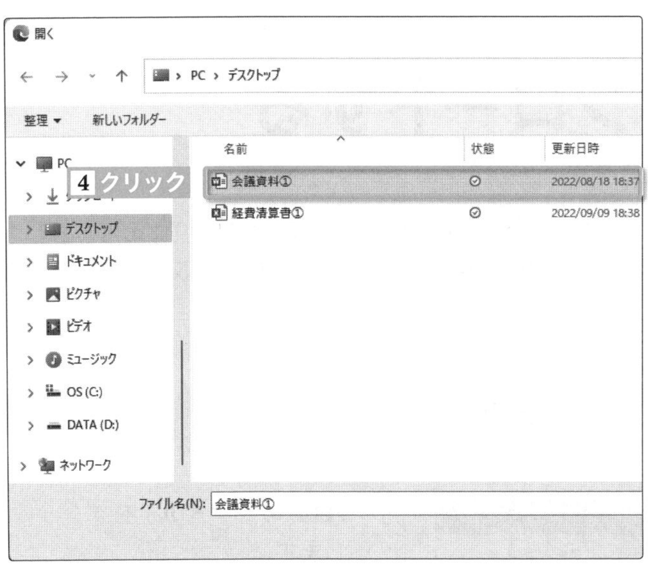

4 エクスプローラーが開くので、アップロードしたいファイルをクリックします。

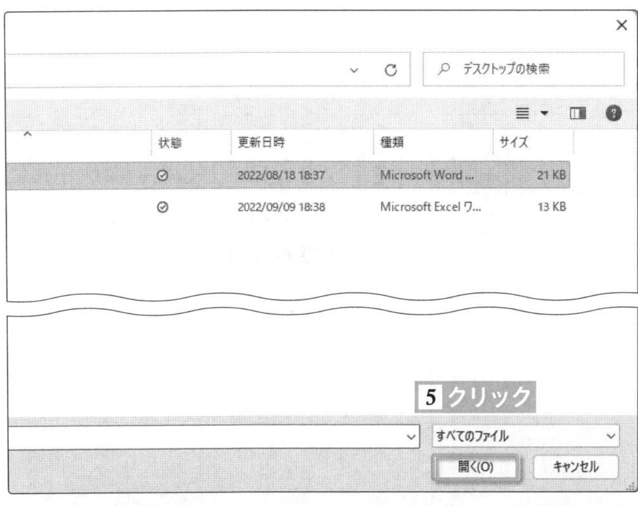

5 「**開く**」をクリックします。

6 ファイルがアップロードされます。

ファイルをダウンロードする

ファイルは共同編集することもできますが、ダウンロードしてほかのデバイス上に保存することもできます。エクスプローラーに保管して編集したり移動させたりして、各自で自由に取り扱えます。目的に沿って活用しましょう。

ファイルをダウンロードする

1 「自分のファイル」をクリックします。

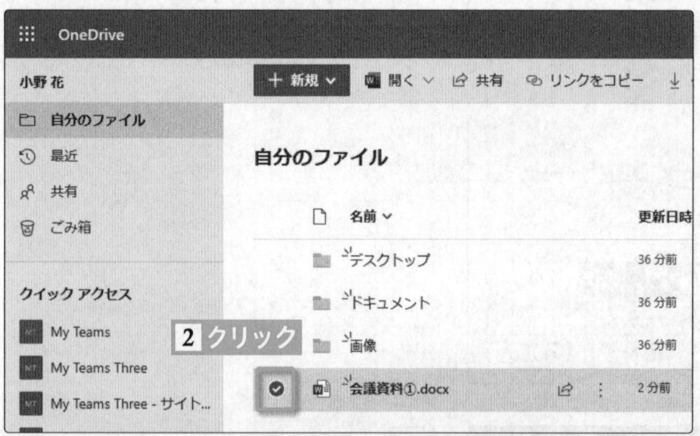

2 ダウンロードしたいファイルにマウスポインターを合わせ、表示される○をクリックします。

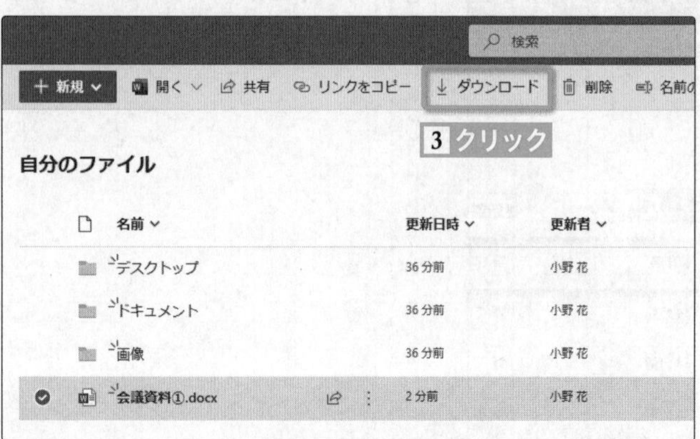

3 「ダウンロード」をクリックします。

4 ファイルがダウンロードされました。

5 🗀をクリックします。

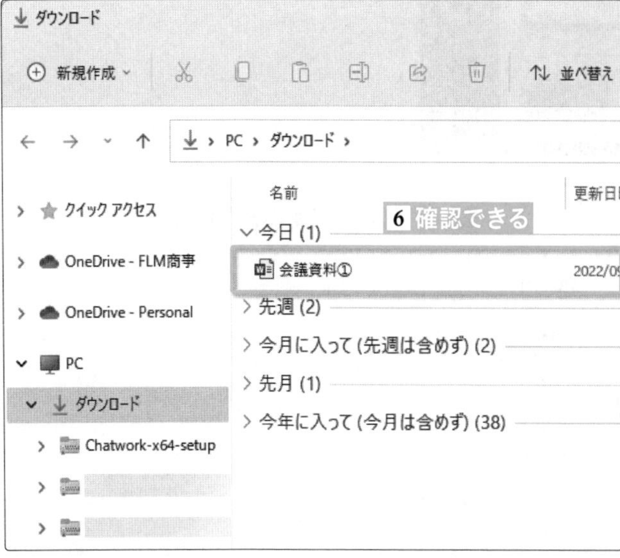

6 エクスプローラーが開かれ、ダウンロードされたファイルを確認できます。

ファイルを整理する

OneDriveに保存しているファイルやフォルダが増えてきたときは、新しい名前を付けたフォルダを作成したり、ファイルを移動したりして、わかりやすいように分類できます。定期的にOneDrive内を整理することで、作業の効率化を図れます。

フォルダを作成する

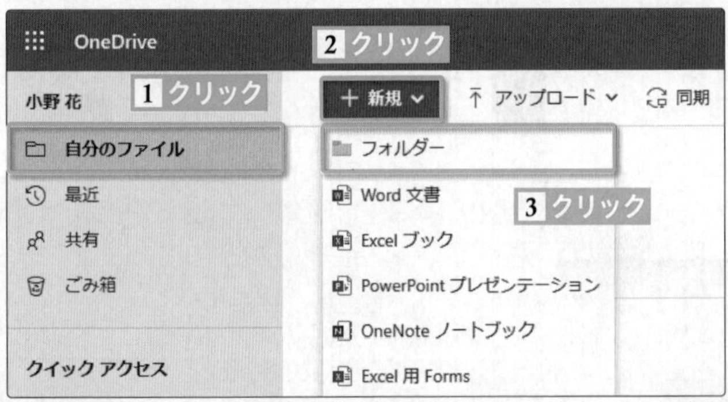

1 「**自分のファイル**」をクリックし、

2 「**新規**」をクリックして、

3 「**フォルダー**」をクリックします。

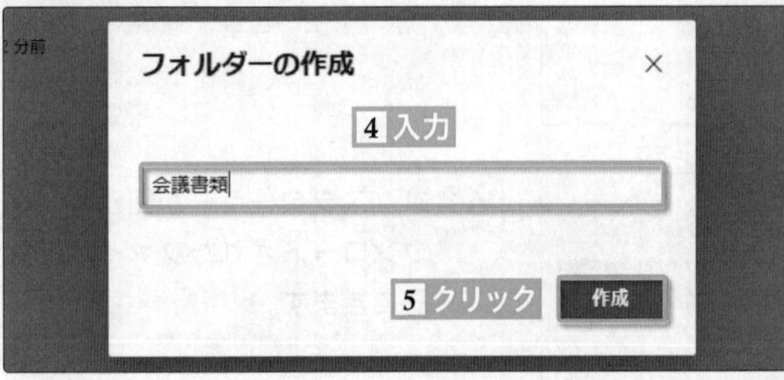

4 フォルダ名を入力し、

5 「**作成**」をクリックします。

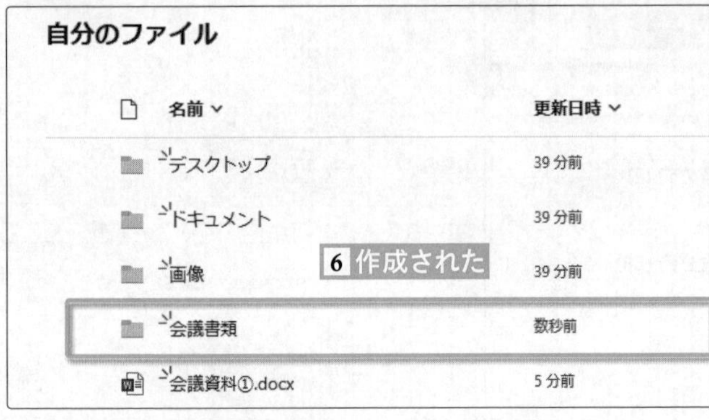

6 フォルダが作成されました。

フォルダにファイルをコピーする

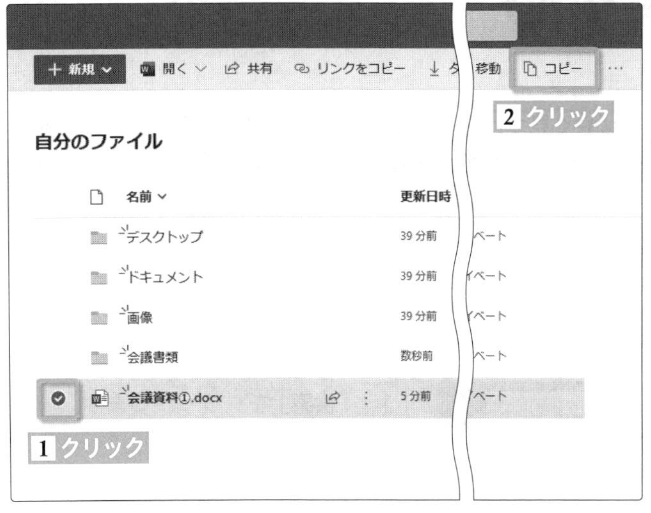

1 フォルダにコピーしたいファイルにマウスポインターを合わせ、表示される○をクリックし、

2 **「コピー」**をクリックします。

3 コピーしたいフォルダをクリックします。

4 **「ここにコピー」**をクリックします。

Column フォルダにファイルを移動する

ファイルを移動させたい場合は、手順2の画面で**「移動」**をクリックし、移動したいフォルダをクリックして、**「ここに移動」**をクリックします。

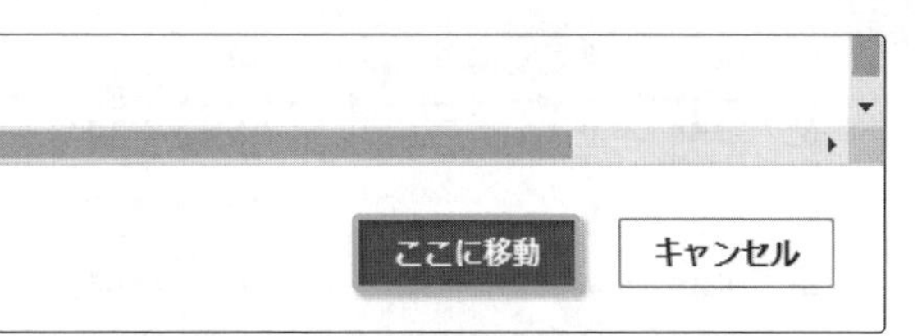

ファイルを検索する

目的のファイルが見当たらない場合や、すばやく見つけたい場合は、画面上部の検索フィールドをクリックして、キーワードを入力します。キーワードが名前に含まれた指定のファイルを、簡単に検索でき便利です。

ファイルを検索する

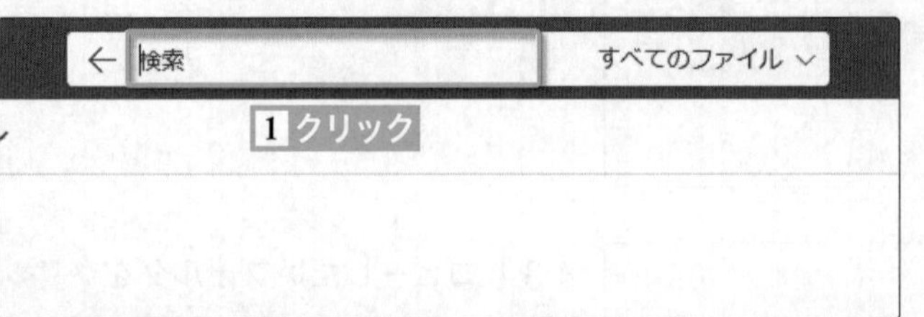

1 「検索」をクリックします。

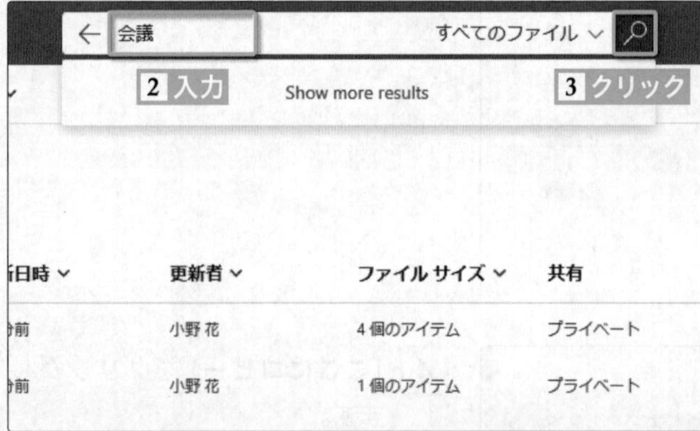

2 検索したいファイル名を入力し、

3 🔍をクリックします。

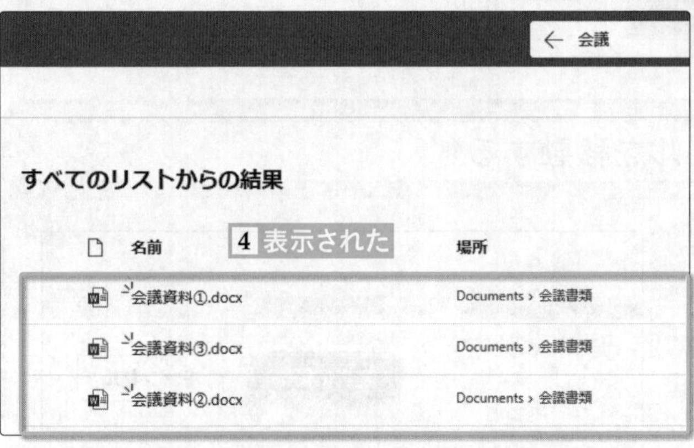

4 検索結果が表示されました。

ファイルを削除する

不要になったファイルは、適度に削除することでOneDriveで利用できる容量を増やすことができます。また、間違えて削除してしまったときでも、93日間以内ならデータをごみ箱から確認して、復元することが可能です（172ページ参照）。

ファイルを削除する

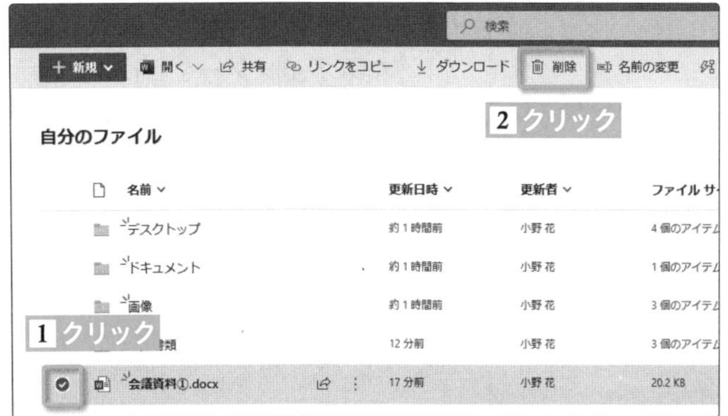

1 削除したいファイルにマウスポインターを合わせ、表示される○をクリックし、

2 「**削除**」をクリックします。

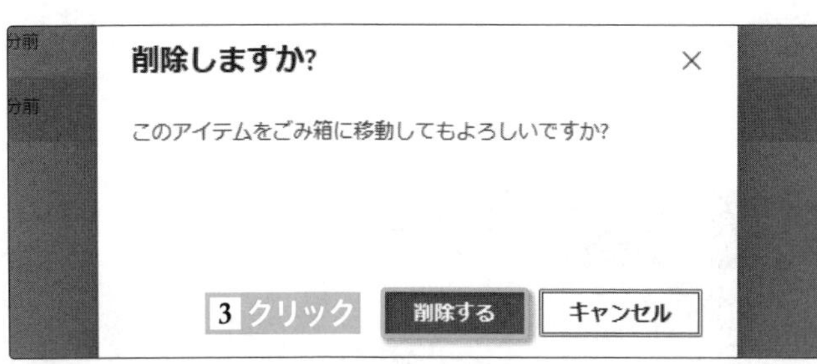

3 「**削除する**」をクリックします。

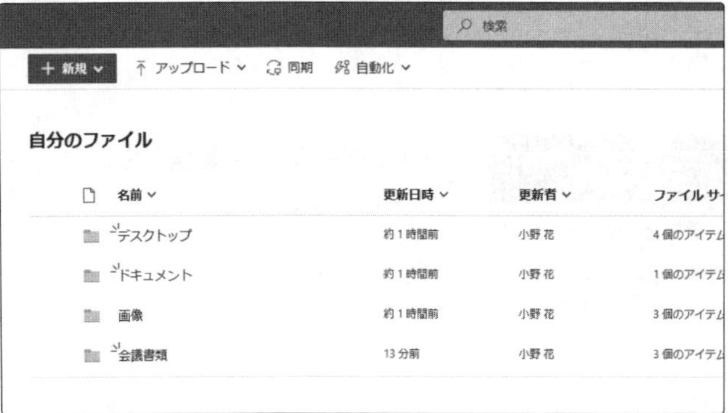

4 ファイルが削除されました。

ファイルを過去の内容に戻す

OneDrive で保存しているファイルは、編集するごとに新しいバージョンで自動的に保存されます。過去の内容に戻したい場合は、バージョン履歴にアクセスして、戻したい内容を含んだファイルを選択します。

バージョン履歴から復元する

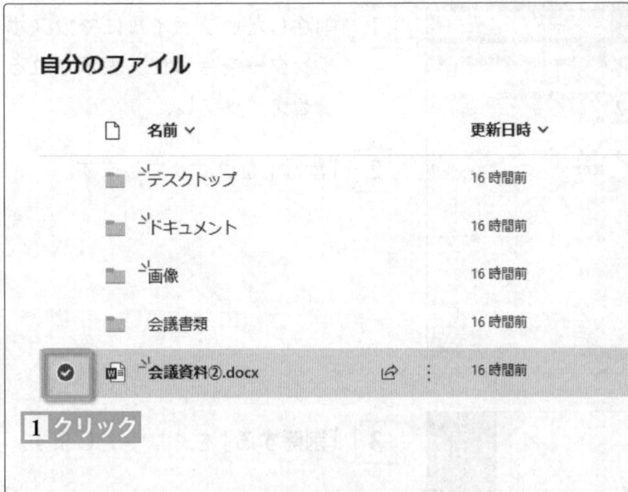

1 内容を復元したいファイルにマウスポインターを合わせ、表示される○をクリックします。

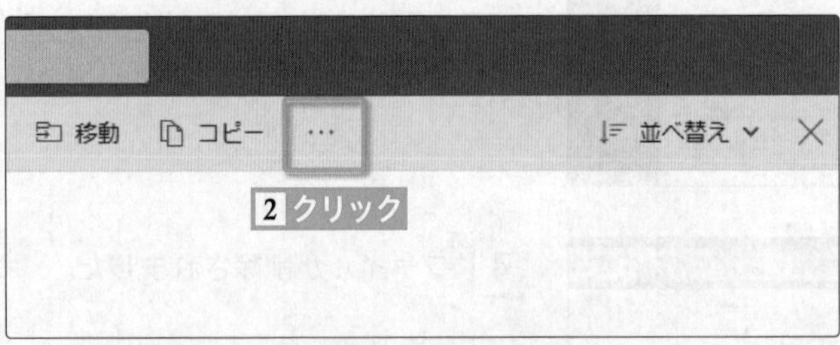

2 …をクリックします。

3 「バージョン履歴」をクリックします。

4 戻したいファイルのバージョン（ここでは「**1.0**」）の ⋮ をクリックします。

5 「**復元**」をクリックします。

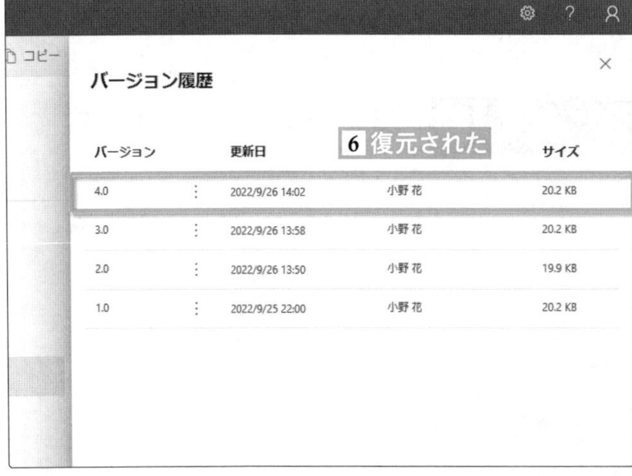

6 過去の内容のファイルが復元されました。

削除したファイルを復元する

OneDrive では、簡単にファイルやフォルダを削除することができます（169 ページ参照）。誤って削除してしまった場合でも、OneDrive のごみ箱や、パソコンのエクスプローラーからの復元が可能です。なお、OneDrive のごみ箱には、93 日間保存されます。

ごみ箱から復元する

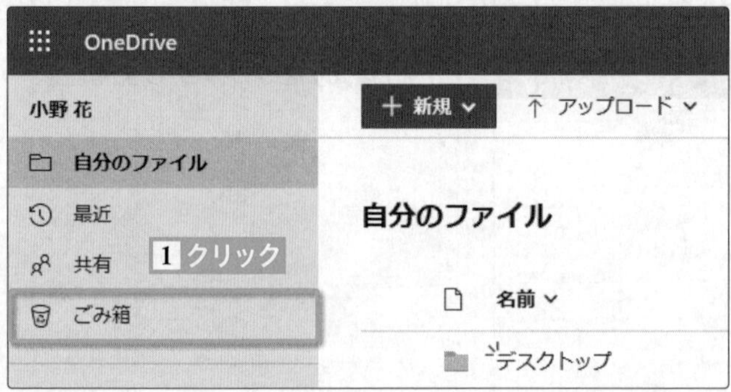

1 「ごみ箱」をクリックします。

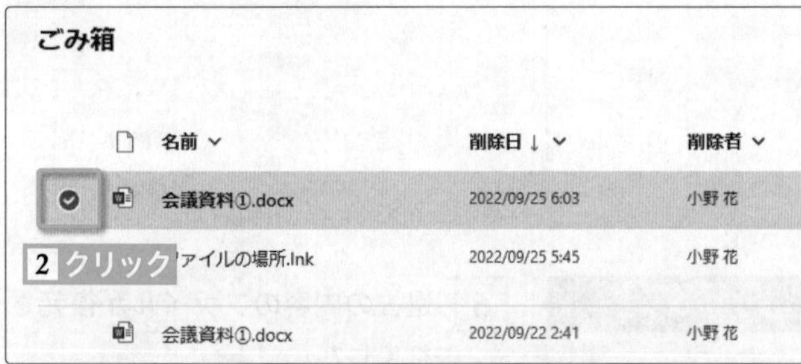

2 復元したいファイルにマウスポインターを合わせ、表示される○をクリックします。

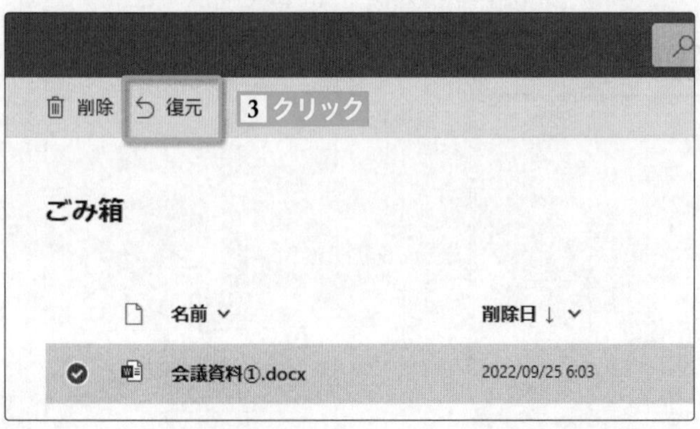

3 「復元」をクリックします。

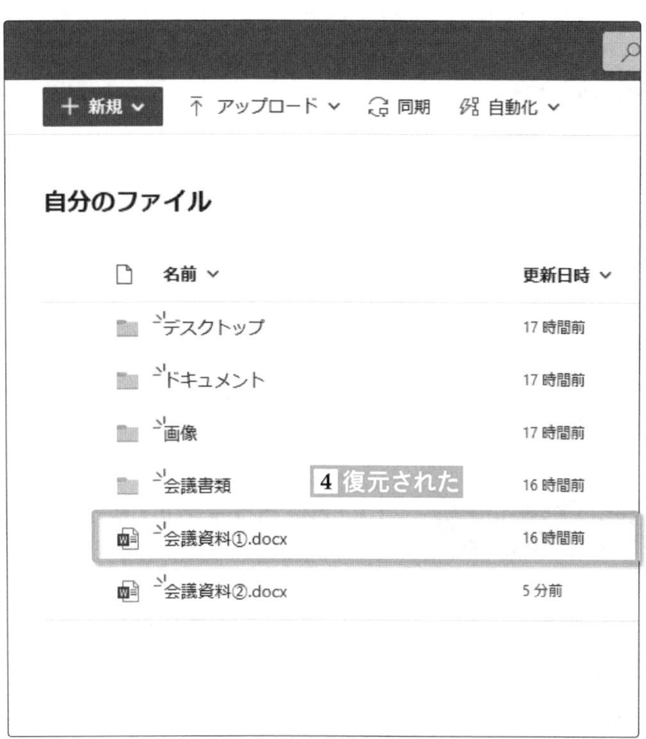

4 ファイルが復元されました。

Column エクスプローラーから復元する

デスクトップの「**ごみ箱**」をクリックして、エクスプローラーを開きます。復元したいファイルをクリックして、右クリックをします。「**元に戻す**」をクリックすると、OneDriveにファイルが復元されます。

名前	元の場所	削除
会議資料①	…matsu¥OneDrive - FLM商事	2022
river_IMG_6249	…matsu¥OneDrive - FLM商事¥ド...	2022/
tree_IMG_6248	…matsu¥OneDrive - FLM商事¥ド...	2022/
イベント情報	…matsu¥OneDrive - FLM商事¥デ...	2022/
チェックリスト	C:¥Users¥matsu¥OneDrive - FLM商事¥ド...	2022/
マナー	C:¥Users¥matsu¥OneDrive - FLM商事¥ド...	2022/
会議資料①	C:¥Users¥matsu¥OneDrive - FLM商事¥デ...	2022/
経費清算書	C:¥Users¥matsu¥OneDrive - FLM商事¥デ...	2022/
成績一覧表	C:¥Users¥matsu¥OneDrive - FLM商事¥ド...	2022/
旅行計画表	C:¥Users¥matsu¥OneDrive - FLM商事¥デ...	2022/
fullkeybwd	C:¥Users¥matsu¥OneDrive - FLM商事¥ド...	2022/

元に戻す(E)
切り取り(T)
削除(D)
プロパティ(R)

ファイルを共有する

シームレスに情報を共有するうえでは、ファイルでのやり取りが欠かせません。共有する際は、どのメンバーにどのような権利を与えて共有するのかを設定することができるため、スムーズな作業をするために役立ちます。

共有リンクを作成する

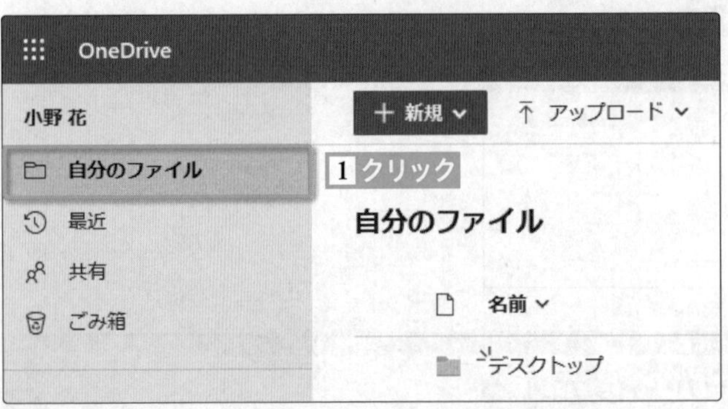

1 「自分のファイル」をクリックします。

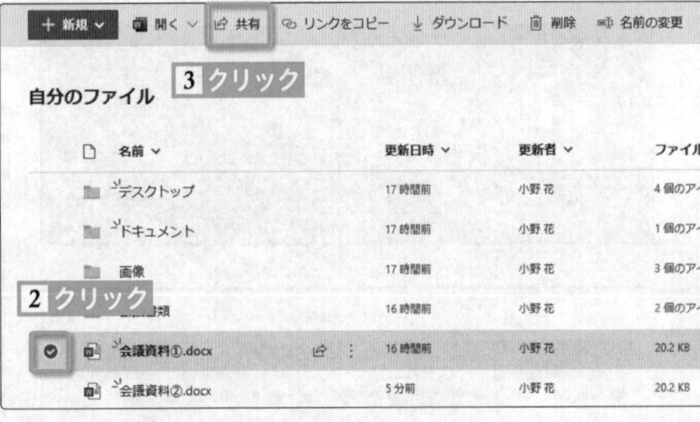

2 共有したいファイルにマウスポインターを合わせ、表示される○をクリックし、

3 「共有」をクリックします。

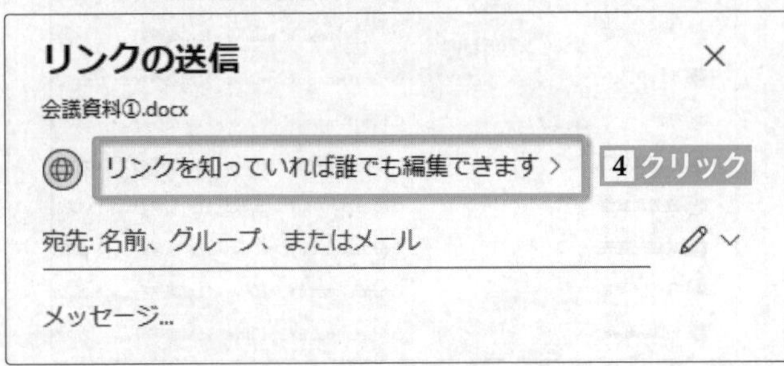

4 「リンクを知っていれば誰でも編集できます」をクリックします。

5 リンクを使用できるユーザー（ここでは**「リンクを知っているすべてのユーザー」**）をクリックし、

6 **「その他の設定」**を編集します（141ページ参照）。

7 **「適用」**をクリックします。

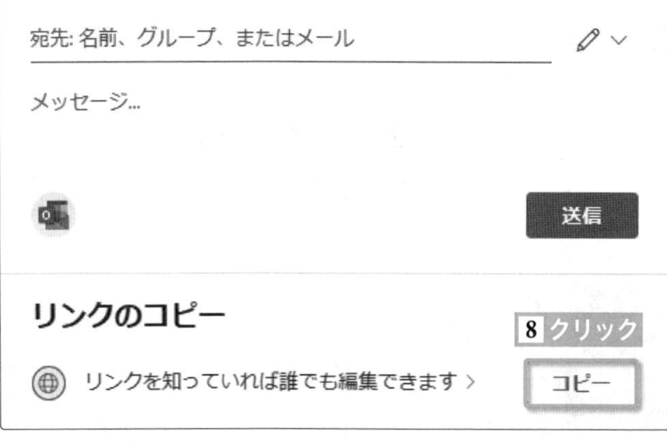

8 **「コピー」**をクリックします。

'会議資料①.docx' へのリンクをコピーしました

7PPII_BMBYVqf20MVn5owzYnOAZG2dQ?e=wfLwD6 コピー

9 コピーされた

リンクを知っていれば誰でも編集できます ›

9 手順5〜6で設定したファイルのリンクがコピーされました。

10 メールなどでリンクを共有しましょう。

組織外の人とファイルを共有する

組織外の人とファイルを共有して作業したい場合は、リンクを送信します。相手の連絡先さえ知っていれば、内部外部関係なく、容易に共有できます。ファイルをダウンロードすれば、オフラインでも作業が可能です。

共有リンクを送信する

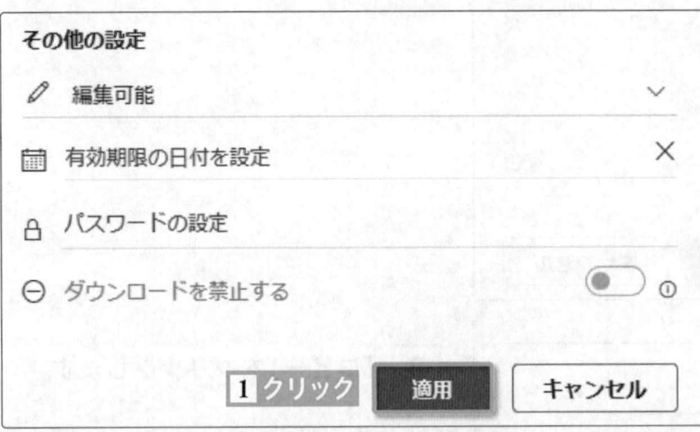

1 175ページ手順5の画面で、「**適用**」を**クリック**します。

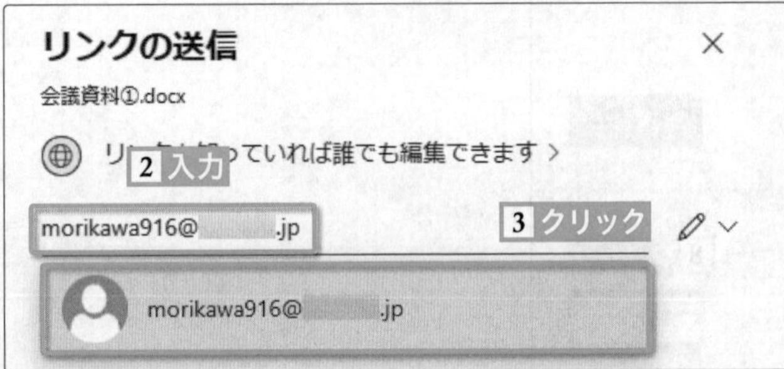

2 宛先を入力し、

3 表示された候補を**クリック**します。

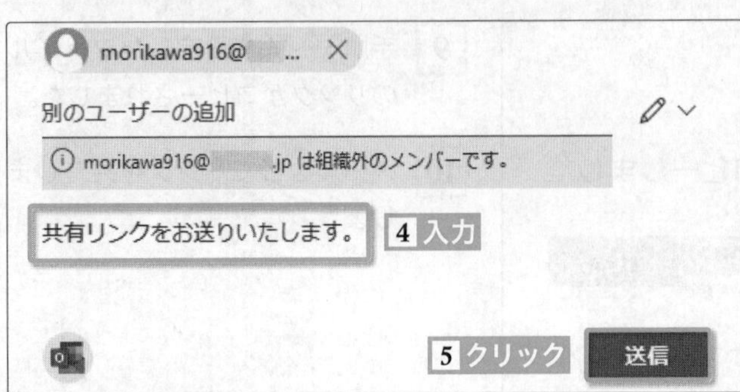

4 メッセージを入力し、

5 「**送信**」を**クリック**すると、手順2で入力した相手にメールが送信されます。

共有リンクからダウンロードする

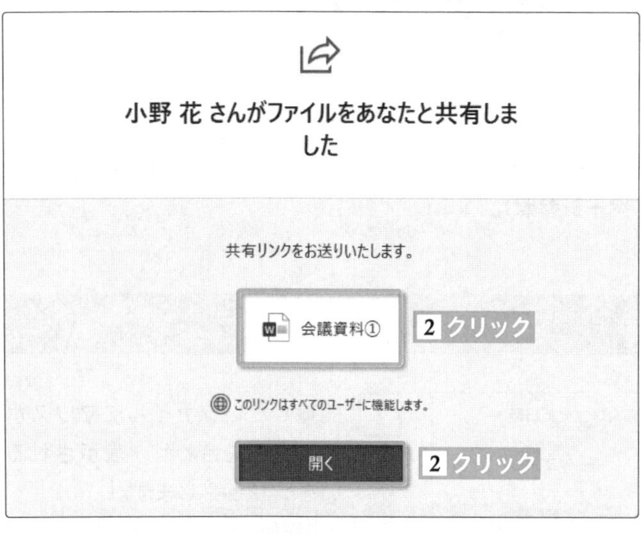

1 176ページ手順5で送信され、届いたメールを開きます。

2 メール画面で、**「開く」**またはファイル名（ここでは**「会議資料①」**）をクリックします。

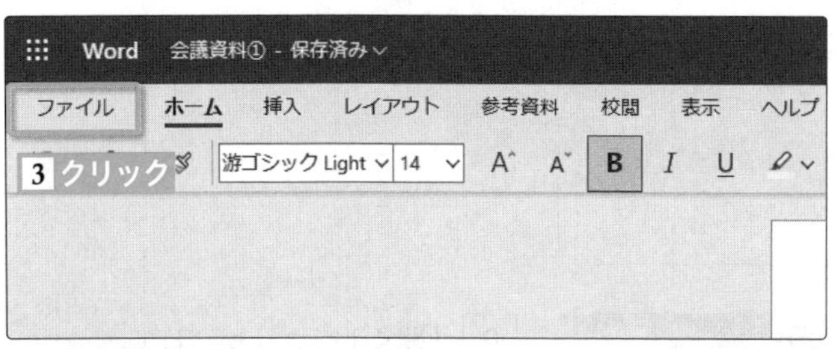

3 ファイルが開かれるので、**「ファイル」**をクリックします。

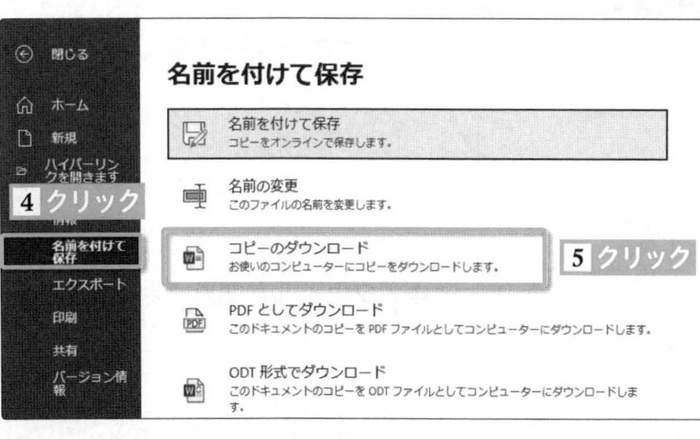

4 **「名前を付けて保存」**をクリックし、

5 ダウンロードの種類（ここでは**「コピーのダウンロード」**）をクリックします。

6 **「コピーのダウンロード」**をクリックすれば、オフラインでも作業ができるようになります。

ファイルを閲覧・編集する

ファイルの閲覧・編集は、ブラウザやアプリなどから行えます。編集した内容は、自動的に保存されるため、保存のし忘れを防ぐことができます。また、保存する前に編集した内容に戻したい場合は、バージョン履歴から内容を復元します。（170 ページ参照）。

ファイルを閲覧する

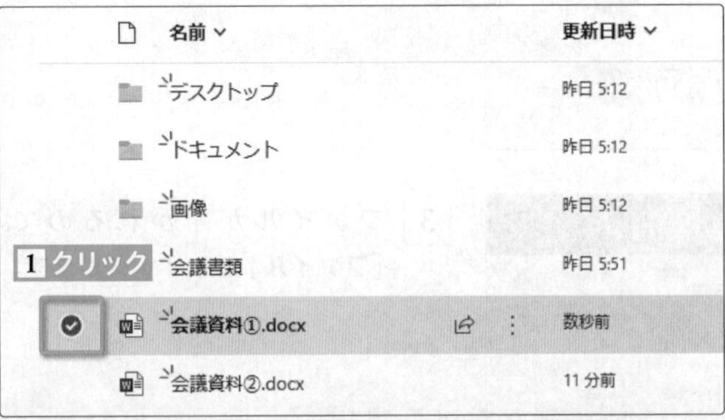

1 閲覧したいファイルにマウスポインターを合わせ、表示される○をクリックします。

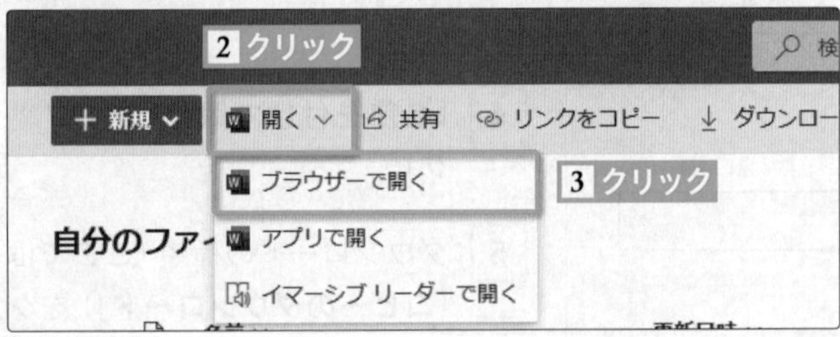

2 「開く」をクリックして、

3 「ブラウザーで開く」をクリックします。

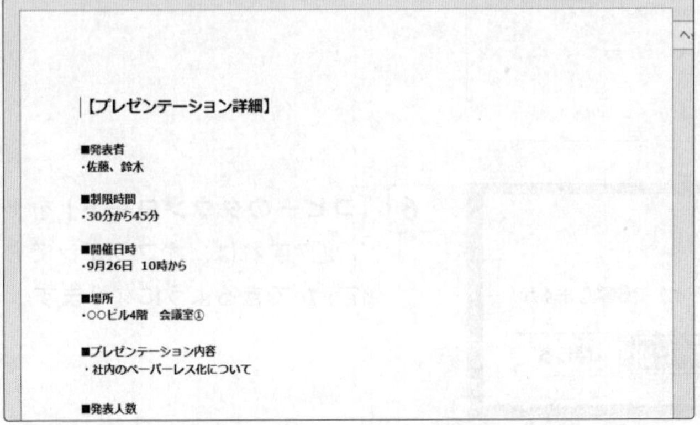

4 ファイルが閲覧できます。

ファイルを編集する

【プレゼンテーション詳細】

■発表者
・佐藤、鈴木

■制限時間
・30分から45分

■開催日時
・9月26日　10時から

■場所
・○○ビル4階　会議室①

1 178ページ手順**4**の画面を表示します。

【プレゼンテーション詳細】

■発表者
・佐藤、鈴木

■制限時間
・30分から45分

■開催日時
・9月26日　10時から→11時からに変更　**2** 編集

■場所
・○○ビル4階　会議室①

2 ファイルを編集できます。

3 内容を変更する度に「**保存済み**」と表示されます。

4 タブを閉じて編集を終了します。

Section 96

ファイルをパソコンのOfficeアプリで開いて編集する

OneDriveに保存されたWord、Excel、PowerPointなどのファイルは、デスクトップ版Officeアプリで直接閲覧・編集することができます。毎回、パソコンやスマートフォンなどのデバイスにダウンロードして保存し、編集・再共有する必要がなく、効率的です。

ファイルを開く

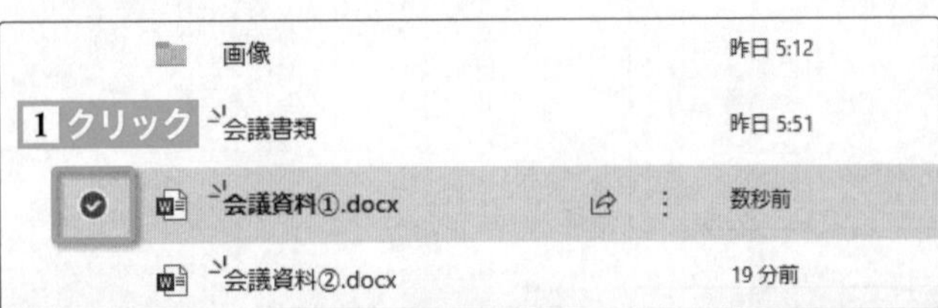

1 Officeアプリで開きたいファイルにマウスポインターを合わせ、表示される○をクリックします。

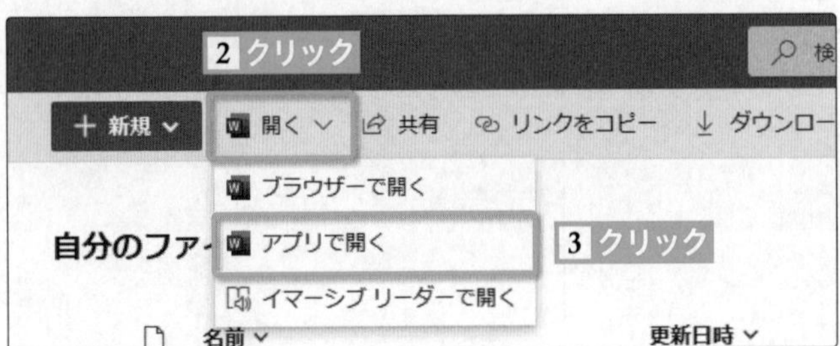

2 「開く」をクリックし、

3 「アプリで開く」をクリックします。

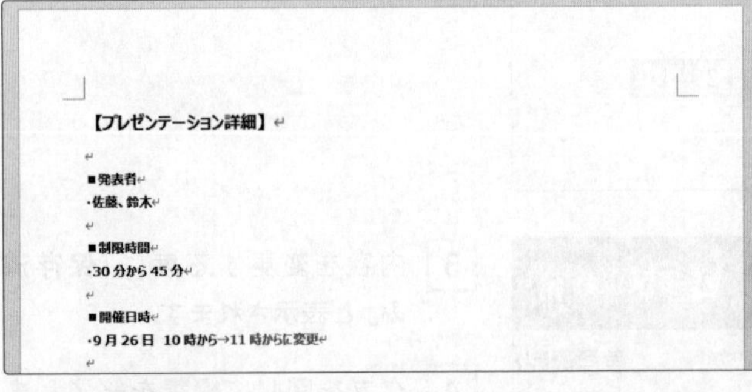

4 デスクトップ版Officeアプリが起動し、ファイルが開かれました。

Column 変更した内容はOneDriveに保存される

デスクトップ版Officeアプリでファイルを編集しても、ブラウザでファイルを編集しても(179ページ参照)、変更内容はOneDriveに反映されます。

8章

OneNote

OneNoteについて知る

OneNote は、Microsoft の提供するデジタルノートブックです。メモ機能だけでなく、資料作成やタスクの管理など、幅広い用途があります。ノートを共有したり、ほかのデバイスからもデータを閲覧したりできるため、さまざまな場面で活用できます。

クラウドでメモを管理できる

OneNoteは、紙ベースのノートブックを使用するように、いつでも好きなときに、ページ内に画像やテキストなどを書き込むことができるアプリです。ビジネス用としても作業用としても扱えます。

また、OneNoteはクラウド型のノートアプリであり、「**自動保存**」機能が付加されています。手動で保存しなくても、内容を編集すれば、自動でオンライン上のクラウドに保存されます。はじめてOneNoteを起動する際は、最初にノートブックを保存しますが、それ以降はクラウドを介して同期され、内容が更新されます。

クラウドでメモを管理しているため、パソコンからだけでなく、iPhoneやiPadなどといった、ほかのデバイスからもデータにアクセスして、確認・編集ができます。紙やペンを持ち運ぶ必要はありません。すばやく情報を確認し、とっさにメモをとることも可能です。内容を入力し、同期されたあとに、アプリを閉じて再度起動すると、前回操作を終了した場所からノートが開かれます。

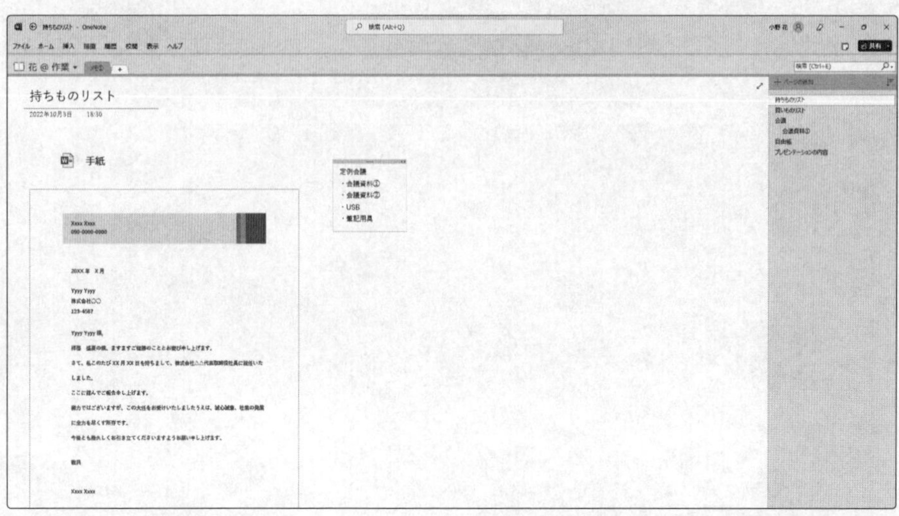

OneNoteの構造を知る

OneNoteは、おもに「**ノートブック**」「**セクション**」「**ページ**」の3つの機能で構成されています。
構造はシンプルですが、細かな便利機能があるため、単にメモとして使ったり、タスクを管理したりできる万能ツールです。

◆ ノートブック

OneNoteを起動して、最初に作成する必要がある項目が「**ノートブック**」です。ノートブックとは、1冊のノートのイメージです。OneNoteの利用は、作成したノートの中にセクションを作成してカテゴリを分け、コンテンツであるページを追加していく流れとなります。なお、OneNoteアプリをダウンロードして、はじめて起動すると、Microsoftアカウントの名前が入ったノートブックが自動的に作成されています。ほかのノートもあとから追加することができます。

◆ セクション

ノートブックを作成して、次に作成する必要がある項目が「**セクション**」です。セクションとは、ノートのラベルのような役割を担っています。セクションの中にページを追加していき、まとめているようなイメージです。そのため、セクションを作成せずにOneNoteを扱うことはできません。
また、名前や、色を変更することができるので、目的別に分類すると、非常にわかりやすくノートの中を整理できます。

◆ ページ

セクションを作成して、次に作成する必要がある項目が「**ページ**」です。ページとは、1枚のページのことです。セクションを追加すると、自動的に1ページ目が作成されています。必要に応じて、ページを追加していきましょう。動画や画像、テキストなどを挿入でき、OneNoteを利用するうえでは、メインで開いている場所となります。さらに、1ページに入力できるテキストなどの容量には限りがなく、どこにでもカーソルを配置できるので、自由度が高いです。また、名前を変更したり、サブページ機能を使って階層化したりすることもできます。保存されているページは、画面右側に表示されるため、一目で確認が可能です。

ページを作成する

OneNote を利用するためには、まずセクションを追加する必要があります。セクションを作成することで、OneNote にテキストを入力し、ページを追加することができます。ノートコンテナーは、文字を入力すると同時に作成されるボックスです。

セクションを作成する

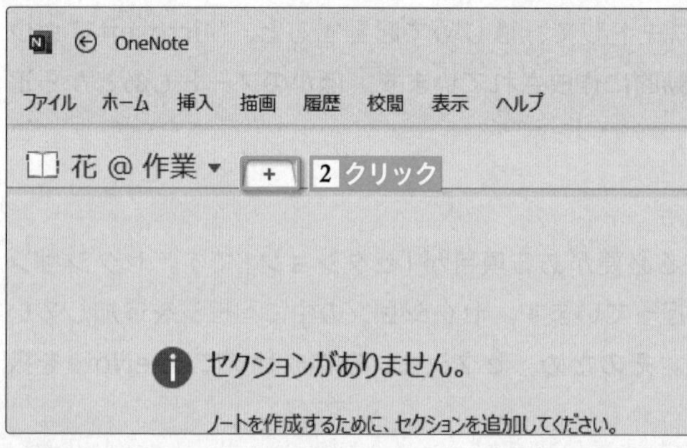

1 OneNote（https://www.onenote.com/Download）をダウンロードし、アプリを開きます。

2 ＋をクリックします。

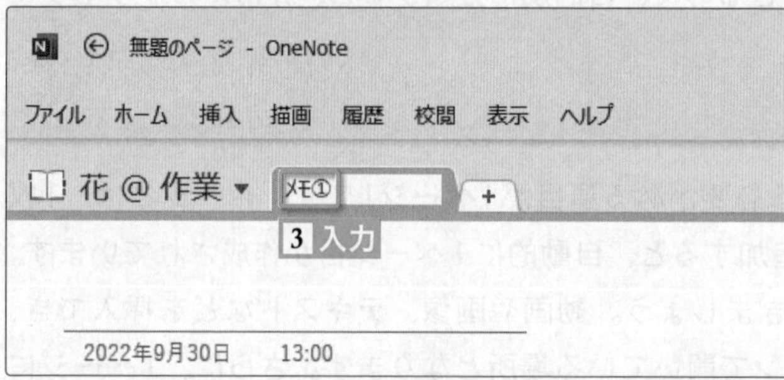

3 セクション名を入力し、

4 Enter キーを押します。

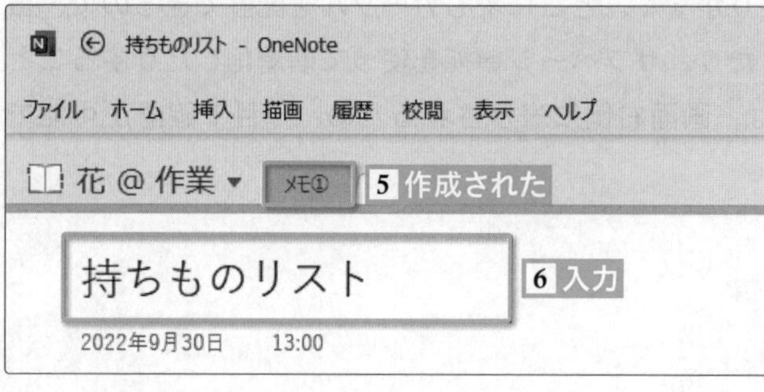

5 セクションが作成されます。

6 ページのタイトル名を入力します。

ノートコンテナーを作成する

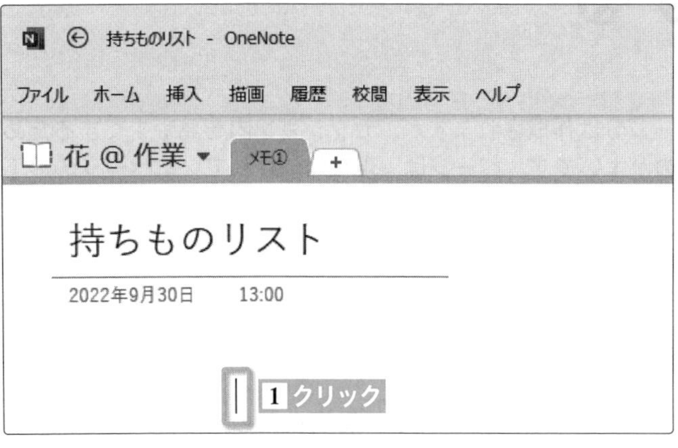

1 文字を入力したい場所をクリックします。

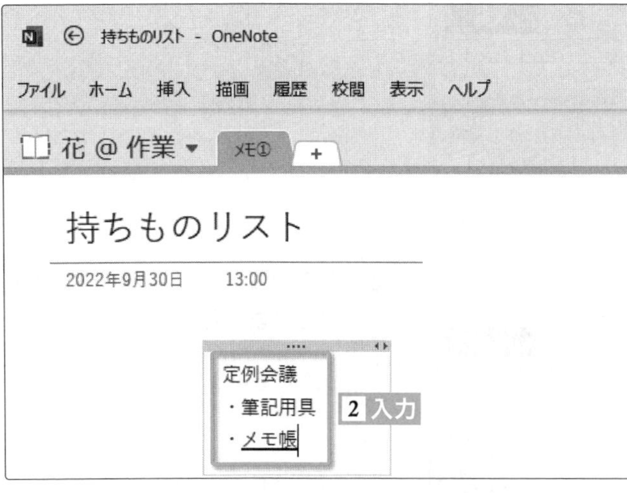

2 文字を入力します。

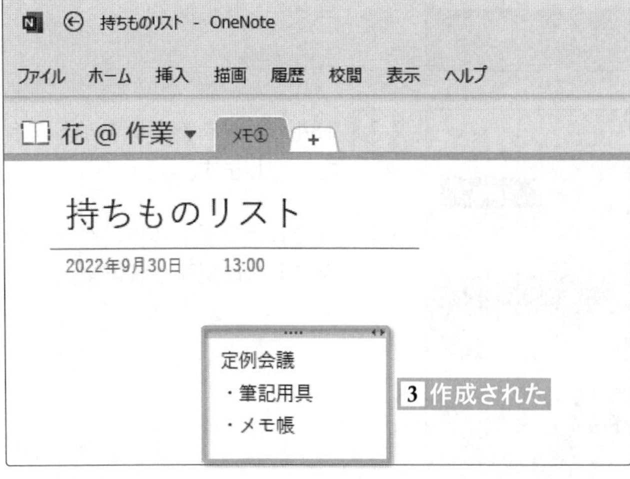

3 ノートコンテナーが作成されました。

ページを追加する

セクションを追加すると、自動的に1ページ分は作成されますが、セクション内を見やすくするためにも必要に応じてページを追加していくのがよいです。ページは、現在作成されているページの最下部に追加されていきます。

新規ページを追加する

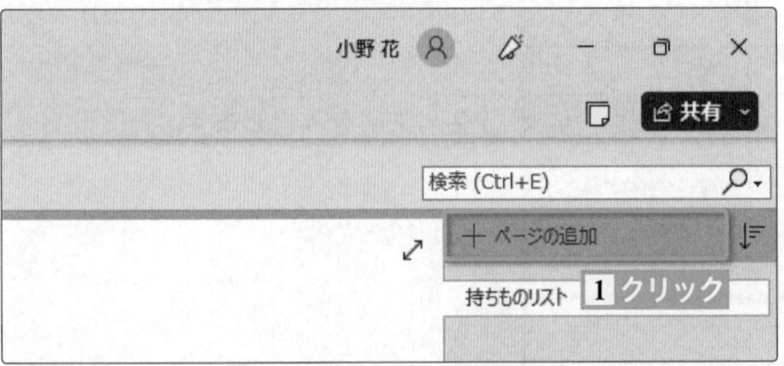

1 画面右側の「**ページの追加**」をクリックします。

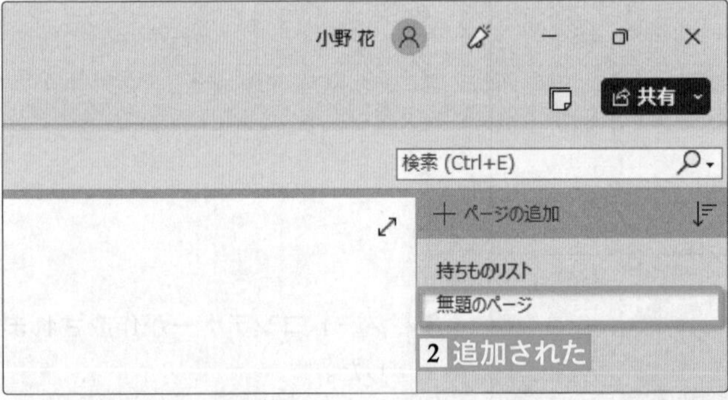

2 セクションの末尾にページが追加されました。

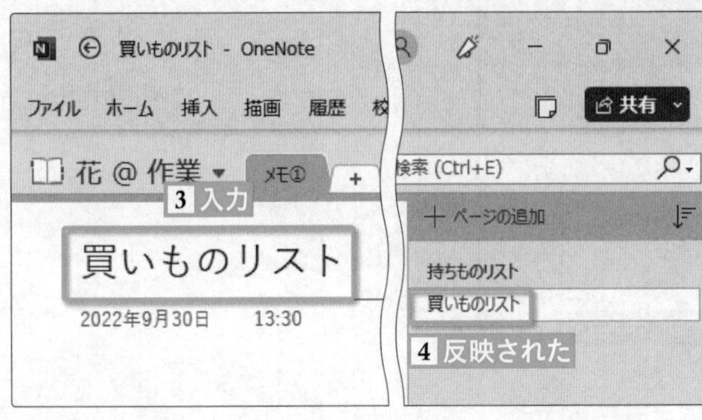

3 184ページを参考にタイトル名を入力します。

4 入力したタイトルは、ページのタイトルに反映されます。

ノートコンテナーを削除する

不要になったり、邪魔になったりしたノートコンテナーは簡単に削除できます。なお、削除するときは、コンテナー内に収納されている文字も一緒に削除されてしまうので、気を付けましょう。ノートコンテナー上部を右クリックし、「削除」をクリックすることでも、削除できます。

ノートコンテナーを削除する

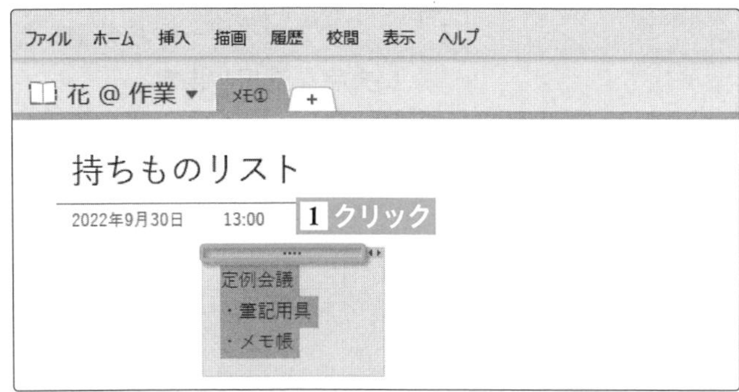

1 削除したいノートコンテナー上部にマウスポインターを合わせ、クリックします。

2 「ホーム」をクリックして、

3 ×をクリックします。

4 ノートコンテナーが削除されました。

ノートコンテナーを分割・結合する

ページに入力されたテキストは、まとめてノートコンテナーというボックスに収められます。そのため、分割したい文字だけを抽出したり、ほかのコンテナー内の文字と結合させたりして、新たに文章を作成できます。

ノートコンテナーを分割する

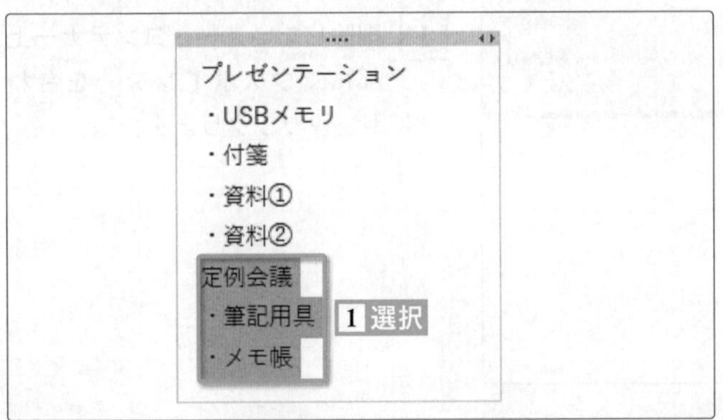

1 ノートコンテナーから分割したい文字を選択します。

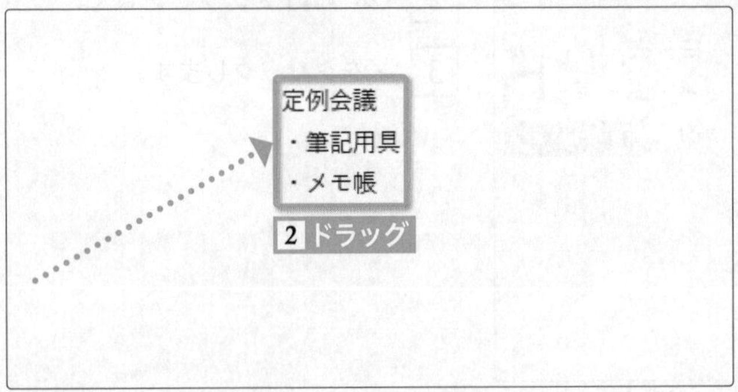

2 Shiftキーを押しながら選択した文字をドラッグします。

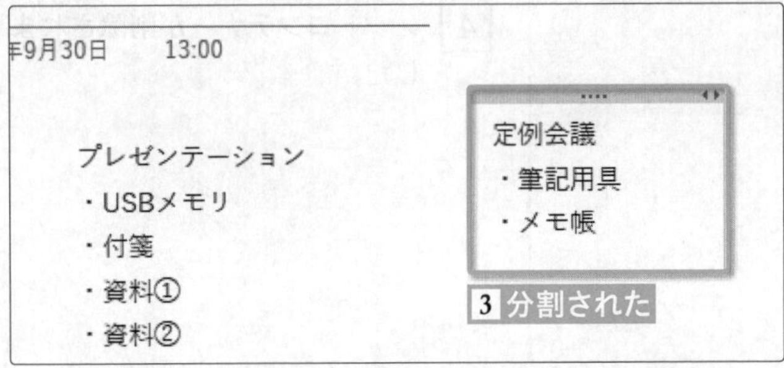

3 ノートコンテナーが分割されました。

ノートコンテナーを結合する

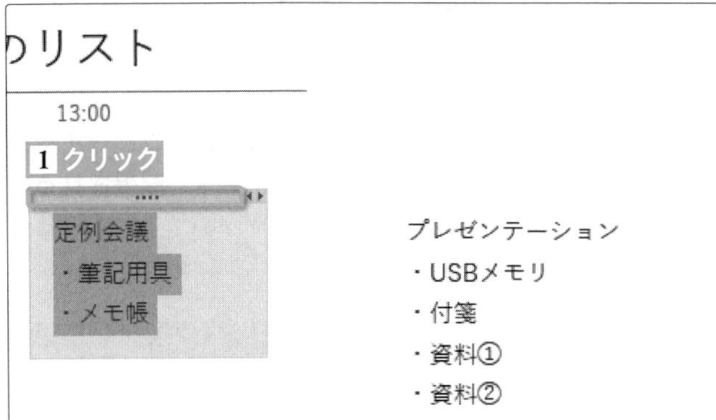

1 結合したいノートコンテナー上部をクリックします。

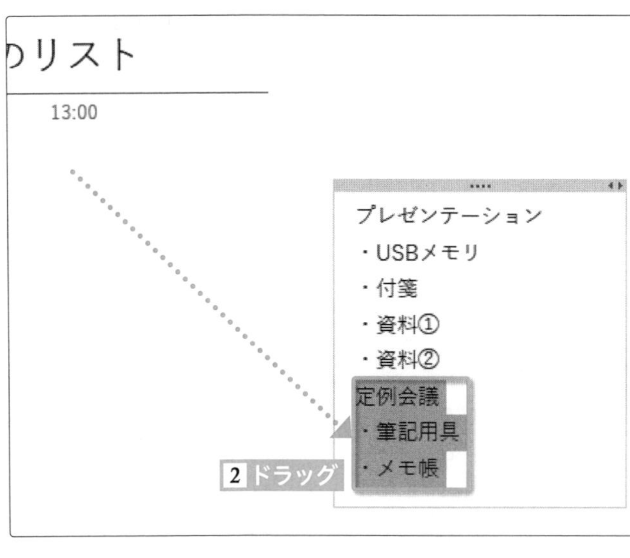

2 Shift キーを押しながら選択したノートコンテナーをドラッグします。

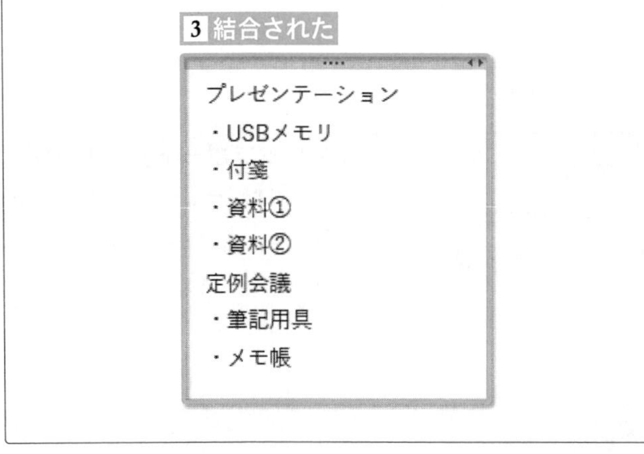

3 ノートコンテナーが結合されました。

ノートコンテナーを複製する

ノートコンテナーは、複製することができます。テキストや文字を一文字ずつ選択してコピーする必要はありません。コンテナー上部をクリックすれば、入力されているテキストがすべて選択されるので、そのまま幾つでも貼り付けられます。

ノートコンテナーをコピーして貼り付ける

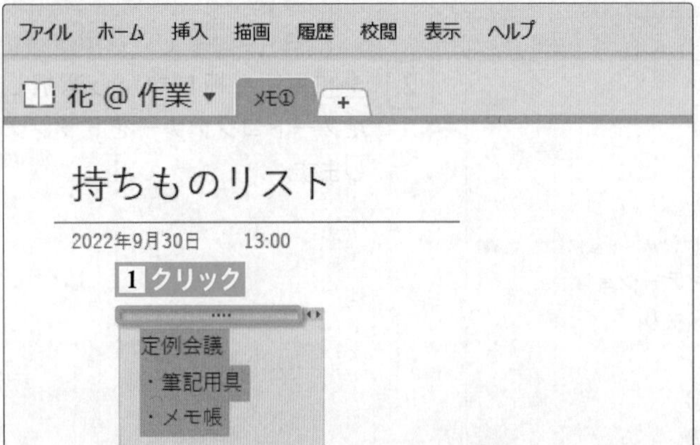

1 コピーしたいノートコンテナー上部を**クリック**します。

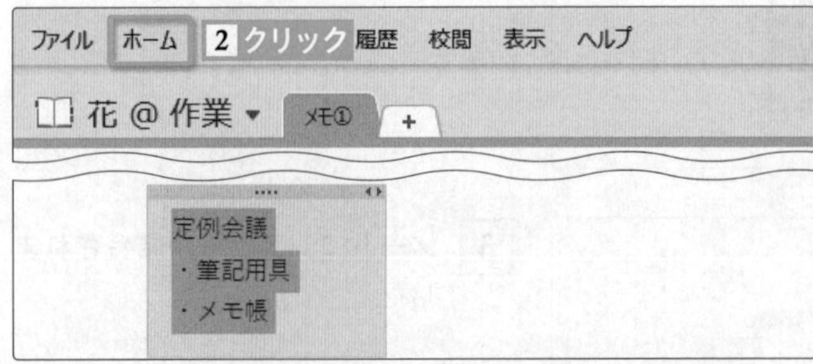

2 **「ホーム」**を**クリック**します。

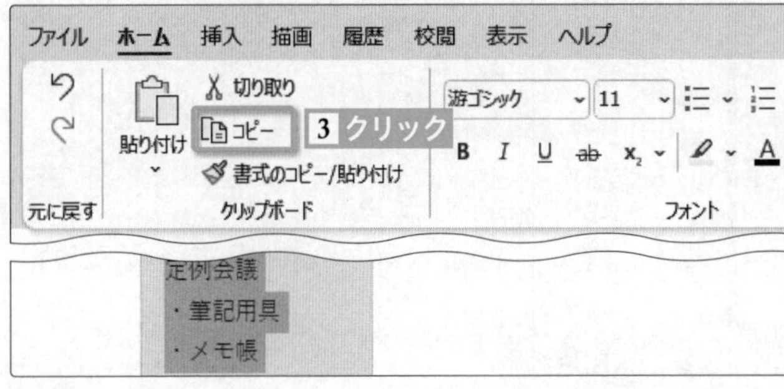

3 **「クリップボード」**グループにある**「コピー」**を**クリック**します。

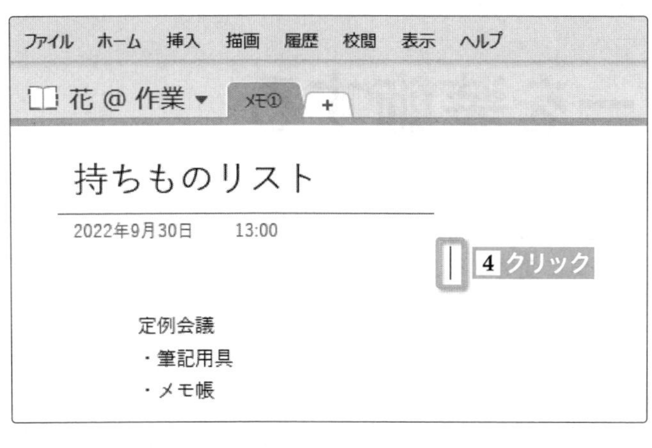

4 貼り付けたい場所をクリックします。

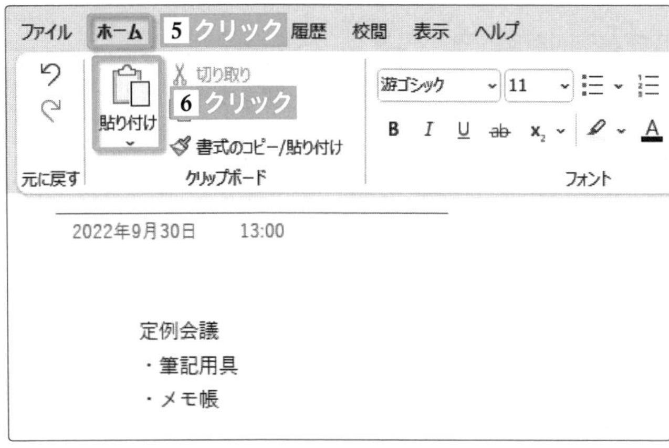

5 「**ホーム**」をクリックし、

6 「**クリップボード**」グループにある「**貼り付け**」をクリックします。

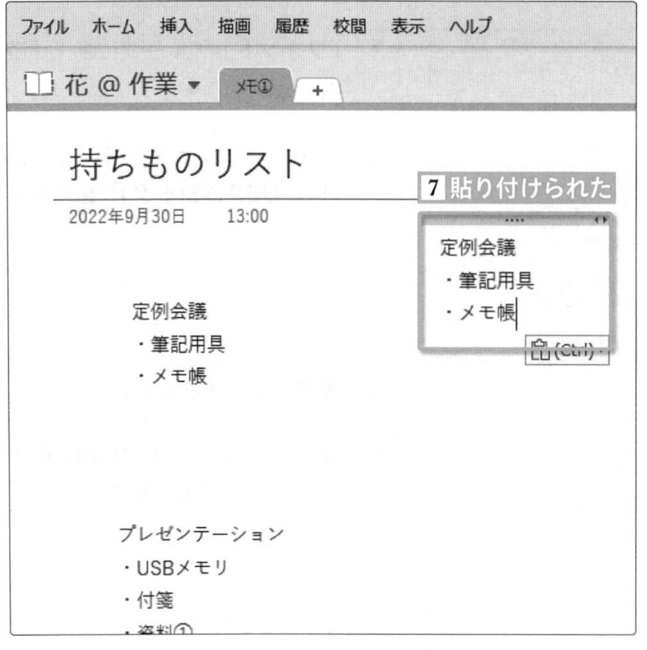

7 ノートコンテナーが貼り付けられました。

ノートコンテナーを装飾する

ページに記載されているテキストは、ノートコンテナー上部をクリックすることですべて選択されます。そのままサイズや色などを設定すれば、一気に変更することができます。なお、ノートコンテナー自体の色を変えることはできません。

書式を適用する

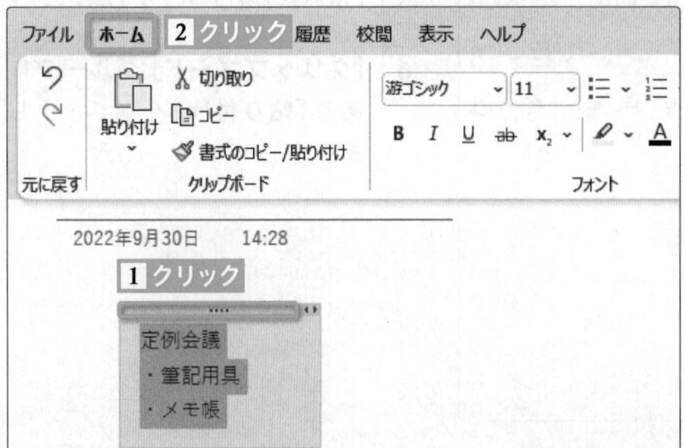

1 書式を設定したいノートコンテナー上部をクリックし、

2 「ホーム」をクリックします。

3 「フォント」グループにある「游ゴシック」の⌄をクリックし、

4 変更したいフォント（ここでは「BIZ UDPゴシック」）をクリックします。

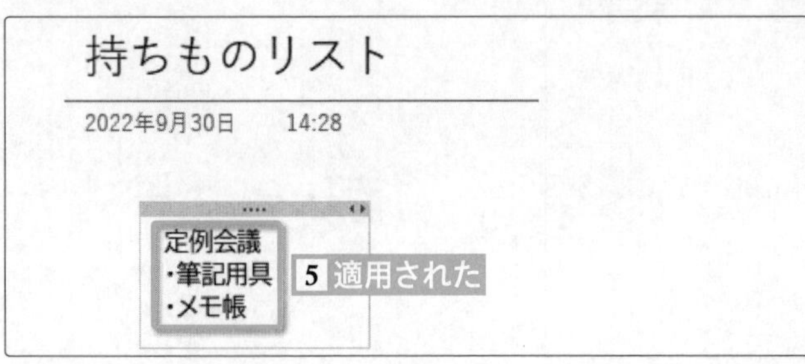

5 書式が適用されました。

6 ほかに設定したい書式があれば、同様に設定します。

色や大きさを変える

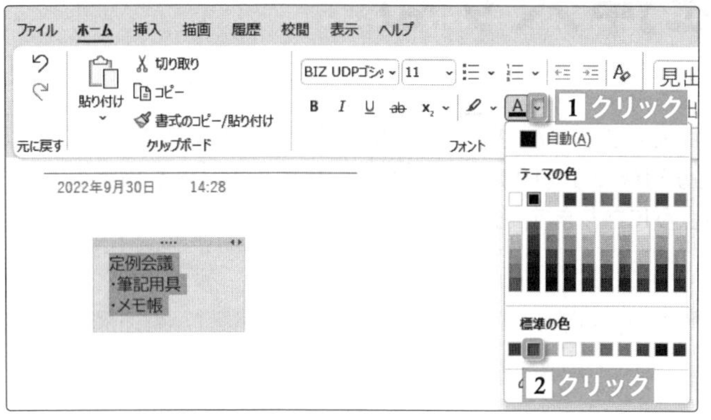

1 192ページ手順2の画面で、**「フォント」**グループにあるAの⌄をクリックし、

2 変更したいフォントの色（ここでは「■ (赤)」）をクリックします。

3 色が変更されました。

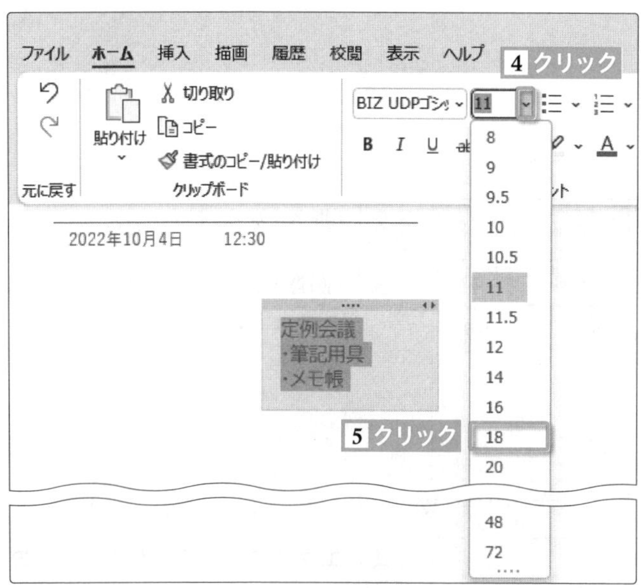

4 192ページ手順2の画面で、**「フォント」**グループにある「**11**」の⌄をクリックし、

5 変更したいフォントサイズ（ここでは「**18**」）をクリックします。

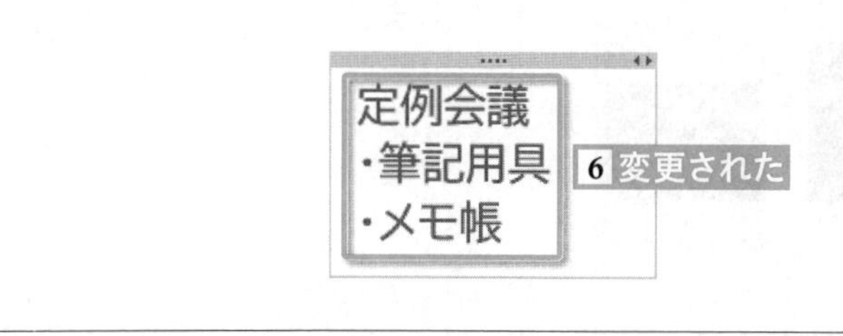

6 文字サイズが変更されました。

ページに画像を挿入する

ページには、テキストだけでなく画像も挿入することができます。取り込んだ画像は大きさを変更したり、代替テキストを設定したりすることが可能です（198ページ参照）。代替テキストを設定すると、文字が写っていない画像でも検索できるようになります（214ページ参照）。

ページに画像を挿入する

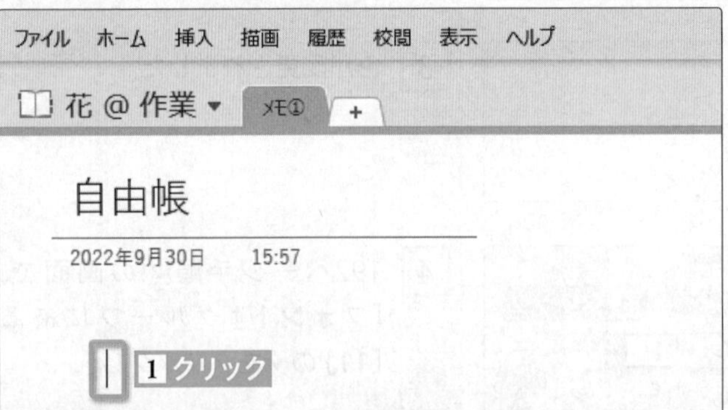

1 画像を挿入したい場所をクリックします。

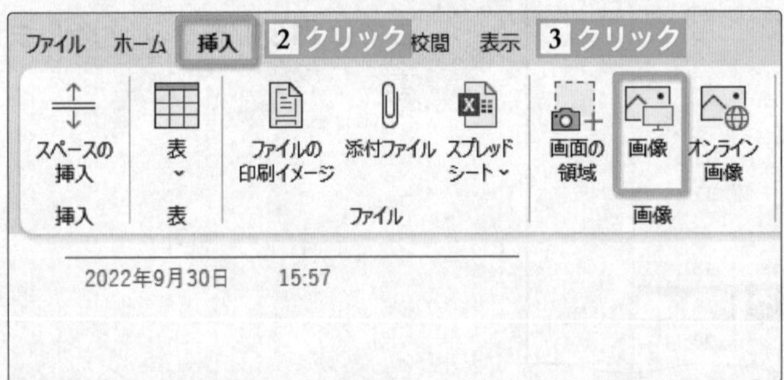

2 「**挿入**」をクリックし、

3 「**画像**」グループにある項目（ここでは「**画像**」）をクリックします。

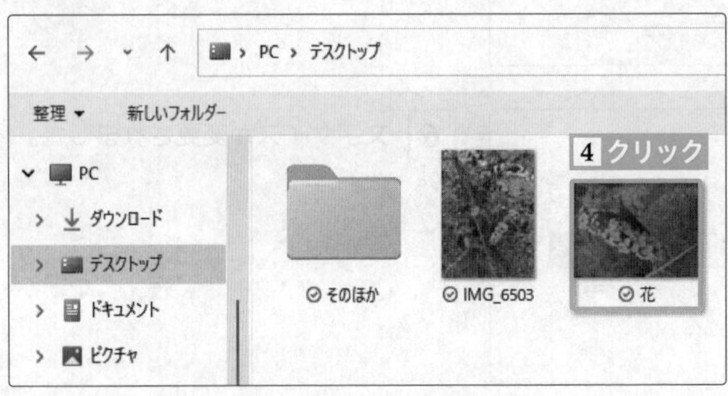

4 エクスプローラーが開かれるので、挿入したい画像をクリックします。

5 **「挿入」**をクリックします。

6 ページに画像が挿入されました。

Column 「画像の領域」と「オンライン画像」

画像の挿入には、**「画像」**から挿入する方法のほかに、パソコン画面のスナップショットを一部切り取ってページに領域を取り込む**「画面の領域」**と、オンラインでカテゴリ別に画像を選択したり、検索したりできる**「オンライン画像」**があります。

Column 画像の大きさを変更する

画像をクリックすると表示される□をクリックし、ドラッグすると、大きさが変更されます。

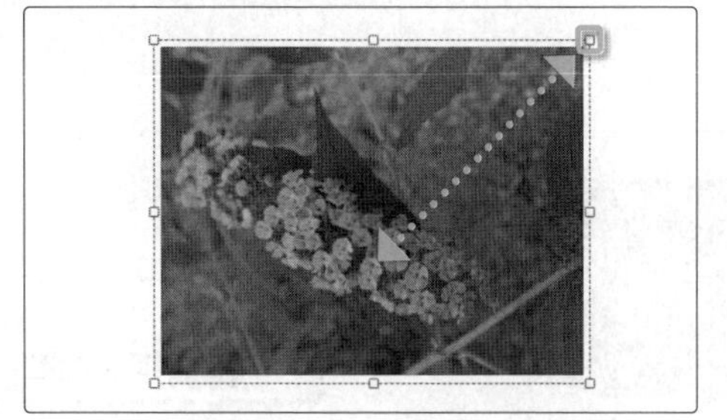

画像の文字をテキストに起こす

画像内に記されているテキストを拾いたいとき、わざわざ文字に起こす作業は手間です。OneNoteでは、画像を挿入さえすれば、テキストをコピーし、ノートコンテナーとして残しておくこともできます。

画像からテキストをコピーする

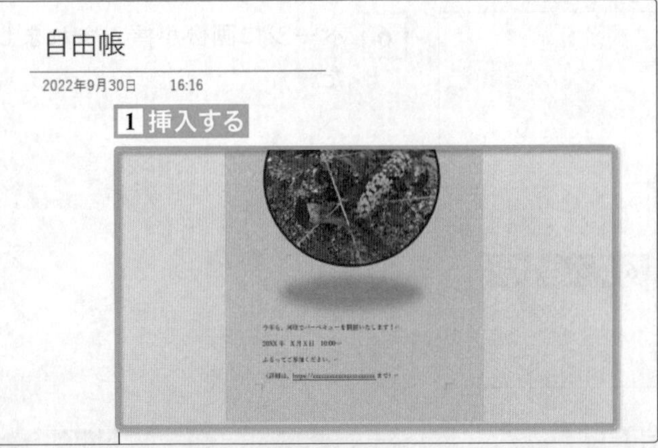

1 194ページを参考に、ページに画像を挿入します。

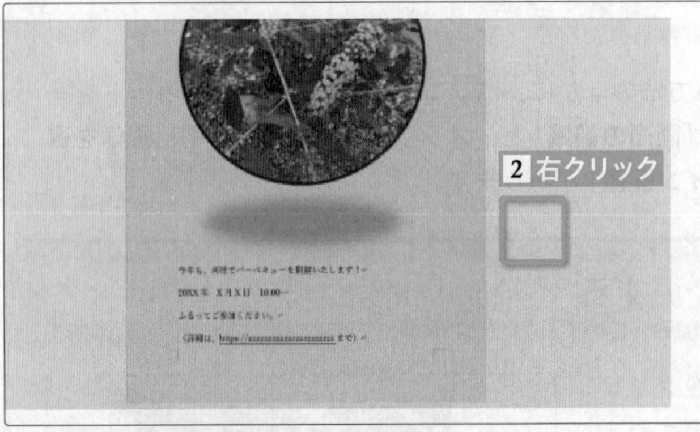

2 画像を**右クリック**します。

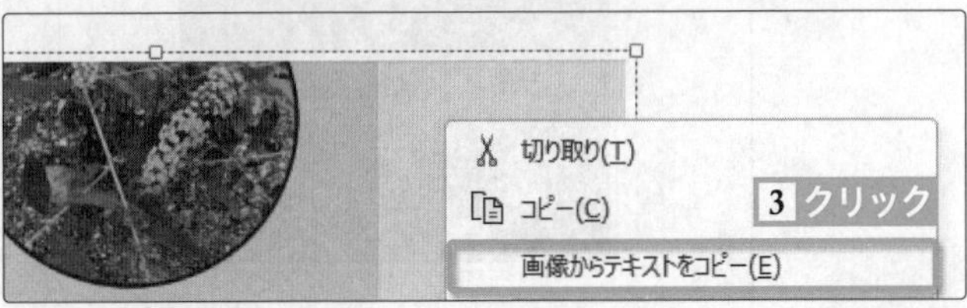

3 **「画像からテキストをコピー」**を**クリック**します。

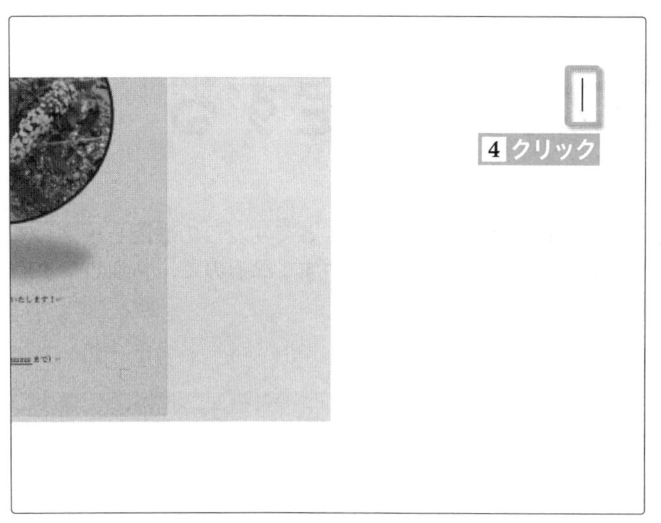

4 貼り付けたい場所をクリックします。

5 **「ホーム」**をクリックし、

6 **「クリップボード」**グループにある**「貼り付け」**をクリックします。

7 貼り付けられた

今年も、河原でバーベキューを開催いたします!
20XX年X月X日10:00-
ふるってご参加ください。
(詳細は、https://zzzzzzzzzzzzzzzzzzzzzまで)

7 画像の文字が貼り付けられました。

画像に代替テキストを設定する

代替テキストとは、ページに挿入した画像や動画に設定できる情報のことです。この機能を設定しておくことで、OneNote 内を検索（214 ページ参照）したときに探しやすくなるので、判別しやすい文字を入力しましょう。

代替テキストを設定する

1 194ページを参考に、ページに画像を挿入します。

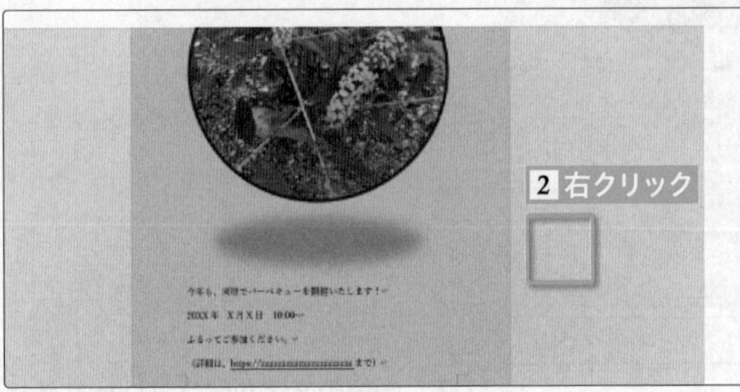

2 画像を右クリックします。

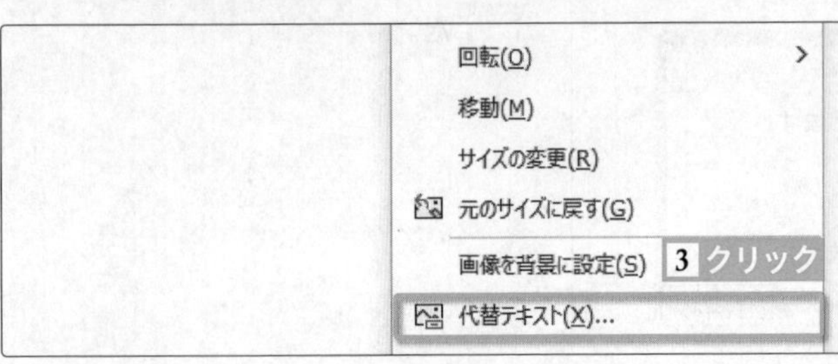

3 「代替テキスト」をクリックします。

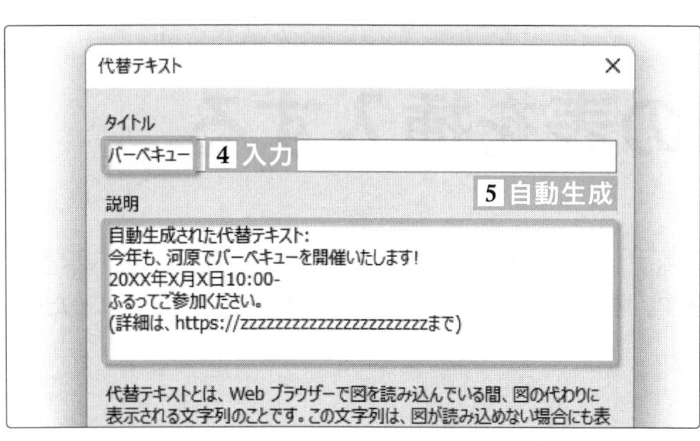

4 タイトルを入力します。

5 説明には、自動で生成されたテキストが入力されています。

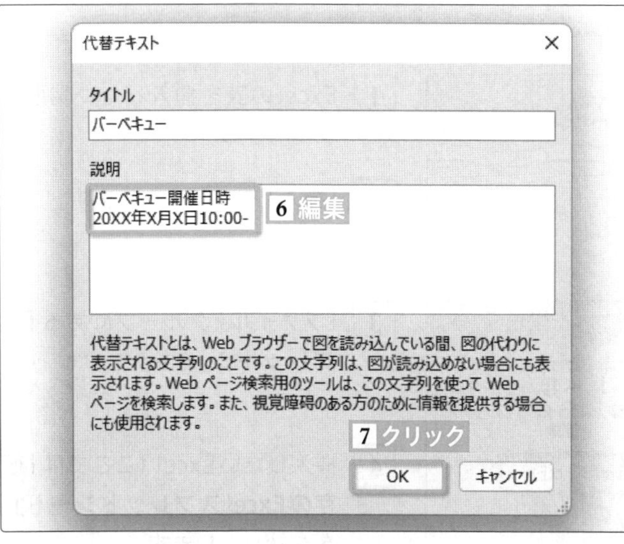

6 説明を編集し、

7 「OK」をクリックします。

Column 画像内のテキストを検索する

画像内のテキストを検索できるように設定したい場合（214ページ参照）は、手順3の画面で、**「画像内のテキストを検索可能にする」**にマウスポインターを合わせ、表示される言語をクリックします。

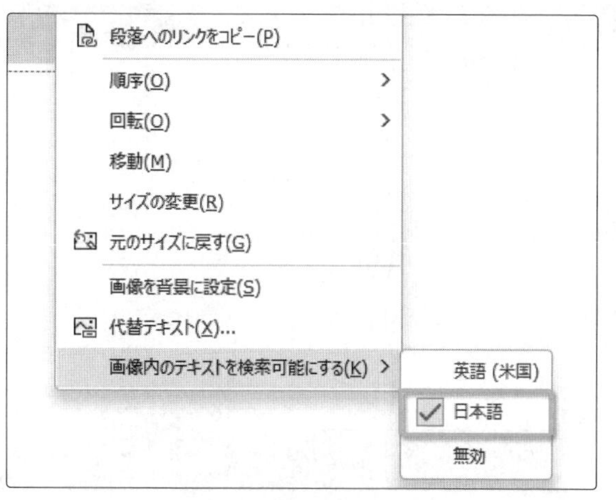

ページにExcelの表を挿入する

Excel の表は、パソコン内に保存されているデータから選択して挿入したり、新しいスプレッドシートをページに挿入したりすることができます。挿入した表の編集内容は OneNote に保存されるため、安心して作業可能です。

Excelの表を貼り付ける

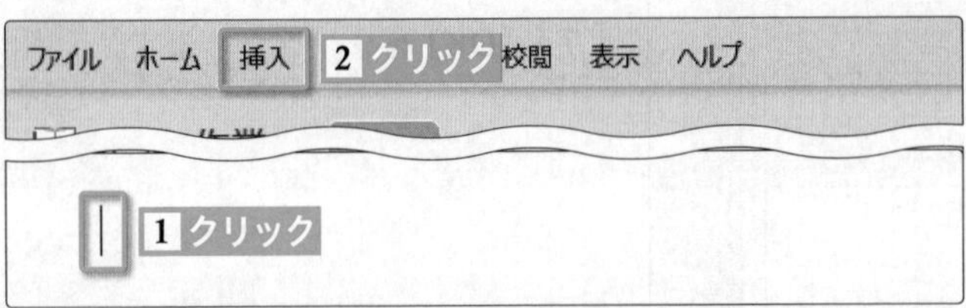

1 Excelの表を挿入したい場所を**クリック**し、

2 **「挿入」**を**クリック**します。

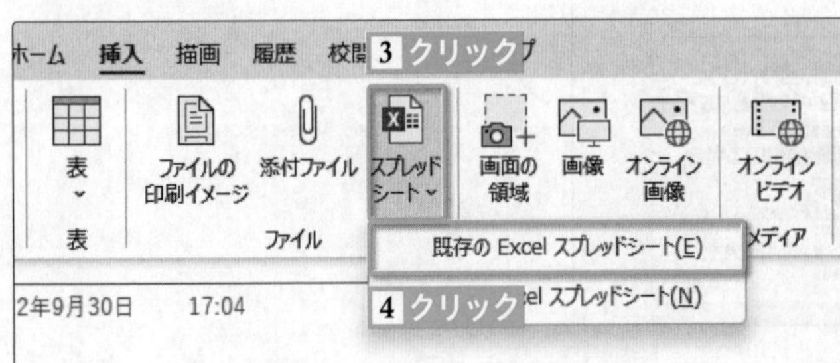

3 **「ファイル」**グループにある**「スプレッドシート」**を**クリック**し、

4 挿入したいExcel（ここでは**「既存のExcelスプレッドシート」**）を**クリック**します。

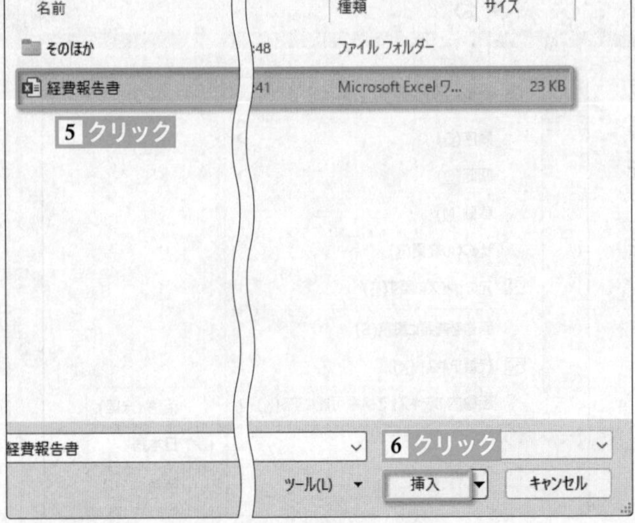

5 挿入したいシートを**クリック**し、

6 **「挿入」**を**クリック**します。

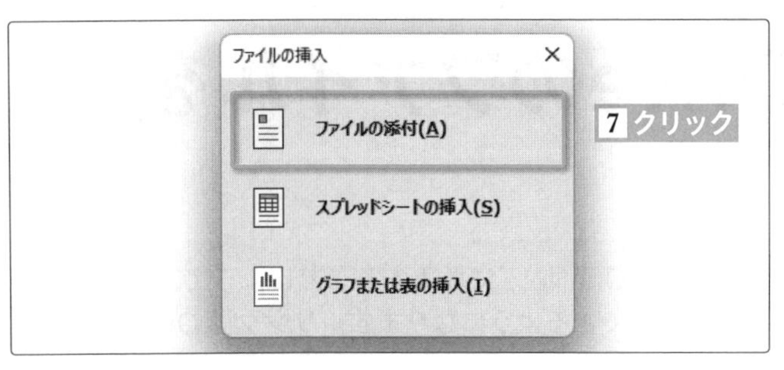

7 ここでは「**ファイルの添付**」をクリックします。

経費報告書

編集 9 クリック

経費明細書

目的: 出張費用　明細書番号: 123456789

従業員情報:

名前 小野　職位 主任

部署 営業　マネージャー: 鈴木

日付	アカウント	説明	ホテル	交通費	燃料費
4月	abcdefg	出張のため	ビジネスホテル	¥5,000	-
5月	abcdefg	出勤のため	-	¥600	-
6月	abcdefg	出張のため	ビジネスホテル	¥5,000	-

8 Excelの表がページに貼り付けられます。

9 表にマウスポインターを合わせ、表示される「**編集**」をクリックします。

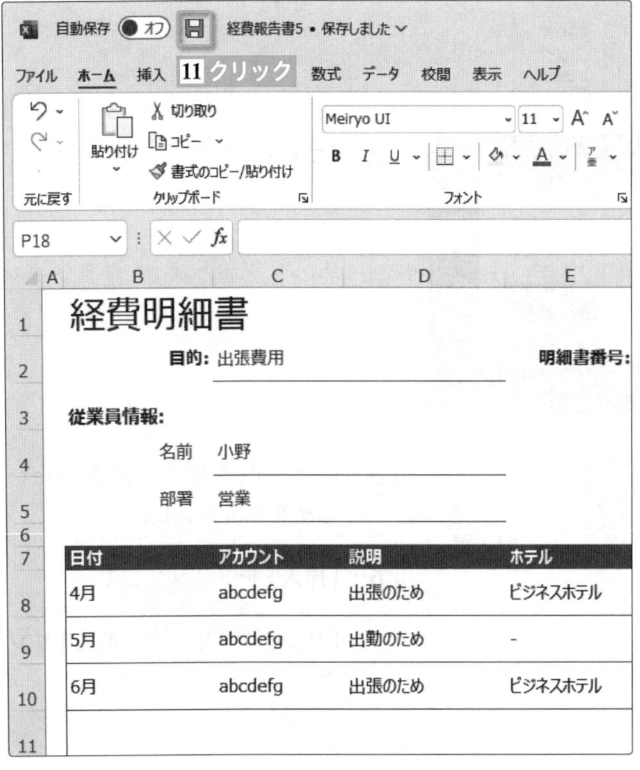

10 表がExcelのデスクトップ版アプリで開かれました。

11 内容を編集し、クリックして保存すると、OneNoteに反映されます。

ページにOneDriveのファイルを挿入する

OneDrive にアップロードしたファイルのリンクを OneNote に挿入することによって、編集した内容が OneDrive に反映され、安全に保存することができるようになります。リンクは OneNote 内のどこへでも挿入可能です。

OneDriveのファイルを挿入する

1 162ページを参考に、OneDrive にファイルをアップロードし、

2 ファイルにマウスポインターを合わせ、表示される○をクリックして、

3 「**リンクをコピー**」をクリックします。

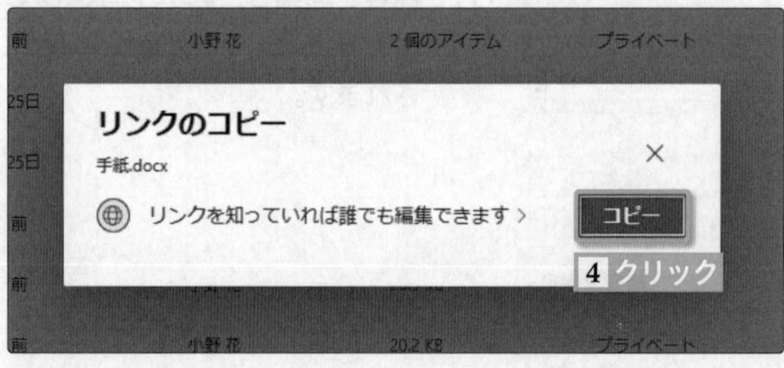

4 「**コピー**」をクリックします。

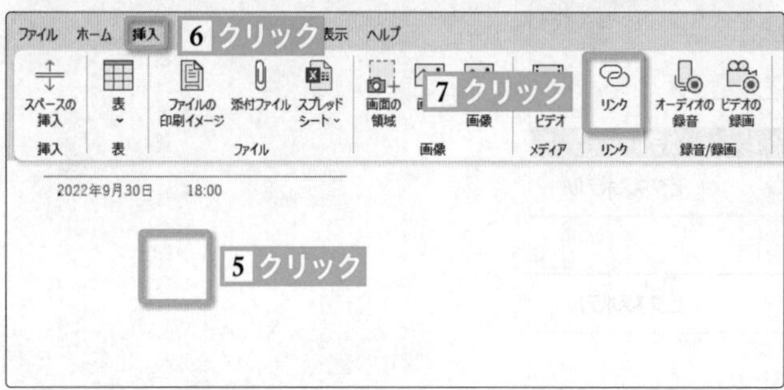

5 OneNoteを開き、挿入したい場所をクリックし、

6 「**挿入**」をクリックして、

7 「**リンク**」グループにある「**リンク**」をクリックします。

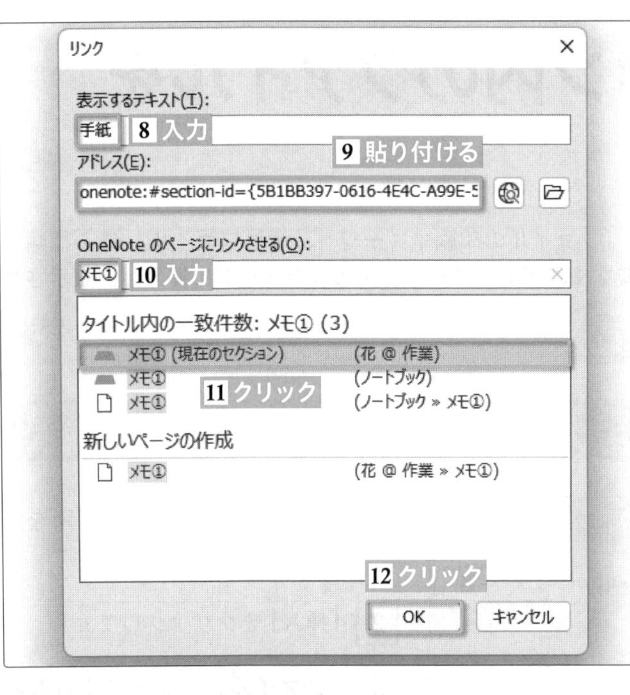

8 表示するテキストを入力し、

9 アドレスに手順4でコピーしたリンクを貼り付けて、

10 貼り付けるOneNoteの場所を入力し、

11 表示される候補をクリックします。

12 「OK」をクリックします。

13 ファイルのリンクが挿入されました。

14 ファイルのリンクをクリックします。

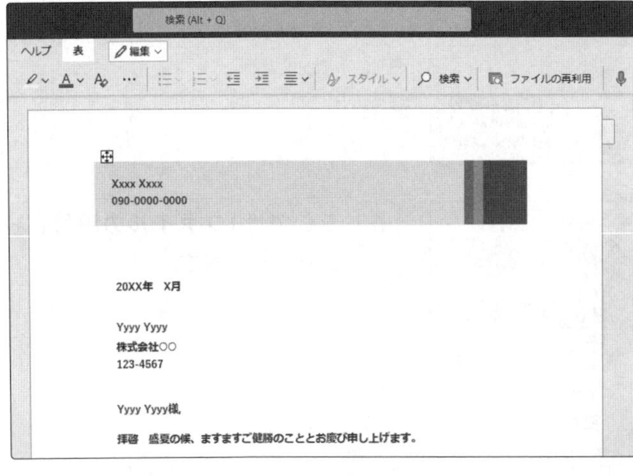

15 ファイルがデスクトップ版アプリで開かれました。

16 内容を編集すると、自動的に保存され、OneDriveに反映されます。

ページにパソコン内のファイルを挿入する

Word や PowerPoint などのファイルは、「ファイルの印刷イメージ」、「添付ファイル」の 2 種類から挿入します。ファイルのアイコンだけでなく、印刷イメージをそのままページに挿入し、表示させることもできます。

ファイルを挿入する

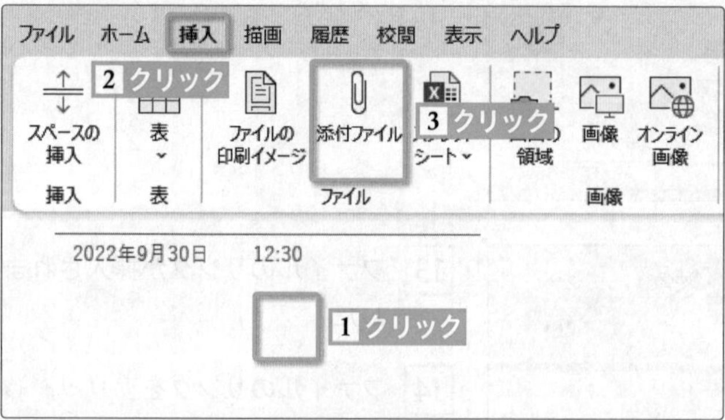

1 ファイルを挿入したい場所をクリックし、

2 「**挿入**」をクリックして、

3 「**ファイル**」グループにある項目（ここでは「**添付ファイル**」）をクリックします。

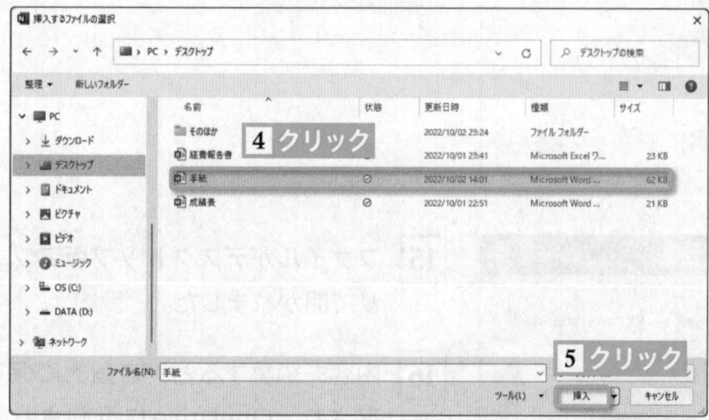

4 挿入するファイルをクリックし、

5 「**挿入**」をクリックします。

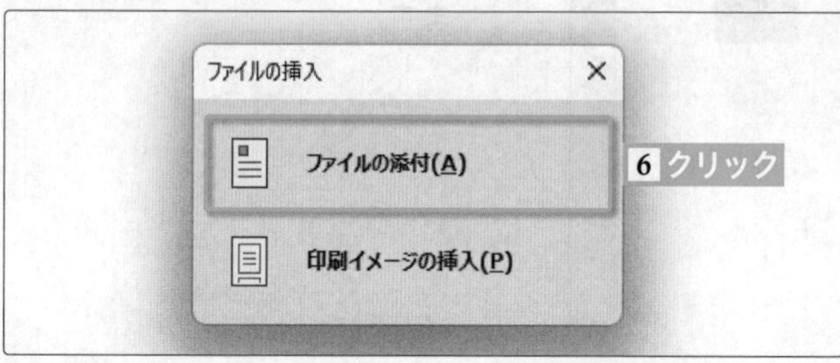

6 ここでは「**ファイルの添付**」をクリックします。

7 添付ファイルが挿入されました。

8 ファイルを右クリックします。

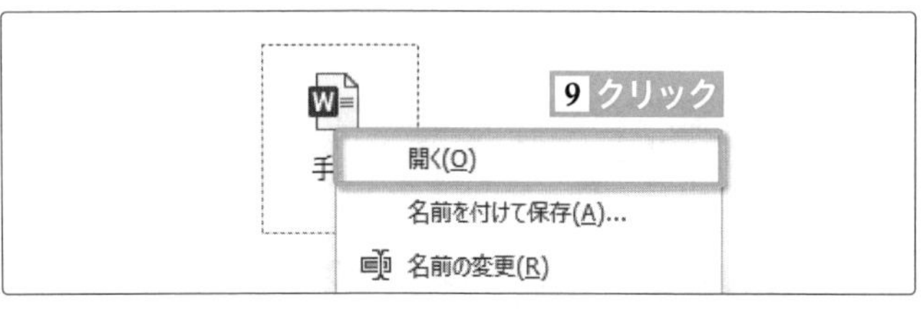

9 **「開く」**をクリックします。

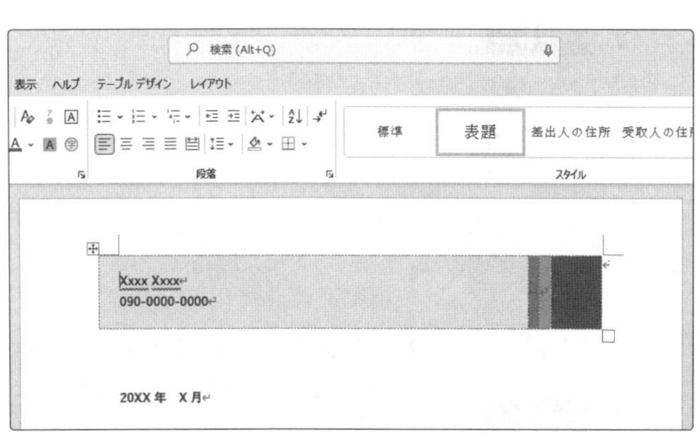

10 ファイルがデスクトップ版アプリで開かれました。

11 201ページ手順11を参考に内容を編集し保存すると、OneNoteに保存されます。

Column 印刷イメージを挿入する

手順3の画面で**「ファイルの印刷イメージ」**をクリックすると、添付ファイルと一緒に印刷イメージが挿入されます。イメージ画像からテキストをコピーしたり（196ページ参考）、代替テキストを設定したり（198ページ参考）、することができます。

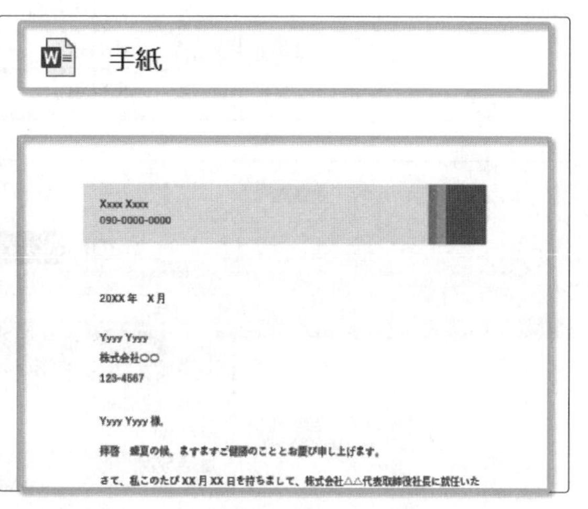

ページの並び順を変える

ページが増えてくると、最新で取り扱っているページを一番上にしたい場合があります。その際は、並び順を変更しましょう。また、1ページだけ移動させたいときには、クリックしてドラッグします(207ページ参照)。

ページを並び替える

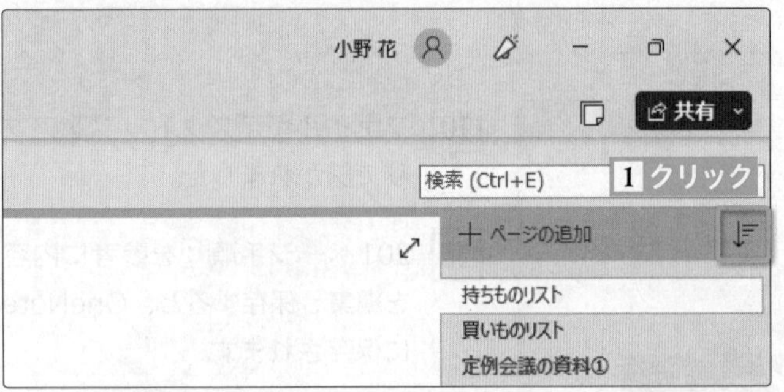

1 画面右側の をクリックし、

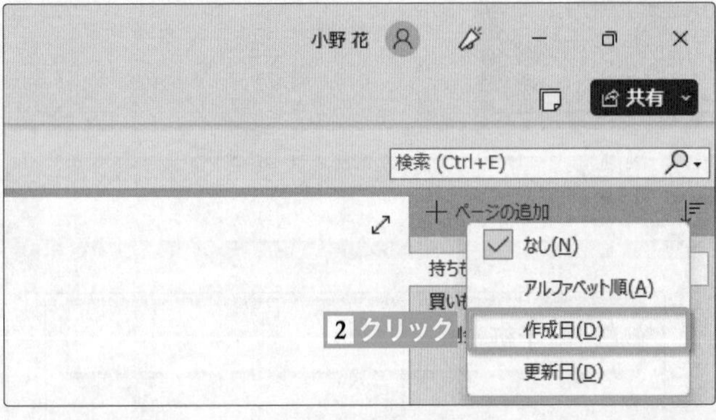

2 並び替えたい順番(ここでは「作成日」)をクリックします。

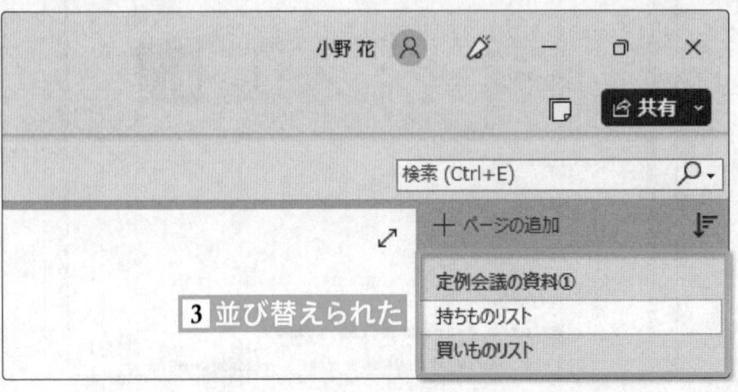

3 ページが並び替えられました。

ページをサブページにして階層化する

ページを階層化することで、更に綺麗にノートを整頓できます。また、注意点として、並び替えたい順番を「なし」にしていないと、個別にページをドラッグし、移動させることはできなくなります（206ページ参照）。

ページをサブページにする

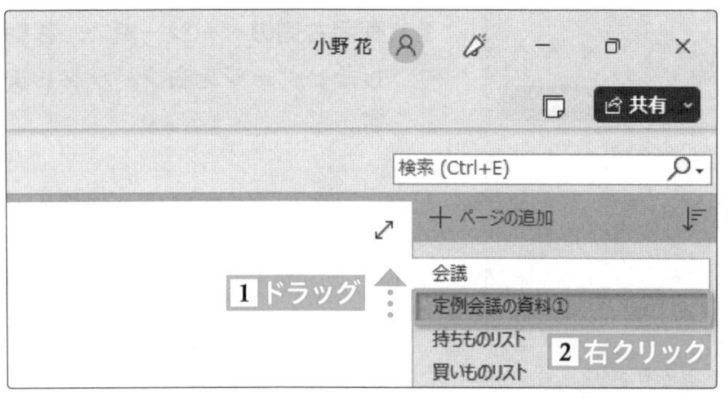

1 サブページにしたいページをクリックしてドラッグし、メインページの下に移動させます。

2 右クリックします。

コピー(C)
貼り付け(P)
ページへのリンクをコピー(L)
移動またはコピー(M)... (Ctrl+Alt+M)
新しいページ(N) (Ctrl+N)
サブページにする(S)
3 クリック
サブページのレベルを上げる(O)
未読にする(K) (Ctrl+Q)

3 **「サブページにする」**をクリックします。

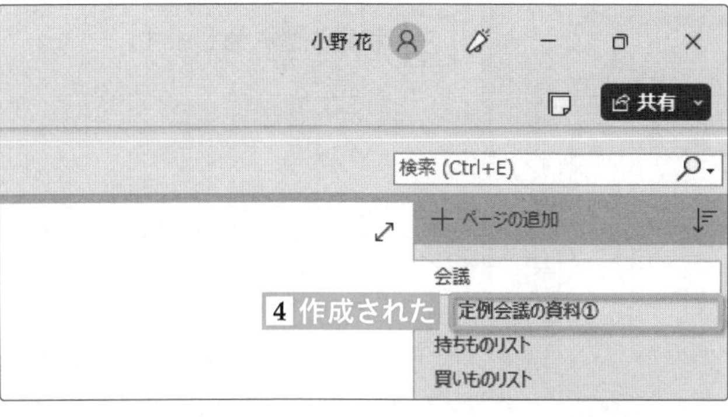

4 サブページが作成されました。

ページを別のセクションやノートブックに移動する

カテゴリ別に分けて OneNote を使っていたり、間違えて内容が異なる別のセクションやノートブックにページを作成したりしてしまったときは、ページを移動させましょう。ルーズリーフのように、手軽に差し替えられます。

ページを移動する

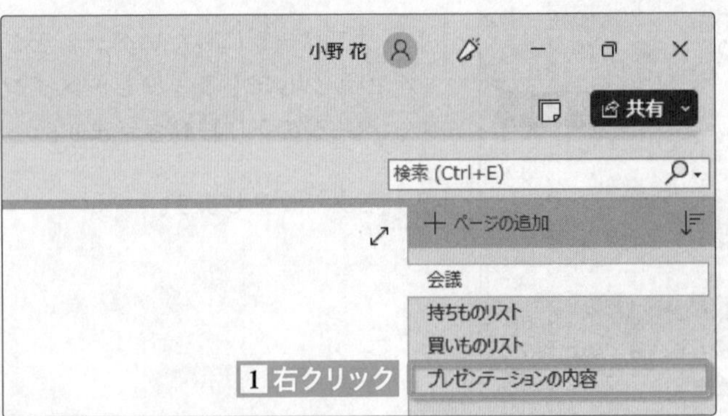

1 画面右側のページ一覧で、移動したいページを**右クリック**します。

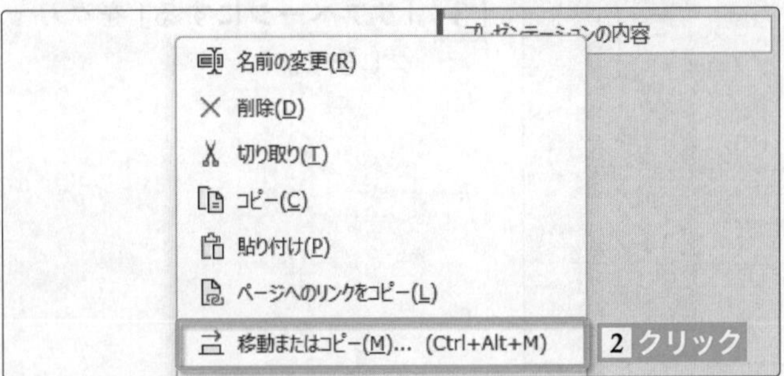

2 「**移動またはコピー**」を**クリック**します。

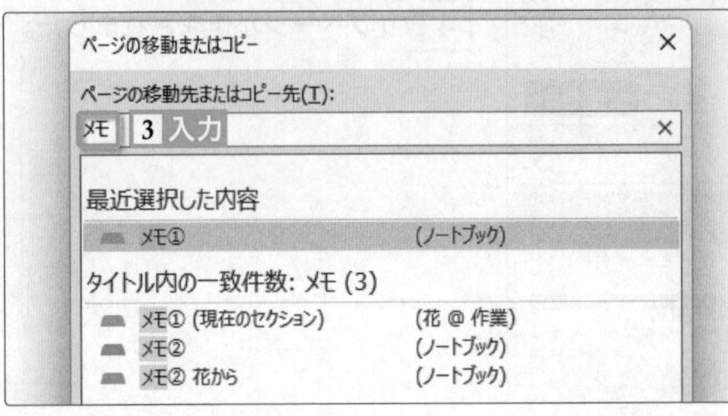

3 移動先を**入力**します。

4 表示された候補先をクリックします。

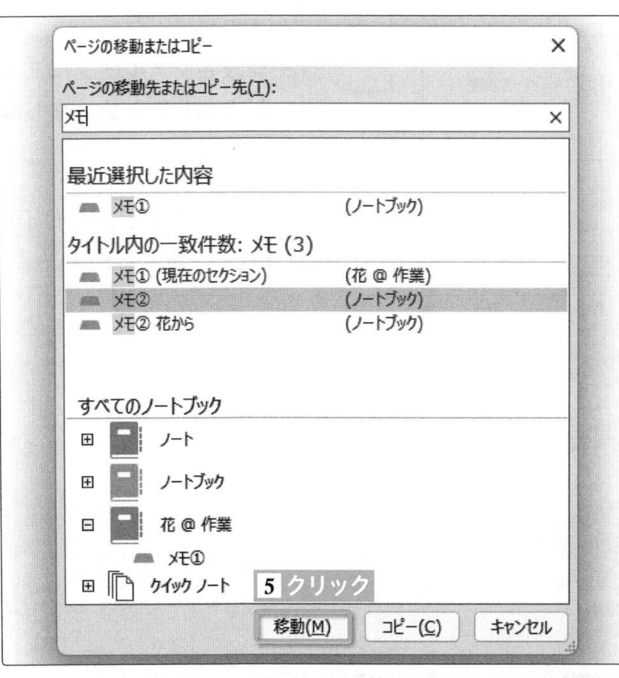

5 「**移動**」をクリックします。

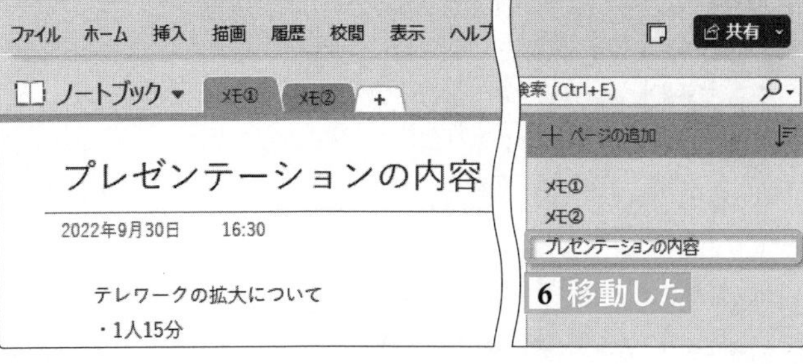

6 ページが移動しました。

ページに色を付ける

ページを見分けやすくするために、色を変更するという方法は、とてもシンプルです。1ページごとにページの背景色を変更することができます。ノートコンテナー内の色は、ページの色に反映されます。また、ページの色とセクションの色（219ページ参照）は別々に設定ができます。

(219ページ参照)

ページの色を設定する

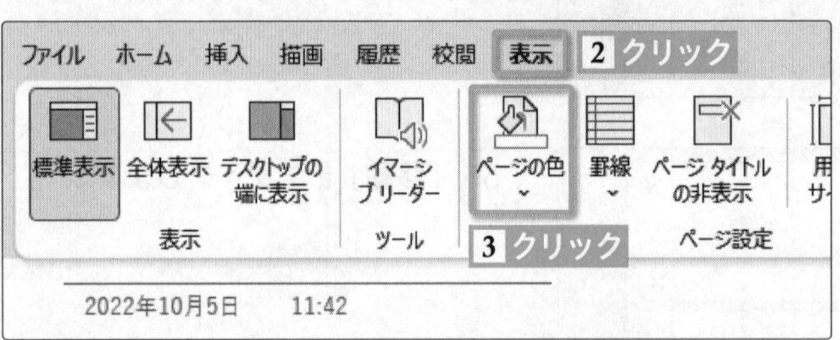

1 色を付けたいページを表示し、

2 「**表示**」をクリックして、

3 「**ページ設定**」グループにある「**ページの色**」をクリックします。

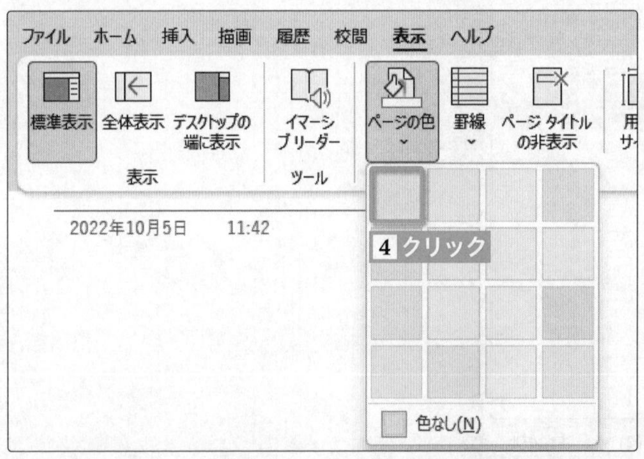

4 設定したい色（ここでは「**(青)**」）をクリックします。

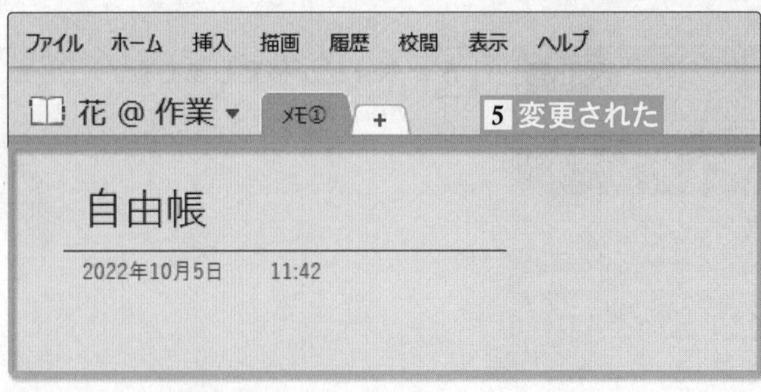

5 ページの色が変更されました。

ページを削除する

ページ数が増えていくと、ノートブックが使いづらくなったり、お目当てのページが一目で見つけづらかったりします。不要になったページは適度に削除しましょう。なお、削除されたページは、60日間保存され「ノートブックのごみ箱」から確認できます（235ページ参照）。

ページを削除する

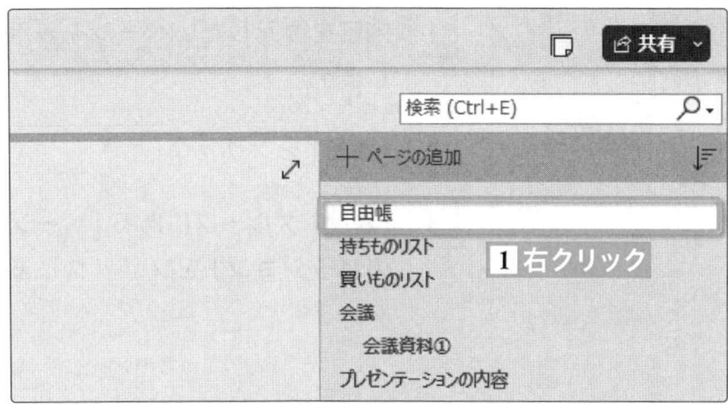

1 画面右側のページ一覧で、削除したいページを右クリックします。

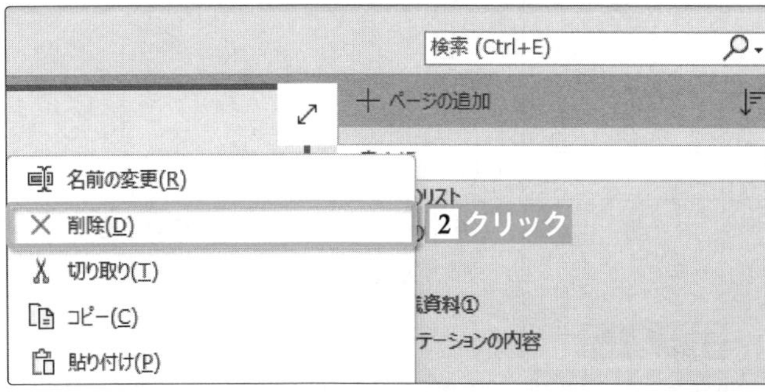

2 「**削除**」をクリックします。

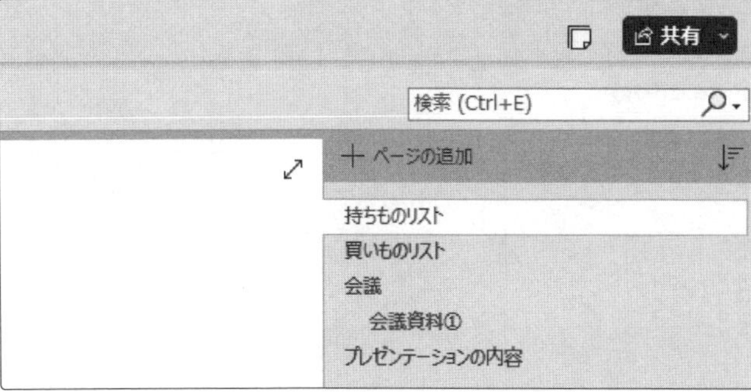

3 ページが削除されました。

ページを過去の内容に戻す

誤って情報を上書きしてしまった場合でも、「ページのバージョン」から復活させることができます。過去のバージョンは、クリックすることで内容を確認することが可能なため、便利です。古いバージョンは、いずれは削除されるので気を付けましょう。

ページのバージョンから復元する

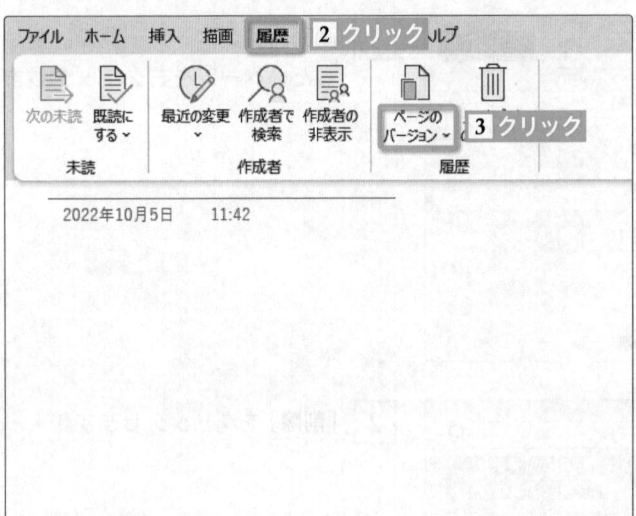

1 内容を復元したいページを表示します。

2 「**履歴**」をクリックし、

3 「**履歴**」グループにある「**ページのバージョン**」をクリックします。

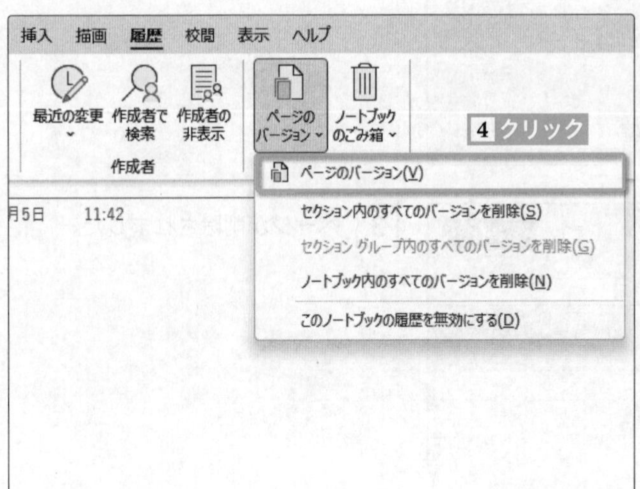

4 「**ページのバージョン**」をクリックします。

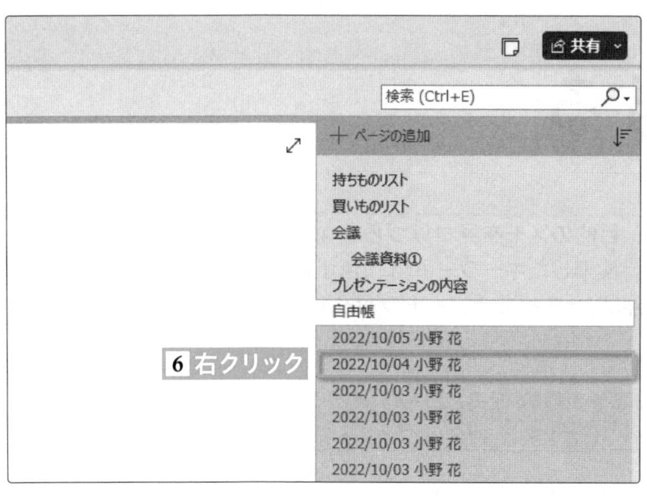

5 過去のバージョンが表示されます。

6 戻したいページのバージョン（ここでは「**2022/10/04**」）を右クリックします。

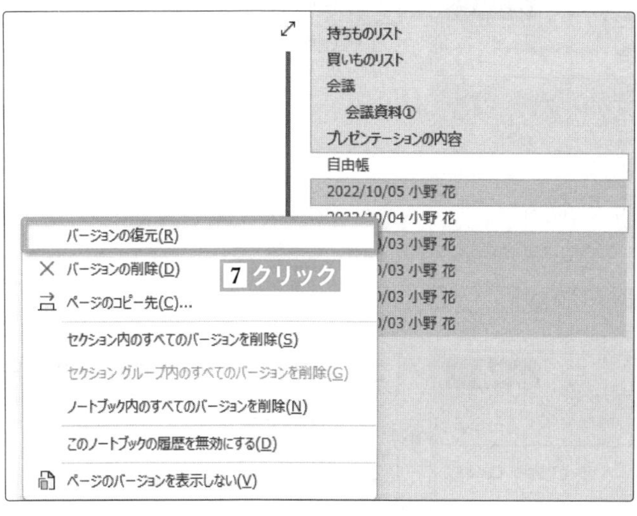

7 「**バージョンの復元**」をクリックします。

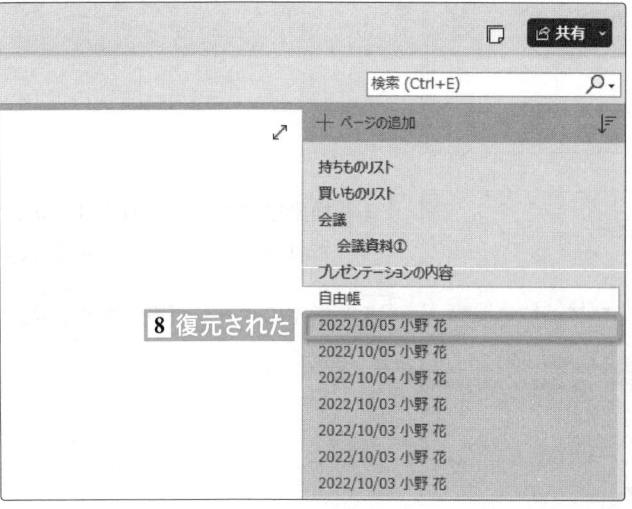

8 過去の内容のページが復元されました。

ページを検索する

ページ数やセクション数が増えてくると、目的のメモを見つけづらくなってくるかも知れません。そのようなときは、検索機能が役立ちます。検索したキーワードは、色が付いて表示されるため、探しやすいです。なお、デフォルトの検索条件は、「すべてのノートブック」になっています。

ページを検索する

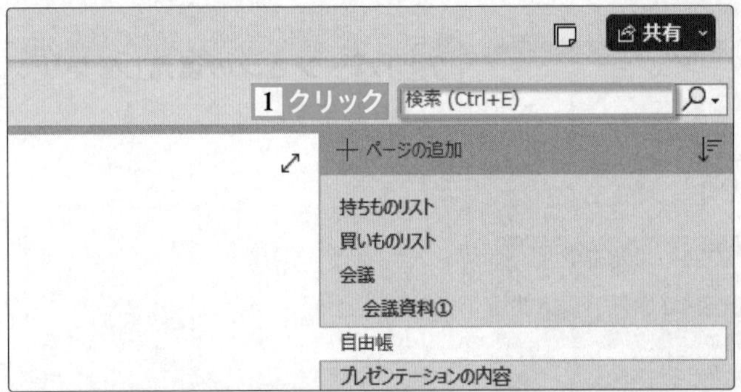

1 画面右側の「**検索**」をクリックします。

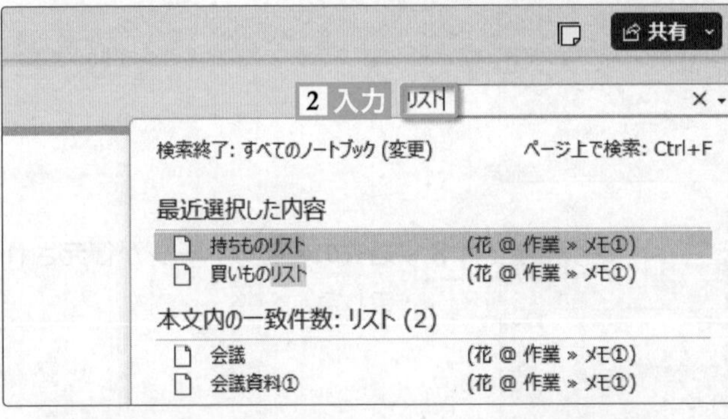

2 検索したいページのキーワードを入力し、

3 Enter キーを押します。

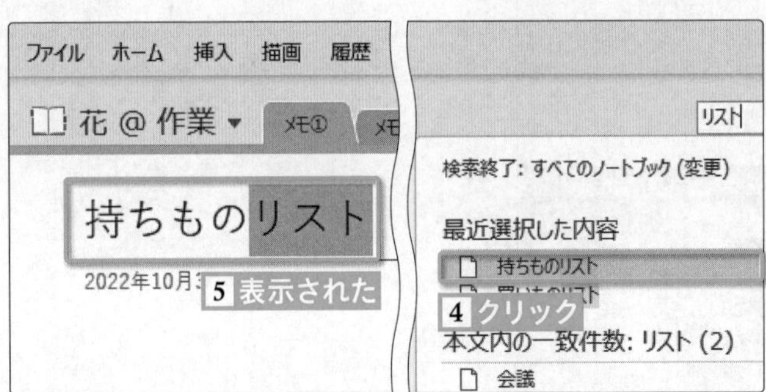

4 検索結果が表示されます。表示される候補をクリックすると、

5 指定のページが表示されます。

条件を設定して検索する

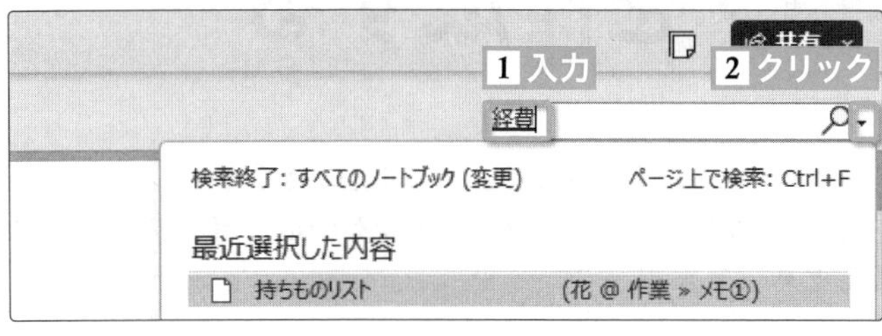

1 214ページ手順1～2を参考に、キーワードを入力し、

2 ▾をクリックします。

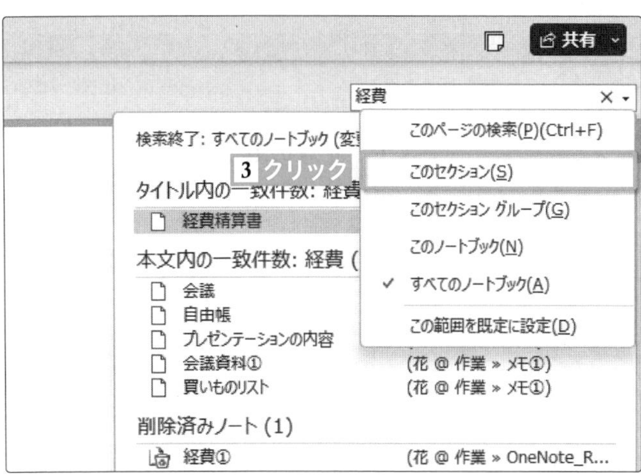

3 検索範囲が表示されるので、条件（ここでは「**このセクション**」）をクリックします。

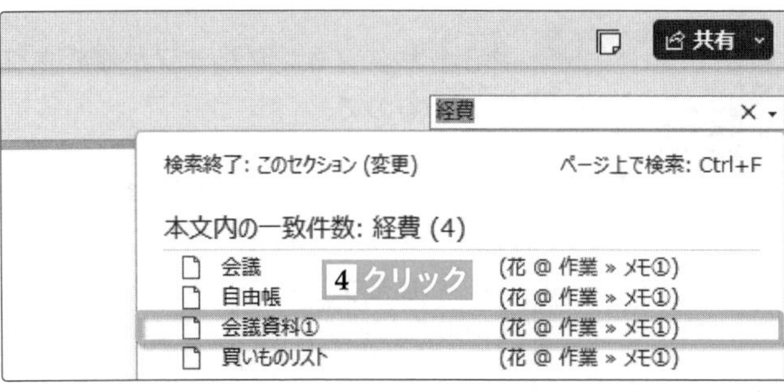

4 検索結果が表示されます。表示される候補をクリックします。

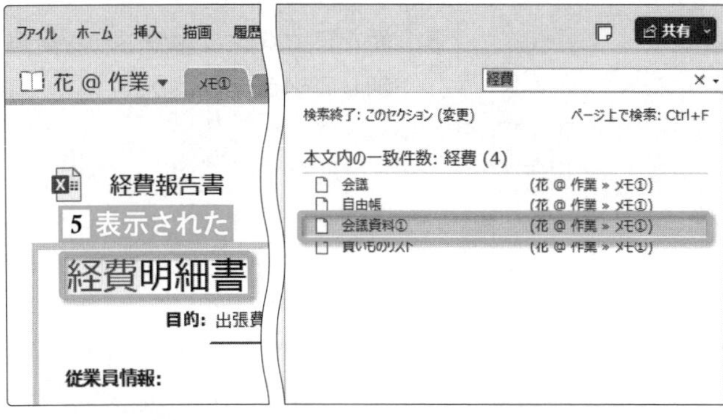

5 指定のページが表示されます。

セクショングループを作成する

ノートブックにセクションを追加して内容をカテゴリ分けするのもよいですが、セクショングループの作成もおすすめです。セクショングループは、新たにセクションやページを作成でき、グループの中にセクションをドラッグして移動させることもできます。

セクショングループを作成する

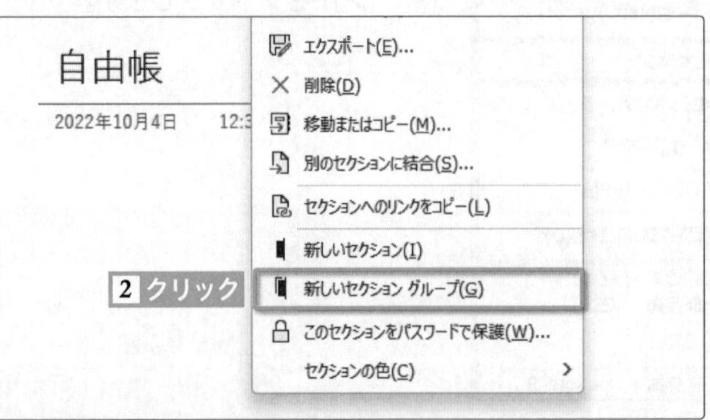

1 任意のセクションタブを右クリックし、

2 「新しいセクション グループ」をクリックします。

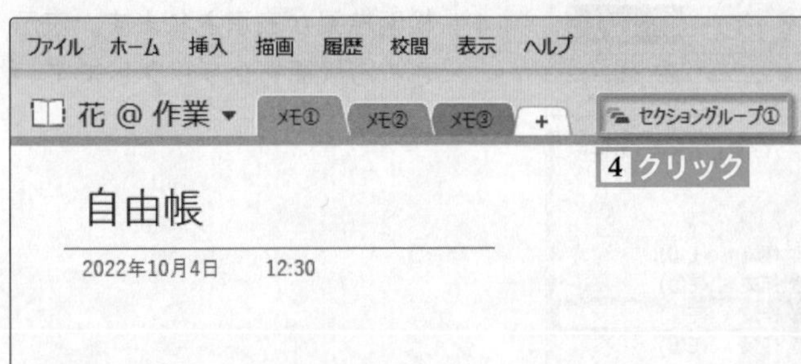

3 セクショングループが作成されるので、

4 184ページを参考にセクショングループ名を入力し、クリックします。

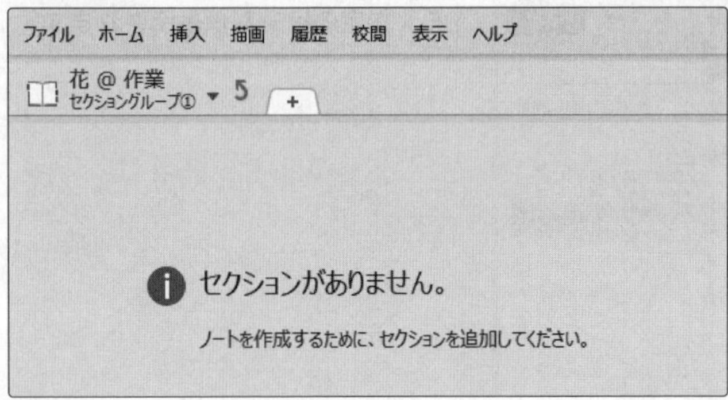

5 新たにセクションやページを追加していきましょう。

セクションの並び順を変える

ページと同様に、セクションも並び順を変えることができます。ページのように、作成日順やアルファベット順などといった条件を設定することはできませんが（206 ページ参照）、手動であれば、ドラッグするだけで使いやすい位置に移動させられます。

セクションを並び替える

ファイル ホーム 挿入 描画 履歴 校閲 表示 ヘルプ
花 @ 作業
メモ①
メモ②
メモ③
+
1 クリック
自由帳
2022年10月4日 12:30

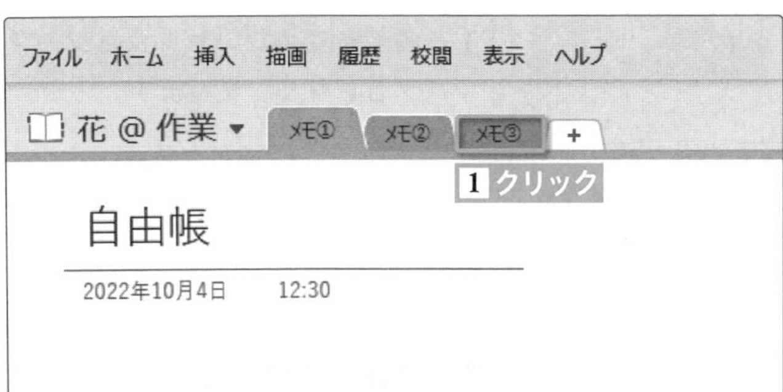

1 並び替えたいセクションのタブをクリックします。

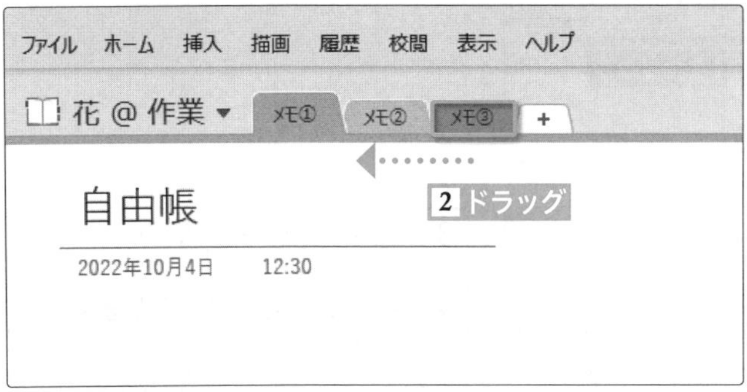

ファイル ホーム 挿入 描画 履歴 校閲 表示 ヘルプ
花 @ 作業
メモ①
メモ②
メモ③
+
2 ドラッグ
自由帳
2022年10月4日 12:30

2 移動させたい場所までドラッグします。

ファイル ホーム 挿入 描画 履歴 校閲 表示 ヘルプ
花 @ 作業
メモ①
メモ③
メモ②
+
3 並び替えられた
自由帳
2022年10月4日 12:30

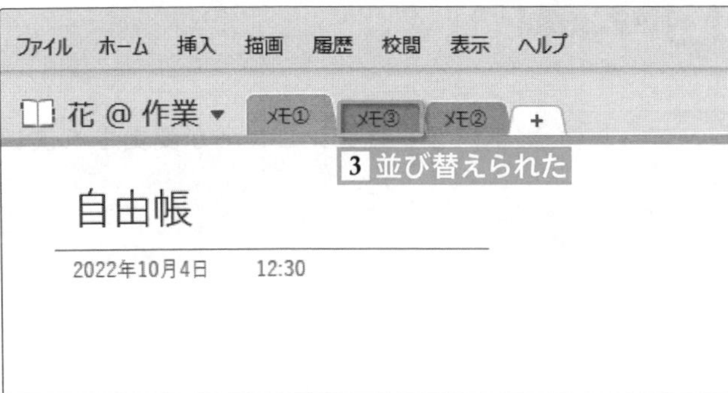

3 セクションが並び替えられました。

セクションを編集する

ノートブックの各セクションは、タブのように分割されています。タブごとに色分けしたり、名前を揃えたりすると、より使い勝手がよくなります。なお、セクションを追加したときの色は、自動で設定されています（184 ページ参照）。

セクション名を変える

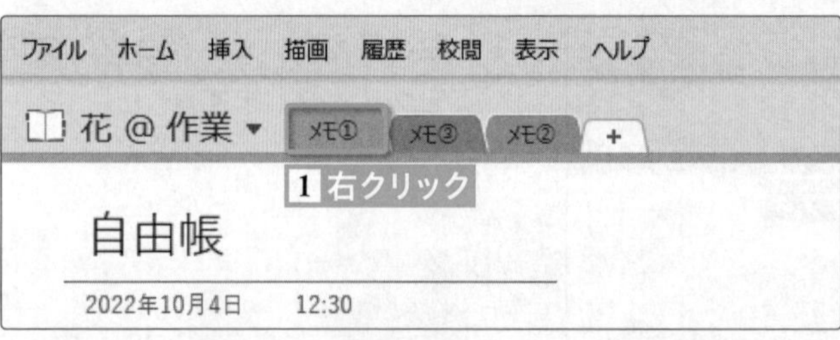

1 名前を変えたいセクションのタブを右クリックします。

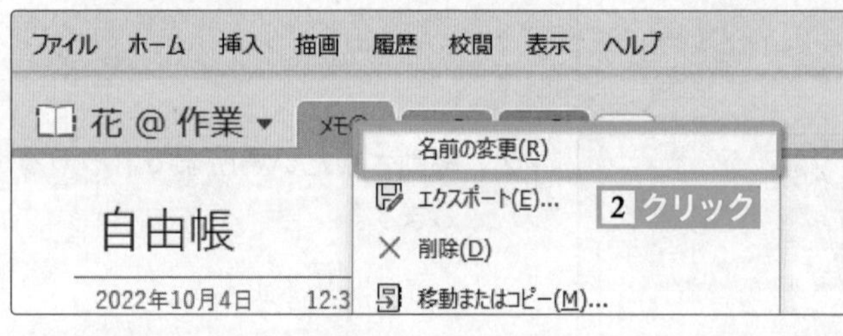

2 「名前の変更」をクリックします。

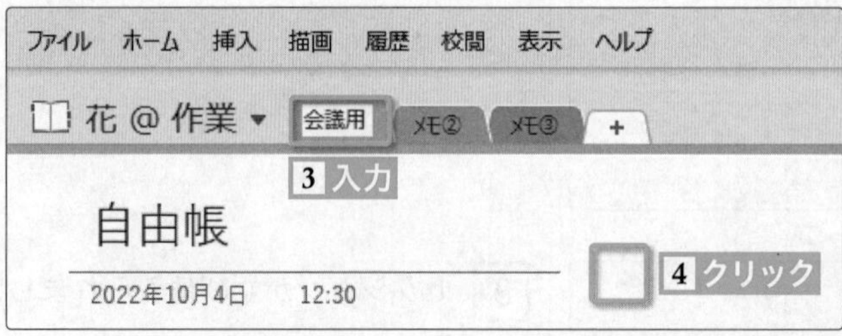

3 セクション名を入力し、

4 ページ内をクリックします。

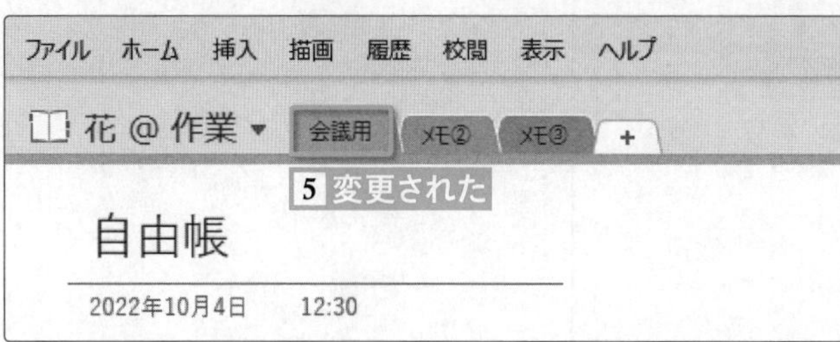

5 セクション名が変更されました。

セクションに色を付ける

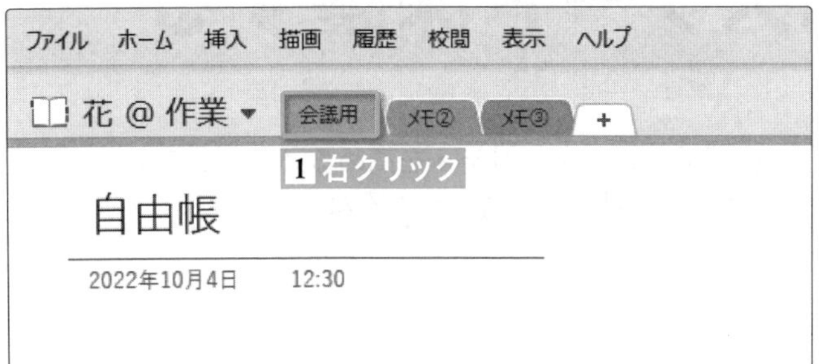

1 色を付けたいセクションのタブを右クリックします。

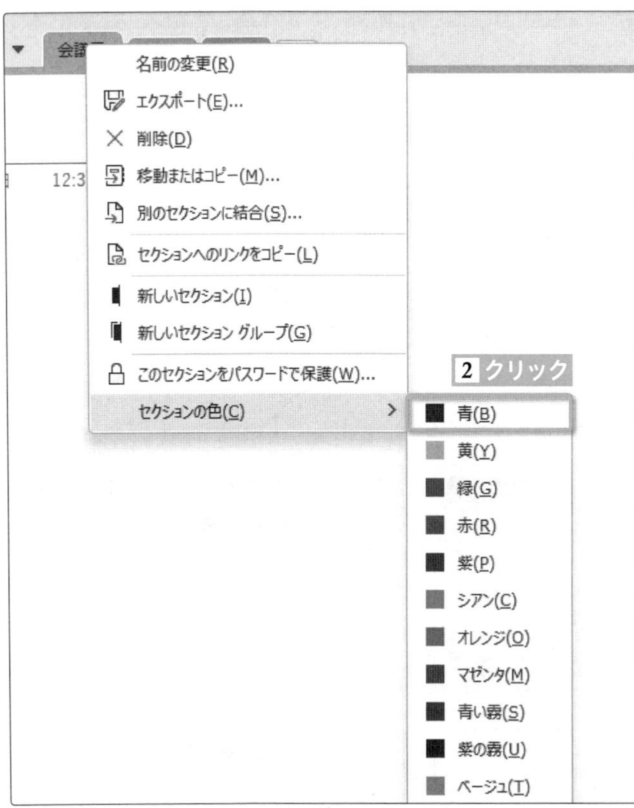

2 **「セクションの色」**にマウスポインターを合わせ、表示される色（ここでは**「青」**）をクリックします。

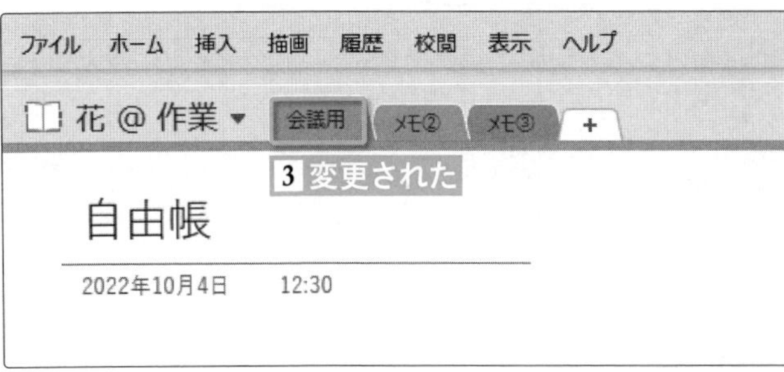

3 セクションの色が変更されました。

セクションをパスワード保護する

機密性の高い情報や、個人情報をメモしている場合は、セキュリティを高める必要があります。ロックをかけると、ページに記載されている内容は、検索対象にも含まれなくなるため、より安全です。なお、パスワードを忘れてしまうとリセットできません。

セクションにパスワード設定する

1 パスワード設定したいセクションを表示し、

2 **「校閲」**を**クリック**して、

3 **「セクション」**グループにある**「パスワード」**を**クリック**します。

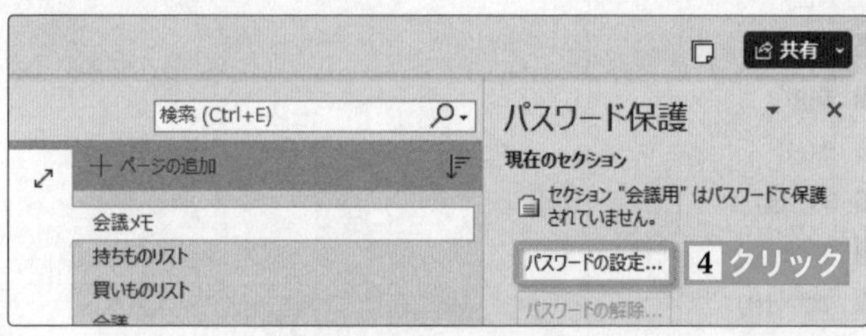

4 画面右側に表示される**「パスワードの設定」**を**クリック**します。

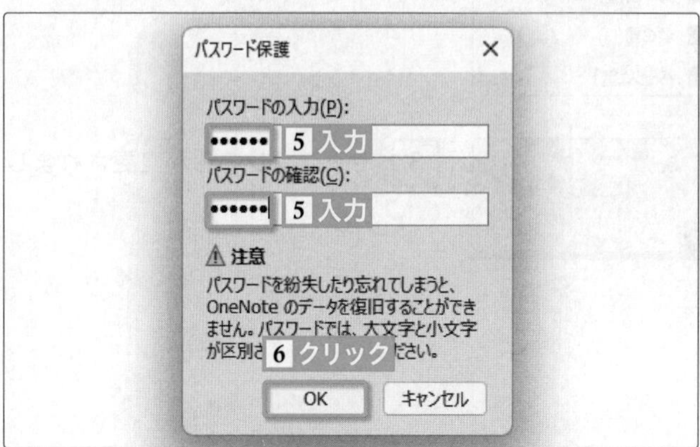

5 パスワードを2箇所に**入力**し、

6 **「OK」**を**クリック**します。

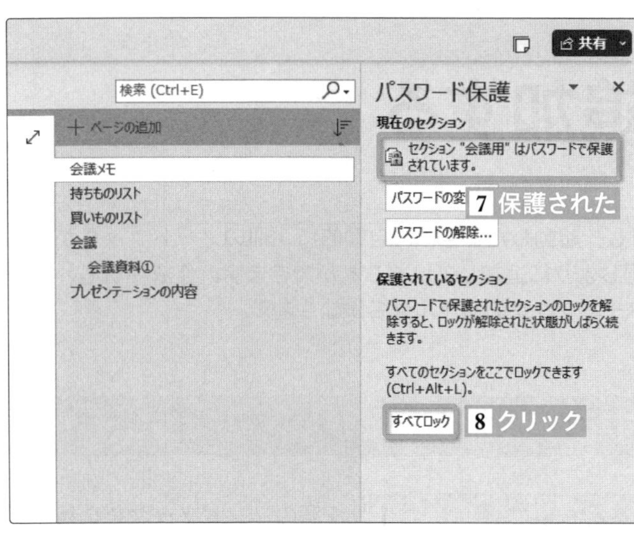

7 セクションが保護されました。

8 **「すべてロック」**をクリックします。

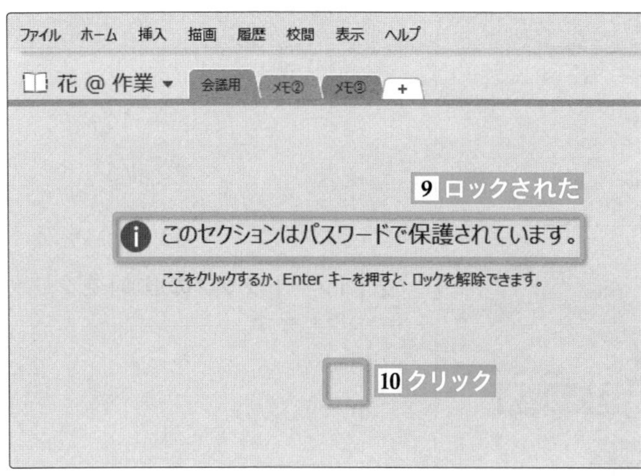

9 セクションがロックされました。

10 ページ内をクリックします。

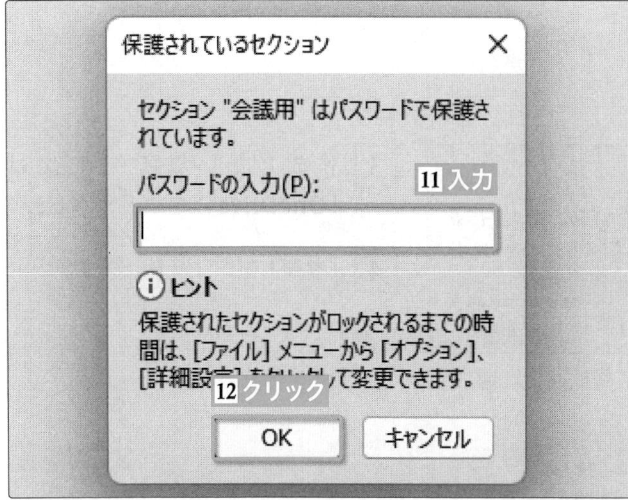

11 パスワードを入力し、

12 「OK」をクリックすると、ロックが解除されます。

ノートブックを追加する

OneNote アプリをはじめてダウンロードし、起動したときは、自動的に１冊のノートブックが作成されていますが、ページやセクションと同じように追加していくことができます。作成場所も、自由に選択可能です。ノートブックの名前がノートブックのフォルダ名になります。

新規ノートブックを追加する

1 任意のノートブックをクリックします。

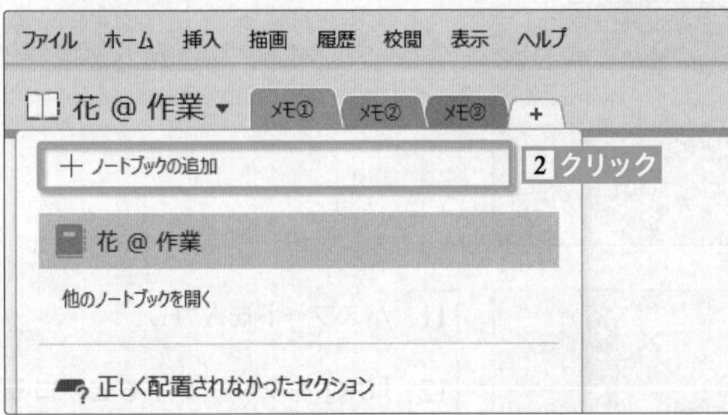

2 「**ノートブックの追加**」をクリックします。

3 作成したい場所（ここでは「**OneDrive**」）をクリックし、

4 「**参照**」をクリックします。

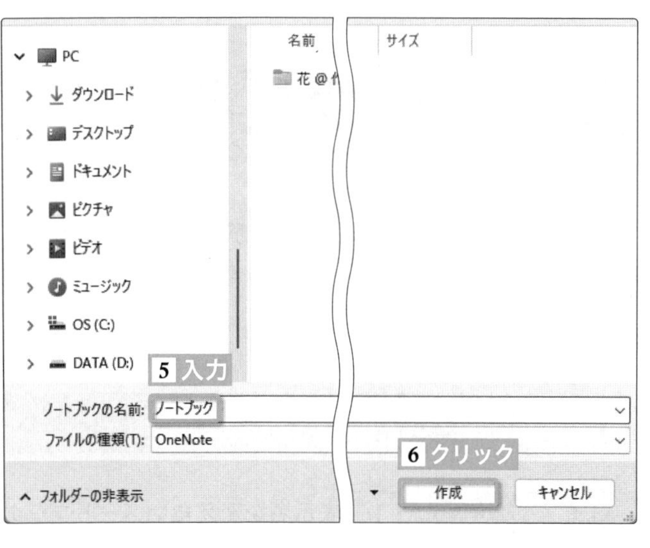

5 作成するエクスプローラーの場所を選択し、「**ノートブックの名前**」を入力します。

6 「**作成**」をクリックします。

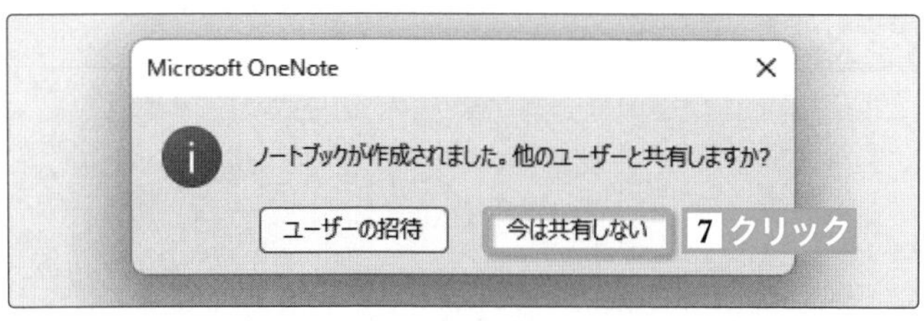

7 ここでは「**今は共有しない**」をクリックします。

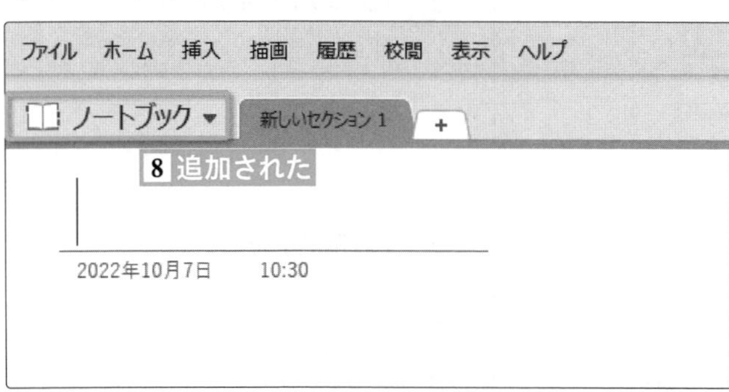

8 新しいノートブックが追加されました。

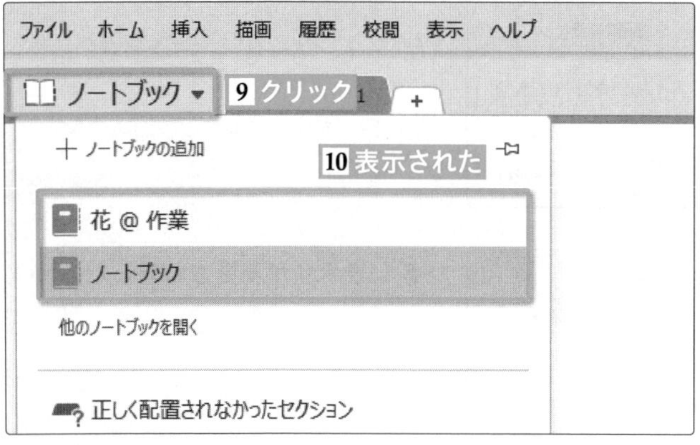

9 222ページ手順1を参考にノートブックをクリックすると、

10 ノートブック一覧が表示されました。

11 移動したいノートブックをクリックすると、移動できます。

ノートブックの表示名を変える

最初に付けたノートブック名は、ノートブックのフォルダ名になりますが（223 ページ参照）、OneNote 内のノートブックの表示名は変更することができます。このとき、実際のノートブックのフォルダ名は変更されません。

ノートブックの表示名を変える

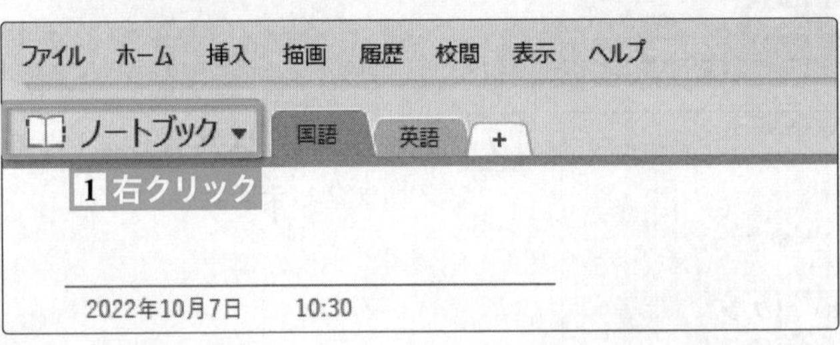

1 表示名を変えたいノートブックを右クリックします。

2 「プロパティ」をクリックします。

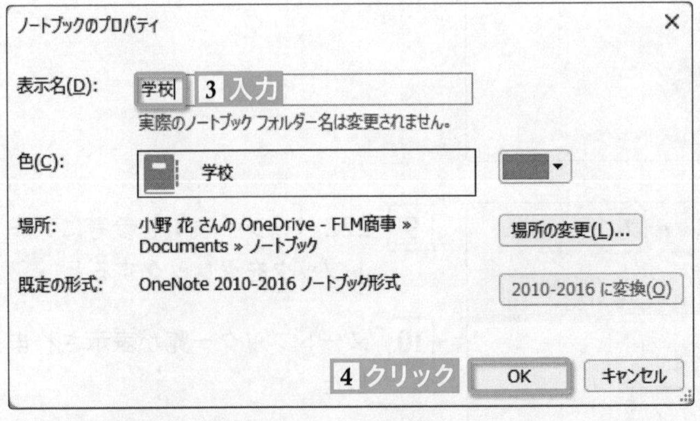

3 「表示名」を入力し、

4 「OK」をクリックします。

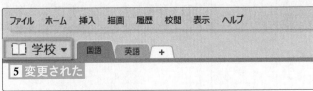

5 表示名が変更されました。

ノートブックを更新する

OneNoteには、手動で保存しなくても、自動的に内容は保存されます。別のデバイスでノートブックの内容を編集していたり、保存されているのか心配になったときは、ノートブックの同期状態を確認し、手動で同期しましょう。

ノートブックを同期する

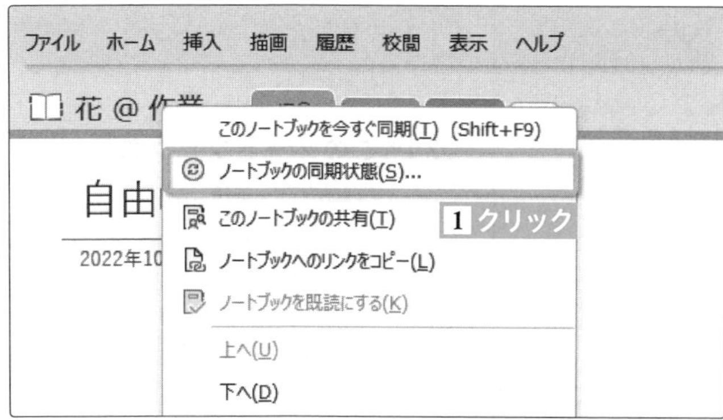

1 224ページ手順2の画面で、「**ノートブックの同期状態**」をクリックします。

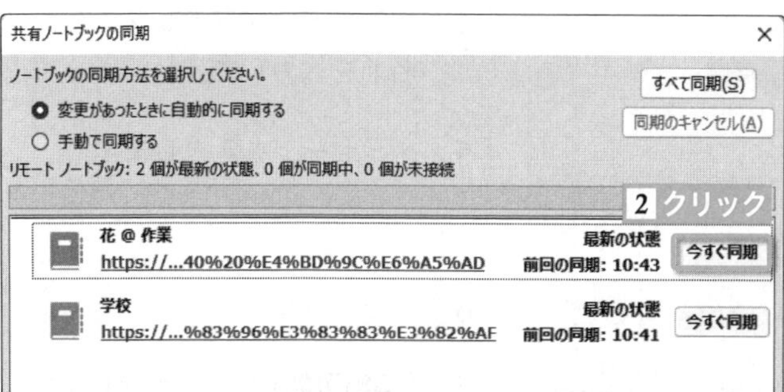

2 同期したいノートブックの「**今すぐ同期**」をクリックします。

共有ノートブックの同期
ノートブックの同期方法を選択してください。
すべて同期(S)
変更があったときに自動的に同期する
同期のキャンセル(A)
手動で同期する
リモート ノートブック: 2 個が最新の状態、0 個が同期中、0 個が未接続
3 同期された
花 @ 作業
https://...40%20%E4%BD%9C%E6%A5%AD
最新の状態
前回の同期: 10:45
今すぐ同期
学校
https://...%83%96%E3%83%83%E3%82%AF
最新の状態
前回の同期: 10:41
今すぐ同期

3 ノートブックが最新の状態に同期されました。

ノートブックを共有する

組織メンバーや組織外の人と、ノートブックを共有することができます。共有したい相手のメールアドレスを入力するだけで、ほかのユーザーをノートブックに招待することが可能です。OneNote は自動で保存されるため、よりタイムリーな共同編集が魅力です。

ノートブックを共有する

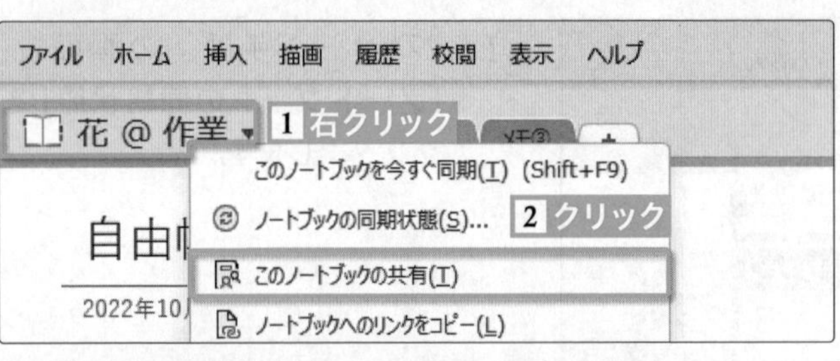

1 共有したいノートブックを右クリックし、

2 「このノートブックの共有」をクリックします。

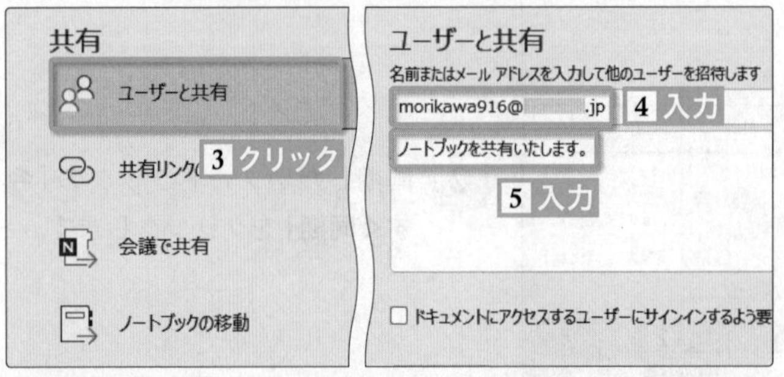

3 「ユーザーと共有」をクリックし、

4 相手のメールアドレス、または名前を入力して、

5 メッセージを入力します。

6 ⌄をクリックし、

7 「編集可能」をクリックします。

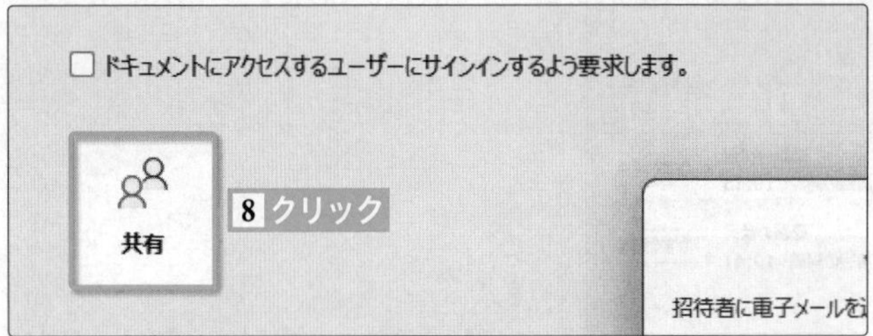

8 「共有」をクリックすると、手順4で入力した相手にメールが送信されます。

共有されたノートブックを編集する

Office 365

こんにちは、

ノートブックを共有いたします。

小野 花 さんがあなたと共有している内容を確認します。

開く 花 @ 作業 2 クリック

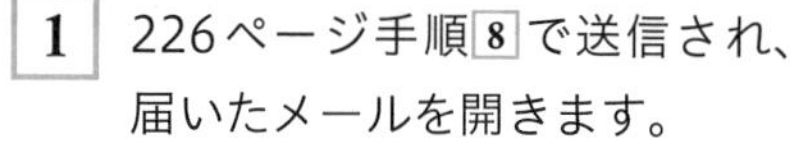

1 226ページ手順8で送信され、届いたメールを開きます。

2 メール画面で、共有されたノートブック名をクリックします。

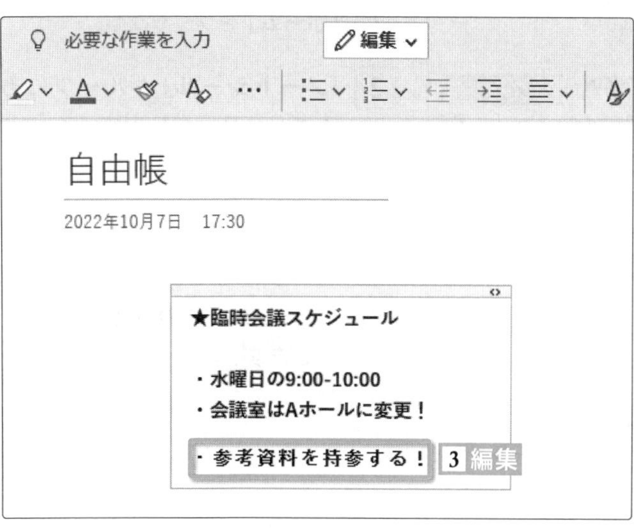

3 ノートブックが開かれるので、編集します。

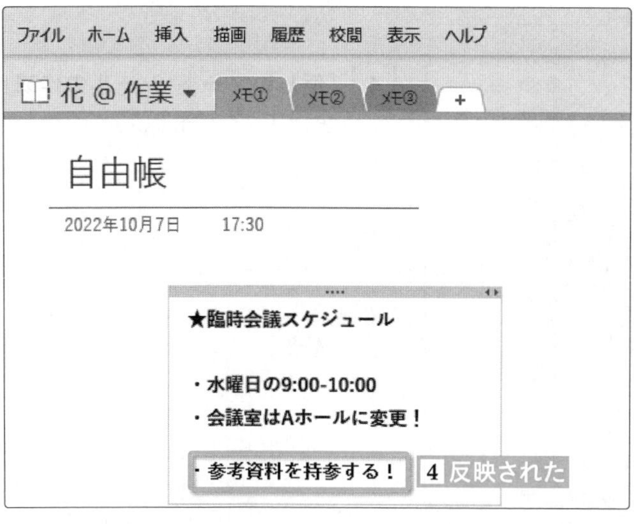

4 共有されたノートブックが編集されると、共有した相手にも反映され、閲覧することができます。

ノートシールを作成する

ノートシールとは、テキストに色を付けたり、星マークや電話マークなどのシールを貼り付けたりして、重要なメモや、頻繁に表示するページなどを目立たせることができるツールです。既存のシールだけでなく、新しいシールを自分好みにカスタマイズすることが可能です。

新規ノートシールを作成する

1 「ホーム」をクリックし、

2 「ノートシール」グループにある▽をクリックします。

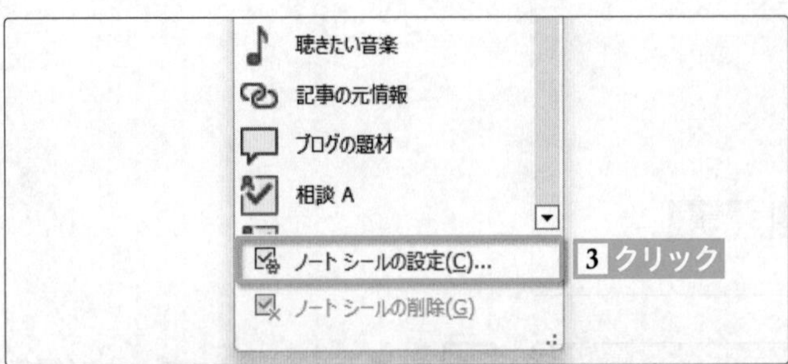

3 「ノートシールの設定」をクリックします。

4 「新しいノート シールの作成」をクリックします。

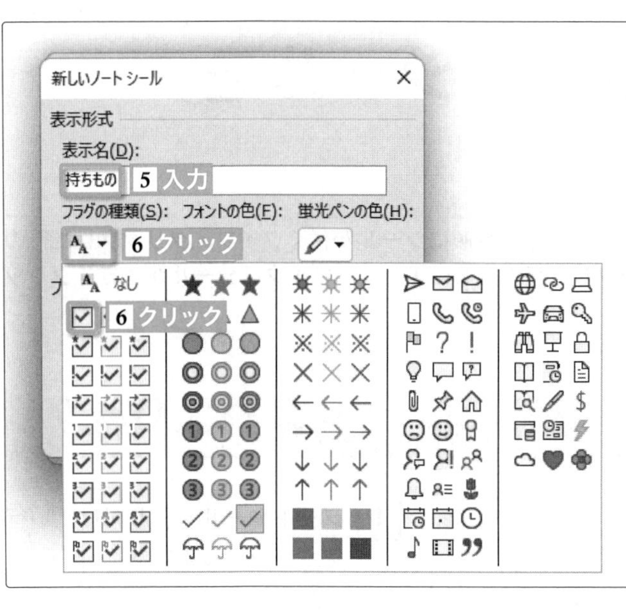

5 「**表示名**」を入力し、

6 そのほかの設定をします。ここでは をクリックし、 をクリックします。

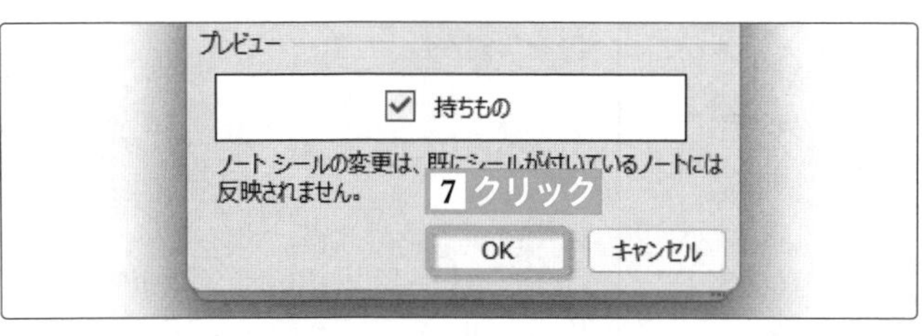

7 「**OK**」をクリックします。

8 「**OK**」をクリックします。

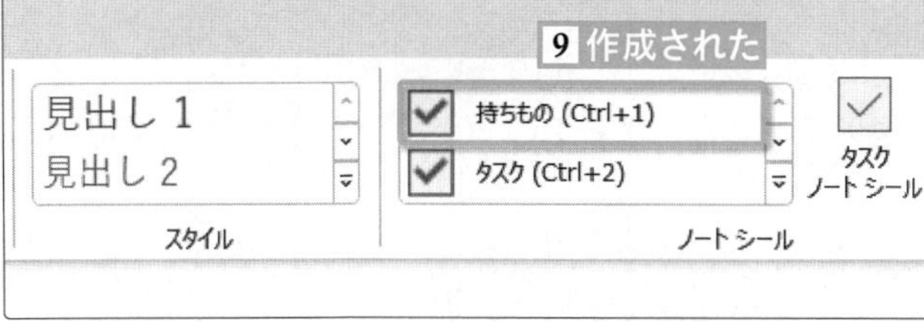

9 新しいノートシールが作成されました。

ノートブックにノートシールを貼り付ける

ノートシールの種類は3種類あり、クリックした行の行頭にシールが付くタイプ、クリックした行のテキストすべてに色が付くタイプ、クリックした行の行頭にチェックボックスシールが付き、クリックできるタイプがあります。

ノートシールを貼り付ける

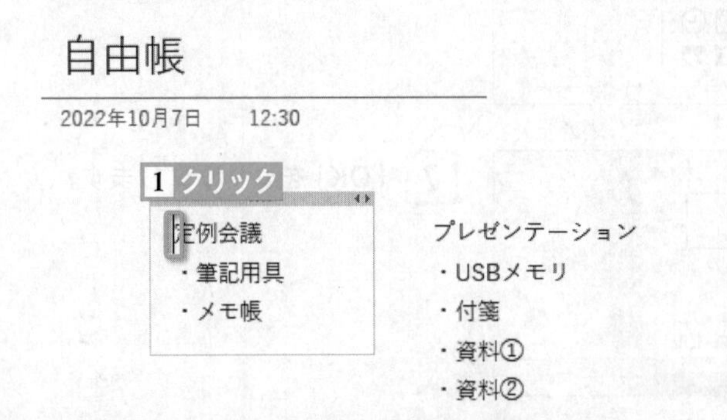

1 ノートシールを貼り付けたい行をクリックします。

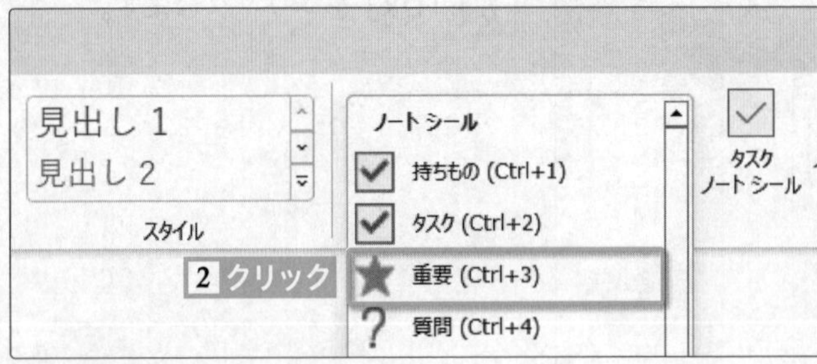

2 228ページ手順3の画面で、貼り付けたいノートシールの種類（ここでは「重要」）をクリックします。

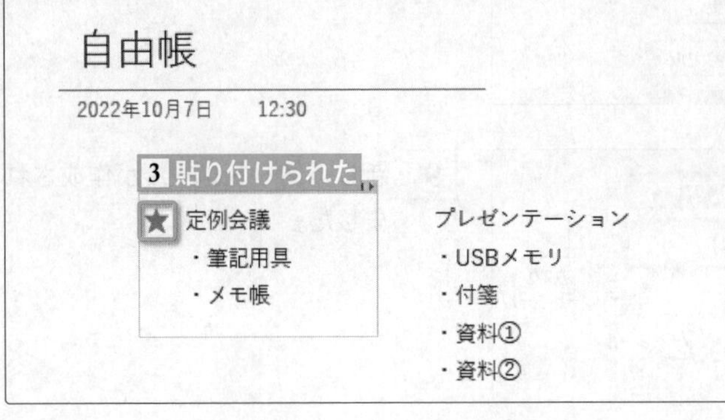

3 ノートシールが貼り付けられました。

ノートシールをはがす

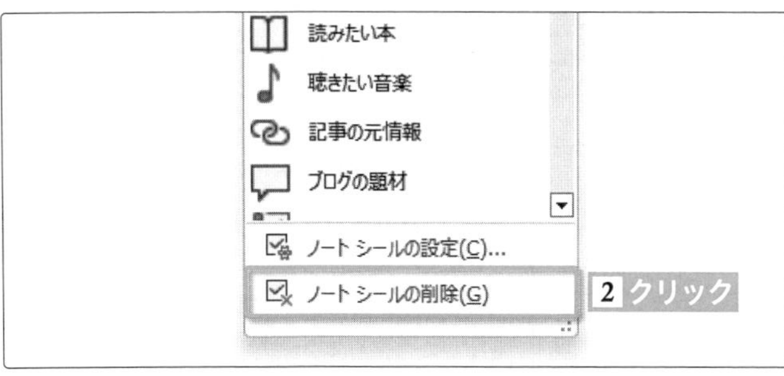

1 すべてのノートシールをはがしたい行をクリックします。

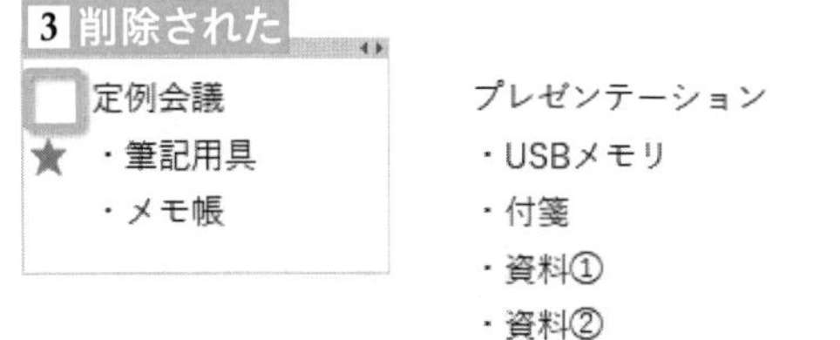

2 228ページ手順3の画面で、**「ノート シールの削除」**をクリックします。

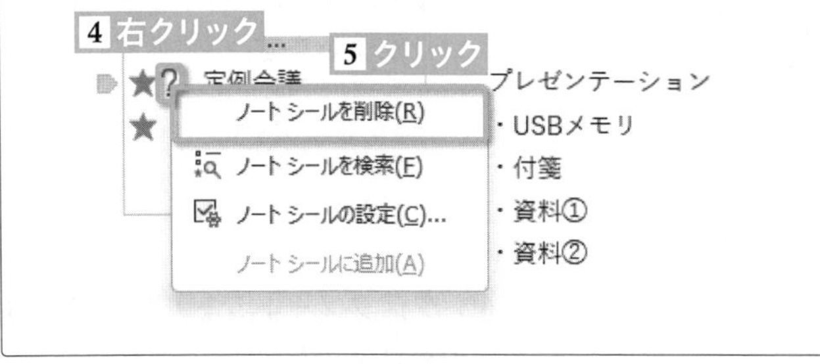

3 選んだ行内からすべてのタグが削除されました。

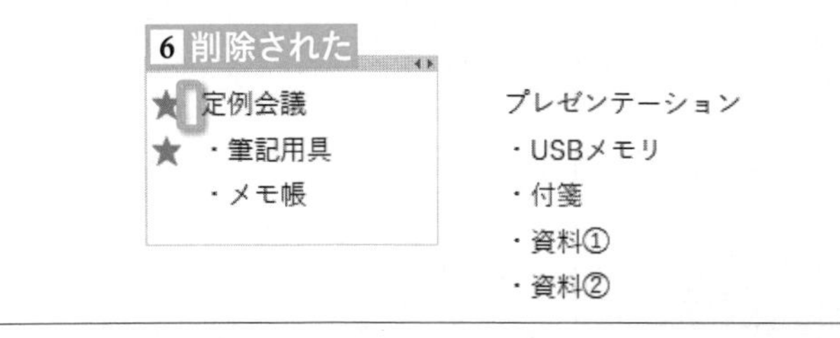

4 行内のシールを個別にはがしたい場合は、ノートシールを右クリックし、

5 **「ノート シールを削除」**をクリックします。

6 ノートシールが削除されました。

ノートシールでタスク管理する

ノートシールの１つにタスクノートシールがあります。タスクノートシールは、テキストの行頭にチェックボックスを貼り付けて、実際にチェックを付けることができます。また、１つずつではなく、選択したすべての行頭にシールを貼り付けたり、一気にチェックを付けたりすることも可能です。

タスクノートシールを貼り付ける

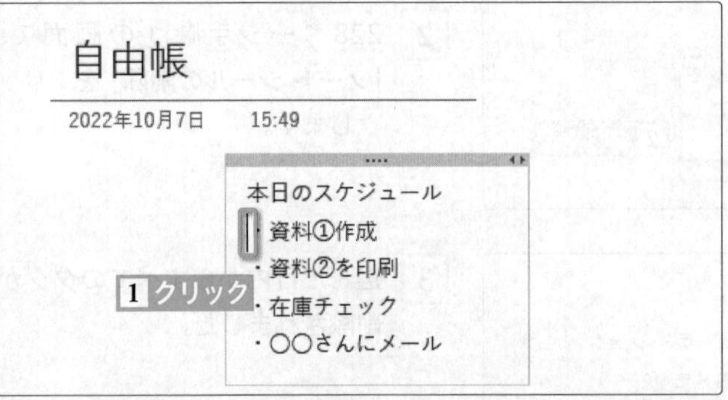

1 タスクノートシールを貼り付けたい行を**クリック**します。

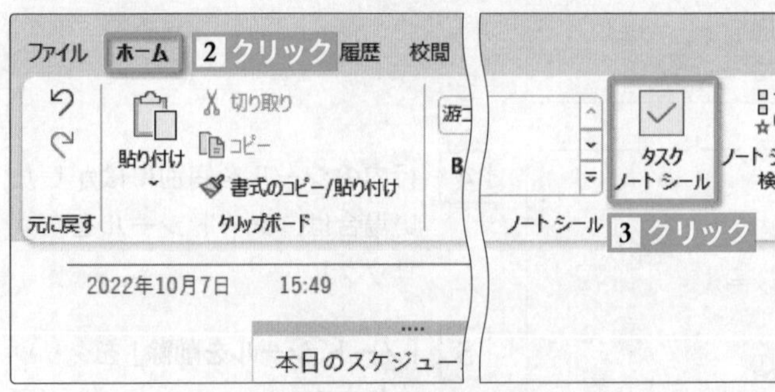

2 「**ホーム**」を**クリック**し、

3 「**ノートシール**」グループにある「**タスクノート シール**」を**クリック**します。

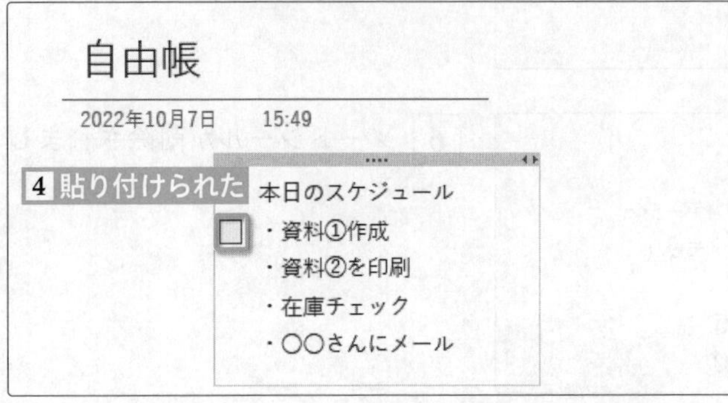

4 タスクノートシールが貼り付けられました。

タスクを完了する

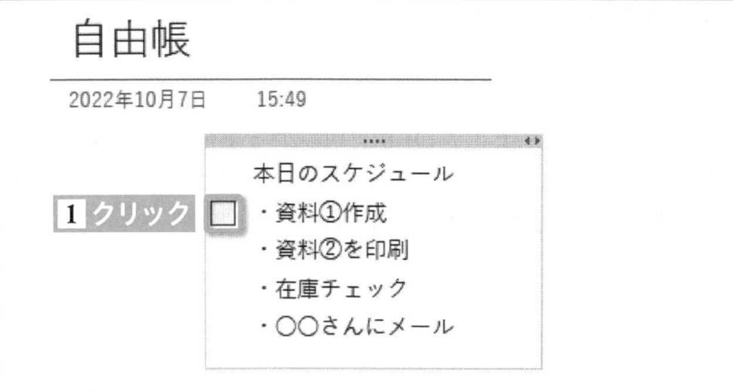

1 232ページ手順4の画面で、タスクノートシールをクリックします。

2 ボックスの中に、チェックが付けられ、タスクが完了しました。

Column 一括でタスクノートシールを貼り付ける・タスクを完了する

テキストを選択し、232ページ手順3の操作を繰り返すと、シールが一括で貼り付けられます。また、この状態で再度同じ操作を繰り返すと、すべてのボックスの中にチェックが付けられます。

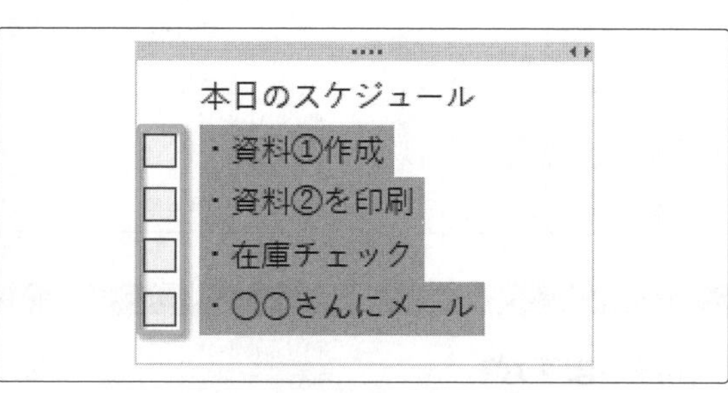

ノートブックを削除する

不要になったノートブックは、簡単に削除することができます。OneDrive から削除すると完全に削除されますが、ノートブックを右クリックして「このノートブックを閉じる」をクリックすると、OneNote 内のノートブック一覧から削除されるだけで、OneDrive 内には残ります。

ノートブックを削除する

1 OneDriveを開き（158ページ参照）、**「ノートブック」**をクリックします。

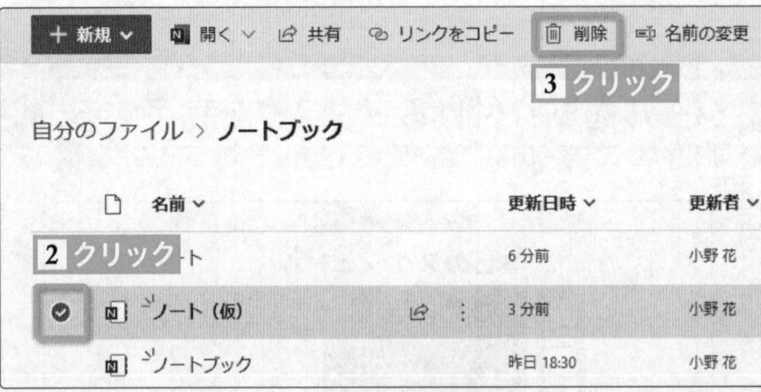

2 削除したいノートブックにマウスポインターを合わせ、表示される○をクリックし、

3 **「削除」**をクリックします。

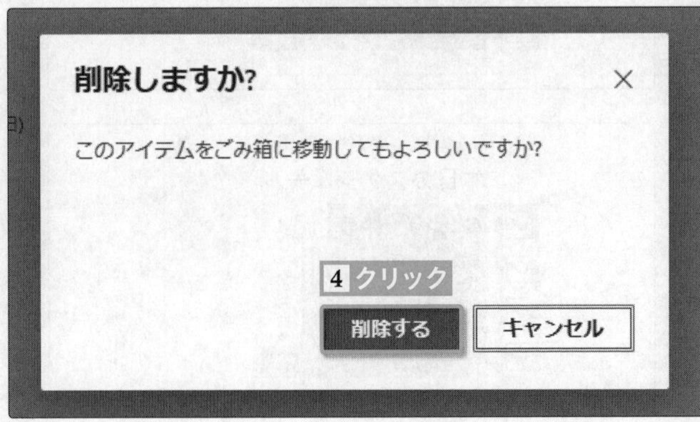

4 **「削除する」**をクリックします。

Column

削除したページを復元する

いらなくなったページは簡単に削除していくことができますが（211ページ参照）、なかには、間違えてページを削除してしまったり、あとから必要になったりする場合もあるでしょう。60日以内であれば、**「ノートブックのごみ箱」**から復活させることができます。

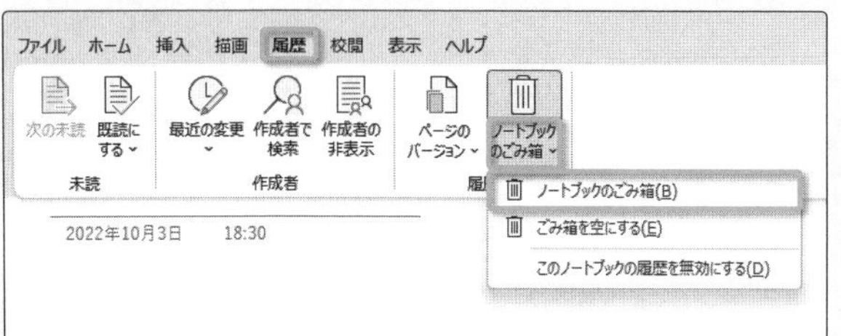

1 **「履歴」**をクリックし、**「履歴」**グループにある**「ノートブックのごみ箱」**をクリックします。**「ノートブックのごみ箱」**をクリックします。

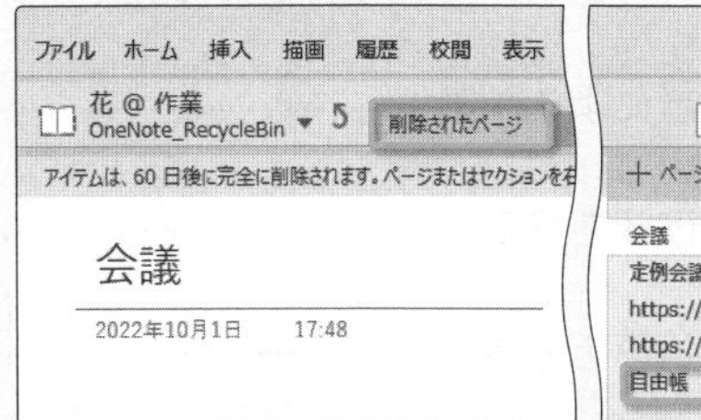

2 削除されたページは、**「削除されたページ」**セクションのページ一覧にあります。

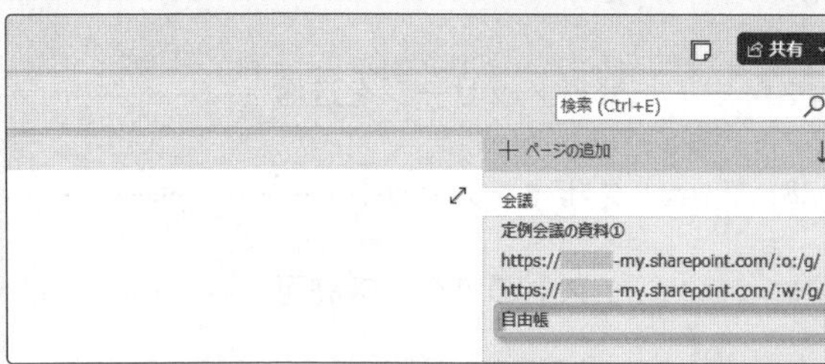

3 208ページを参考に、ページを右クリックし、移動させます。

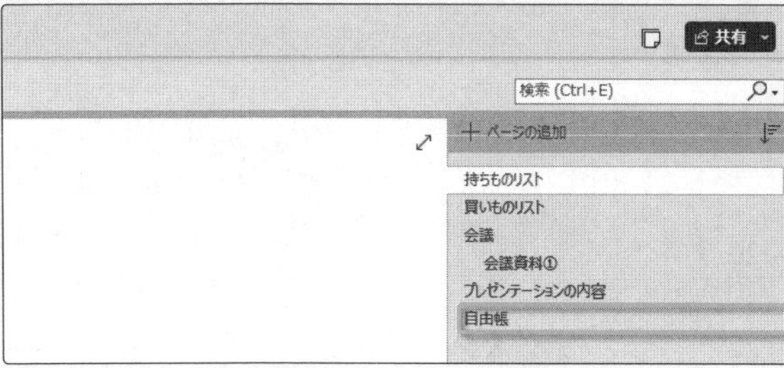

4 移動先のページ一覧の最下部に復元されました。

Index

アルファベット

あ行

か行

さ行

た行

Index

ま行

ら行

よくわかるMicrosoft 365 使いこなし術

(FPT2216)

2022年12月26日　初版発行
2024年５月30日　初版第３刷発行

著作／制作：株式会社富士通ラーニングメディア

発行者：佐竹　秀彦

発行所：FOM出版（株式会社富士通ラーニングメディア）
〒212-0014 神奈川県川崎市幸区大宮町１番地５ JR川崎タワー
https://www.fom.fujitsu.com/goods/

印刷／製本：アベイズム株式会社

写真提供：PIXTA

● 本書に関するご質問は、ホームページまたはメールにてお寄せください。
<ホームページ>
上記ホームページ内の「FOM出版」から「QAサポート」にアクセスし、「QAフォームのご案内」からQAフォームを選択して、必要事項をご記入の上、送信してください。
<メール>
FOM-shuppan-QA@cs.jp.fujitsu.com
なお、次の点に関しては、あらかじめご了承ください。
・ご質問の内容によっては、回答に日数を要する場合があります。
・本書の範囲を超えるご質問にはお答えできません。
・電話やFAXによるご質問には一切応じておりません。

Printed in Japan
ISBN 978-4-86775-023-0